向家坝工程水工钢闸门液压同步提升技术研究与应用

高鹏　等　著

中国三峡出版社

图书在版编目（CIP）数据

向家坝工程水工钢闸门液压同步提升技术研究与应用／高鹏等著. --北京：中国三峡出版社，2024. 12.

ISBN 978－7－5206－0330－0

Ⅰ. TV663

中国国家版本馆 CIP 数据核字第 202437MG81 号

中国三峡出版社出版发行

（北京市通州区粮市街 2 号院　101100）

电话：（010）59401514　59401531

http://media.ctg.com.cn

北京世纪恒宇印刷有限公司印刷　新华书店经销

2024 年 12 月第 1 版　2024 年 12 月第 1 次印刷

开本：787 毫米×1092 毫米　1/16　印张：16.25

字数：426 千字

ISBN 978－7－5206－0330－0　定价：110.00 元

《向家坝工程水工钢闸门液压同步提升技术研究与应用》

著者委员会

主　任：高　鹏

副主任：王毅华　王　毅

委　员：谭志国　荣玉玺　王德金　郭金涛　胡　凡

张慧星　虎永辉　雷红富　陈　勇　詹　健

桂威诚　吴国林　王朋博　王　宁　杨小龙

王启龙　汪志鹏　马惟奇　熊亮舫　吉嘉兴

前　言

向家坝水电站是金沙江水电基地下游四个梯级中的最末一个梯级，具有防洪、发电、航运、灌溉、生态环保等多种功能，社会、生态、经济效益巨大。由于功能多样，金属结构设备种类繁多，几乎涵盖了水电站所需的各类主要金属结构设备。

这些设备包括用于大坝泄洪和冲沙的闸门、地下电站和坝后电站的金属构件、灌溉取水的管道与阀门，以及垂直升船机、靠船墩和趸船等设施的金属结构，总吨位高达3.6万t。而且因工程特性，这些金属结构设备普遍需要满足高水头、大流速、抗冲刷等要求，设计、制造、安装等环节技术难点较多，精度要求高，且多数无先例可循，需要创新、优化、加强过程管控，方可满足工程高标准、长期、可靠运行的需要。

实施过程中，参建各方在业主方中国三峡集团的统一协调下，协同工作、各展所长，通过不断地研究、试验、优化、创新和总结，积累了大量的经验，亮点颇多。很多项目的技术和管理成果在水电行业中起到了开创性和引领性的作用，是一笔宝贵的过程资产，值得进行系统性的总结，以利于其他工程借鉴。例如：将液压提升系统首次成功应用于特大型水工钢闸门启闭领域，将一刚一柔支腿首次成功应用于水电站坝顶门机领域，超高水头、超高流速工况下冲沙孔设备的设计及精确制造安装等。

本书深入研究了向家坝水电站导流底孔封堵施工技术，对于水工钢闸门启闭这一问题，提出了液压提升启闭这种与传统的卷扬机启闭不同的新方案，并形成了一套科学规范、操作性强、实用价值高的设计路线、施工技术和管理方法，对于水电站导流底孔和导流洞的建设具有重要的参考意义，并且具有广泛的应用前景。本书在编写过程中得到了相关单位和专家的大力支持和帮助，在此谨致衷心的感谢和敬意！

由于作者的经验和水平有限，书中难免存在遗漏和不妥之处，诚望读者批评指正。

目 录

第1章　研究项目的工程背景及项目的提出

1.1　研究项目的工程背景

1.1.1　工程简介

向家坝水电站位于云南省昭通市水富市与四川省宜宾市叙州区交界的金沙江下游河段上，是金沙江下游河段规划的最末一个梯级电站，为一等大（1）型工程。工程开发任务以发电为主，同时改善航运条件，兼顾防洪、灌溉，并具有拦沙和对溪洛渡水电站进行反调节等综合作用。坝址位于峡谷出口处，左岸侧为四川省宜宾市叙州区，右岸侧为云南省昭通市水富市。水库正常蓄水位380.00m，死水位370.00m，总库容51.63亿m^3，调节库容9.03亿m^3，为不完全季调节水库。电站装机容量6 400MW，保证出力2 009MW，年发电量307.47亿kW·h，灌溉面积375.48万亩（1亩≈666.667m^2）。

向家坝水利枢纽工程主要由挡水建筑物、泄洪消能建筑物、冲排沙建筑物、左岸坝后引水发电系统、右岸地下引水发电系统、通航建筑物及灌溉取水口等组成。其中拦河大坝采用混凝土重力坝，坝顶高程384.00m，最大坝高162.0m，坝顶长度909.25m。电站厂房分列两岸，即右岸地下厂房和左岸坝后厂房。左岸坝后厂房及右岸地下厂房各安装4台单机容量为750MW的发电机组。右岸地下厂房布置在右岸山体内；左岸坝后厂房布置于溢流坝段左侧，其安装间布置在升船机渡槽下部预留的空腔中；一级垂直升船机布置在河床中部偏左岸，紧靠坝后厂房，最大提升高度114.2m，设计年货运量112万t；泄洪消能建筑物位于河床中部略靠右侧，左岸灌溉取水口位于左岸岸坡坝段，右岸灌溉取水口位于右岸地下厂房进水口右侧，冲沙孔和排沙洞分别设在升船机坝段左侧及右岸地下厂房进水口下部。

向家坝水利枢纽模型如图1-1所示。

枢纽工程一期导流洪水标准为全年20年一遇（28 200m^3/s）；二期导流洪水标准为全年50年一遇（32 000m^3/s）；左岸缺口段加高时期（底孔封堵前）导流洪水标准为全年100年一遇（34 800m^3/s）；临时挡水发电期（底孔已封堵）导流洪水标准为全年200年一遇（37 600m^3/s）。

向家坝水利枢纽上游鸟瞰三维模型如图1-2所示。

根据施工进度的安排，向家坝水电站2012年10月下闸蓄水地下厂房首批机组发电，因

图 1－1　向家坝水利枢纽模型

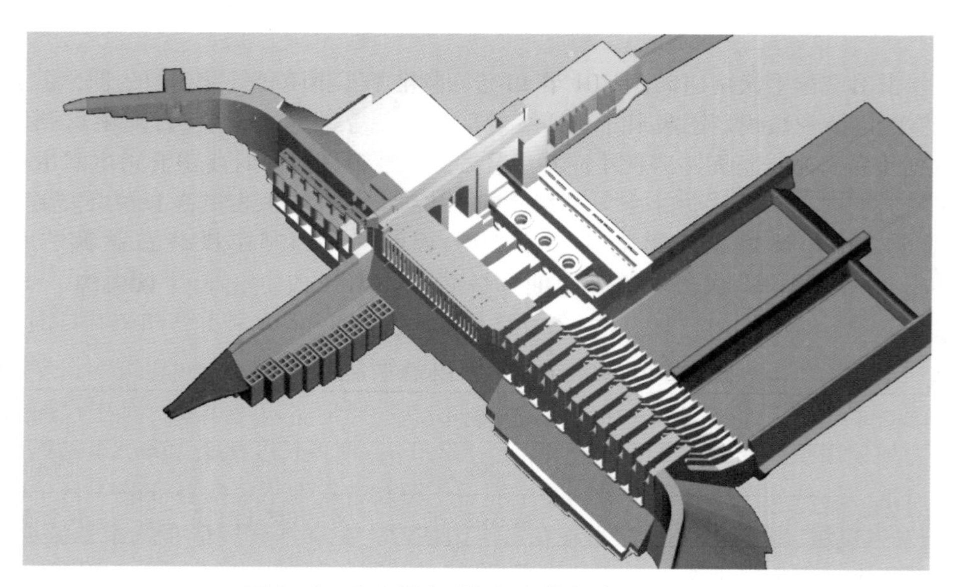

图 1－2　向家坝水利枢纽上游鸟瞰三维模型

此，蓄水前必须关闭导流泄水建筑物，包括左岸非溢流坝段内的 1～5 号导流底孔和冲沙孔坝段内的 6 号导流底孔。

1.1.2　施工导流

向家坝水电站采用分期导流，第一期先围左岸，在左岸滩地上修筑一期土石围堰，在基坑中进行左非溢流坝段及冲沙孔坝段的施工，在左岸非溢流坝段及冲沙孔坝段连续布置 6 个导流底孔，从左至右依次编号为 1～6 号。其中 1～5 号导流底孔上方预留宽 115m、高程 280.00m 的坝体导流缺口；与 6 号导流底孔轴线重合位置布置有一个冲沙孔，其进口段底板在 6 号导流底孔上方 298.00m 高程，出口段待导流底孔封堵后回填改建形成。

导流底孔具备运行条件后，于 2008 年 12 月进行主河床截流，在二期基坑施工泄水坝段及消力池、右非坝段、厂房坝段、坝后厂房、升船机等建筑物，由一期左岸 6 个导流底孔及坝体缺口同时泄流，需经历 4 年导流期，汛期上游最高水位 303.56m（$P=2\%$）。

泄水坝段、右岸非溢流坝段及左岸坝后厂房等自身具备挡水度汛条件后，于 2011 年 11 月开始加高左岸非溢流坝段缺口，由 6 个导流底孔和 10 个永久中孔泄流，需经历 1 年导流期，汛期上游最高水位 338.57m（$P=1\%$）。

1.1.3　下闸蓄水

为实现提前发电的目标以及尽量减少工程建设对社会的影响，下闸蓄水时间定于 2012 年汛末的 10 月上旬，同时提出了导流底孔下闸蓄水期下游不断流和不影响下游河道航运的要求，要求不间断下泄流量≥2 000m^3/s、下游水位小时变幅≤1m/h。因此，最终确定的导流底孔下闸封堵方案为：导流底孔下闸封堵时间提前到 2012 年 9 月下旬—10 月上旬，导流底孔须分两批下闸封堵：1～5 号导流底孔先同时下闸封堵，预留 6 号导流底孔继续向下游控制流量供水，待上游水位上升到泄洪中孔可过流并达到供水流量时再下闸封堵 6 号导流底孔。

1.1.4　导流系统布置

导流系统平面布置如图 1－3 所示。

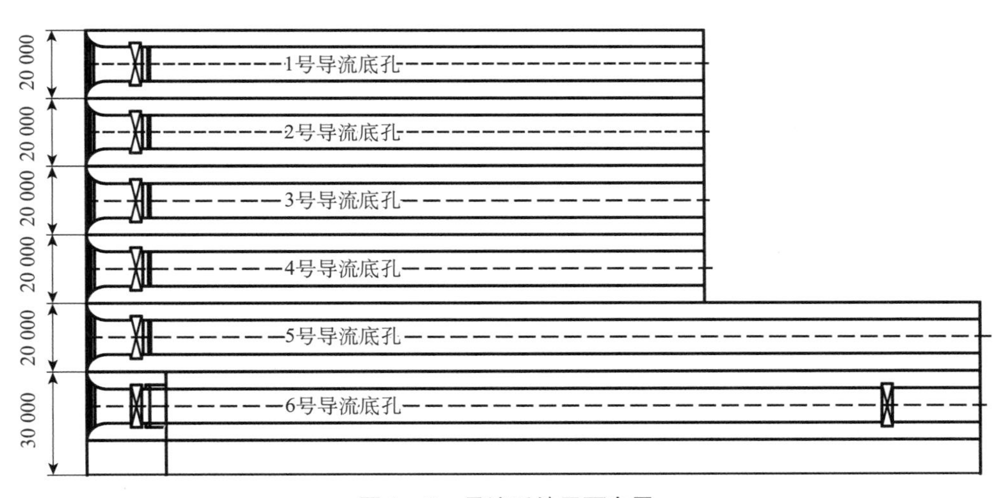

图 1－3　导流系统平面布置

导流系统立体布置示意图如图 1－4 所示。

1～5 号导流底孔每孔进口处设置 1 扇平面滑动封堵闸门，门槽设于进口端部，其孔口尺寸为 10.0m×21.0m（宽×高），底板高程为 260.00m，闸门动水操作水头为 39.14m。闸门最高挡水水头按 120.0m 考虑。

由于孔口尺寸较大，闸门动水操作水头高，启闭机容量须考虑到下闸时可能遇到的意外情况，封堵闸门在下闸水头可动水启门，使得启闭容量达到 20 000kN，启闭扬程为 70.0m。

为降低 6 号导流底孔的下闸难度，保证导流封堵的可靠性，设计采用两道闸门联合完成封堵及挡水任务的方案：在 6 号导流底孔进口和出口部位各设置一道闸门，出口闸门按工作

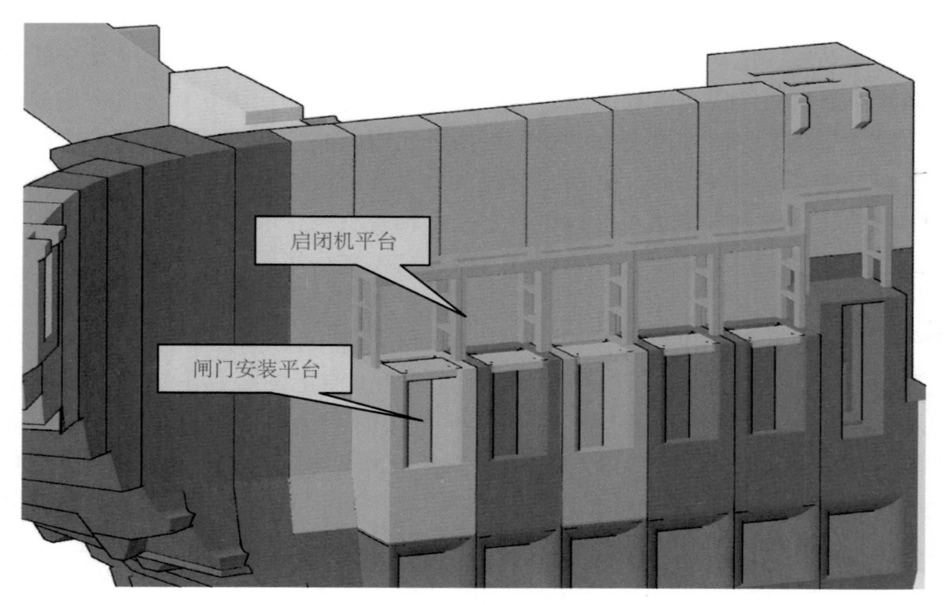

图1-4　导流系统立体布置示意图

闸门工况设计，承担封堵水头下的动水闭门工作，进口闸门按事故挡水闸门工况设计，承担最大挡水水头。

1.2　项目的提出

1.2.1　技术方案变更的必要性

由于向家坝导流工程庞大及超常规运行工况，因此，使用固定卷扬机下门方案存在诸多问题：

（1）由于传统的卷扬机提升力不足，导致闸门最大操作水头和启闭设备容量达到了远超目前国内水平的72.93m和20 000kN，无法为向家坝巨型闸门的提升提供足够动力。

（2）大容量卷扬机设备体积较大，设备总质量较大，对建筑物的承重能力有较高要求。

（3）大容量卷扬机设备部件较为复杂，设备安装工期较长，且会占用大量缆机资源，影响整体施工进度。

鉴于以上问题，传统的卷扬启闭机已不能满足要求。如果采用钢绞线液压提升系统这一较新的技术成果进行下闸施工，目前在国内外均无动水下闸施工的经验，新的封堵闸门启闭设备使用及方案实施，是实现向家坝导流系统顺利下闸蓄水的关键。针对向家坝水电站地质水文特点、坝体结构形式、施工工艺、施工工期以及钢绞线液压提升装置的特点，联合有关设计研究院、高校合作开展了系列研究，在招标与施工过程中进行了实践验证，并联合建设单位对1～5号导流底孔采用钢绞线液压提升装置下闸施工技术做了进一步研究。

1.2.2　钢绞线液压提升方案可行性分析

钢绞线液压张紧提升系统是一种液压装置与钢绞索组合的接力间歇式提升机构，因其固有的结构特性而适用于少次操作、荷载恒定以及运行时间要求不高的场合。

鉴于钢绞线液压张紧提升系统首次在大型水电工程导流封堵闸门的动水启闭操作中实际应用，针对向家坝水电站导流系统特殊的工况，必须进行系统深入的分析论证和科研试验工作，来为该装置安全、可靠地运行提供支持。因此，拟进行如下可行性研究。

（1）研究延长下闸时间对闸门下闸安全的影响。由于钢绞线液压张紧提升系统工作特性，运行速度比较缓慢，下闸时间较长，与导流封堵闸门要求快速、连续一步到位的操作方式有些背离，平均运行速度值 4m/h，即使将导流封堵闸门预先下放至孔顶位置，闭门时间也需 5 个多小时，这将带来一些不利影响：①由于闭门时间缓慢，闭门过程推移质堵卡闸门的概率增加；②由于闭门速度缓慢，闸门在孔口内相当于局部开启，可能带来门槽水力学问题和闸门振动问题。因此，需进行闸门动力有限元分析、流激振动及门槽水力学模型试验研究。

（2）研究下闸过程中启闭力的变化对液压张紧提升装置可靠性的影响。封堵闸门动水启闭操作特性决定了在整个闸门启闭操作过程中启闭容量是变化的，针对导流底孔封堵闸门启闭容量变化值为 500～20 000kN，液压张紧装置能否适应大范围荷载变化？

（3）研究下闸过程中闸门振动对液压张紧提升装置钢绞索的影响。液压张紧装置的工作特性会造成钢绞索的损伤，闸门局部开启时的振动对钢绞索损伤部位有何影响？

（4）研究下闸过程中闸门振动对液压张紧提升装置卡套可靠性的影响。

（5）鉴于钢绞线液压张紧提升系统首次应用于水电工程，需进行一次真机试验，并通过原型观测对该系统进行验证。

为验证使用钢绞线液压提升方案的可行性，业主单位联合科研单位，针对相关问题，采用系统分析及模型试验研究等方法，对方案可行性进行了充分论证：

（1）提升系统安全性能分析。

（2）闸门动力有限元分析、流激振动及门槽水力学模型试验研究。

（3）原型试验。

（4）钢绞线液压张紧提升系统设备配置研究。

（5）技术经济性能分析。

经过系统分析和科学论证，使用钢绞线液压提升方案能够满足向家坝巨型闸门对提升力的要求，并能保证系统运行的可靠性。根据研究结果，钢绞线液压提升方案相较卷扬机提升方案具有以下优势：

（1）结构紧凑，布置灵活，满足土建结构尺寸限制要求。

（2）安装方便、快捷，能有效缩短施工工期。

（3）操作行程满足 70m 高扬程要求。

（4）满足闸门动水启闭全程启闭荷载较大的变幅要求。

1.2.3　项目目标

针对 1～5 号导流底孔的采用钢绞线液压提升装置下闸施工过程中流激振动特点和施工

过程安全可靠性模型试验等关键问题进行研究，并结合项目设计研究和施工管理等开展的全过程的系统研究与应用实践，在设计理论、施工技术领域取得了重大突破和创新，最终取得显著的经济社会效益。

1.3 项目成果及主要创新点

本项目属于水利工程学科领域，本项目成果在以下几个方面实现了突破或位于领先水平。

（1）提出流激振动特性预报技术：基于全水弹性模型试验与有限元计算相结合的流激振动试验，实现了施工对象流激振动特性的预报技术。

主要创新工作如下：

①流激振动试验采用完全水弹性模型，相同模型几何比尺按重力相似性设计建制水力学模型，同时满足水动力学相似和结构动力学相似以及边界条件相似，开展了各工况流激振动模拟试验。

②开展面向施工过程的有限元仿真分析，建立了大型结构的耦合分析方法，预测施工过程宏观变形参数（应变、应变率、变形系数等）和过程参数（驱动力、驱动功率、应力场、速度场、振动模态等）。列举强激流、大压差、重载等复杂工况，重点建立了复杂工况下施工装备与施工对象的工作特性。

③基于全水弹性模型试验与有限元计算相结合，建立执行器（锚具、吊点等）、钢绞线、液压泵站和传感控制系统在复杂工况下的性能参数库，获得安装对象所受的脉动压力、振动加速度、振动位移和动应力值。通过水弹性模型动力特性试验，确保了实际施工过程的可靠性和安全性。

（2）建立动载涉水施工技术：在动态变载荷水头冲击、流激振动和共振作用下，通过液压张拉、水下安装等复杂的动水作业活动，将施工对象装配到位。

在涉水作业时，水上下放为恒载下放，与陆上施工无异；水中下放，载荷变化缓慢，缓变载荷应用已有很多成功先例；而闭门下放与调整，因其载荷变化剧烈，对施工装备的适应性能提出了很高的要求，必须建立水流载荷与安装对象的振动及钢绞线的变形关系，实现有效的吊点载荷分配控制方法。本项目形成的涉水施工技术可适应荷载范围大，不仅适用于恒载工况，还适用于涉水动载情况下载荷剧烈变化的场合。取得的创新成果主要如下：

①研制了动载涉水施工的全套装备，该系统由执行器、动力源和计算机控制系统三部分组成。主控计算机通过智能节点（模块）采集现场信息，并通过智能节点（模块）控制执行器的动作（动作协调）和速度（位置同步）。在下降时，控制系统要根据不同的施工对象和应用场合，实现各种同步控制要求（位置和载荷），同时还对多种执行器的组合实现动作同步的控制要求。

②建立了涉水施工的流激振动特性预报技术，建立施工对象动力安全分析、流激振动模型试验以及门槽水力学模型试验方法，提出结构稳定、抗振性能良好的优化设计方案，确保安装对象及启闭设备安全可靠运行，根据试验和计算结果对安装结构设计提出优化意见，综合评估施工的安全性。

③在液压系统设计上，针对吊点受到流激动压的影响程度，在液压系统增加相应的压力

保护措施，确保在极端情况下最大受力受控，保证吊点安全。

④在控制系统设计上，对控制算法进行了改进，把动载作用作为控制系统的扰动，通过自适应模糊算法增强控制系统的鲁棒性，每个吊点的载荷波动均控制在 10% 以内。

（3）适用于动载涉水情况下大型结构的装配式安装：本项目面向重大涉水施工工程的激流、动压、重载等复杂作业环境，开发了一套现场适应能力强、可快速集成的柔性施工装备，包括执行器单元、动力源单元、控制单元、状态监测与故障诊断单元等，单个执行单元的额定提升载荷达到 560t，且同步控制精度达到毫米量级，技术难度大。本项目在重大工程动载涉水施工关键技术和系统集成上获得重要突破，提出模块化柔性配置、流激振动特性预报、基于物联网的远程控制以及施工对象的线形状态传递控制等新技术，可以满足涉水施工中大型结构装配式安装要求，在总体上引领重大工程涉水施工的技术提升，取得了如下创新成果：

①解决了重大工程动载涉水施工中装配式安装的技术难题，不仅适用于恒载工况，还适用于涉水动载情况下载荷剧烈变化的场合，可适应荷载范围大。

②整套装备采用了模块化和柔性化配置，具有通用性和可扩展性，单元重量轻、体积小，布置简单，能够适应不同的施工水域，便于现场快捷安装、拆除和及时排除故障。

③基于物联网远程控制技术，建立了机器人执行单元、动力驱动单元和传感单元标准化、模块化、数字化控制技术，满足了整个施工过程的远距离、高可靠性、全自动和智能化控制要求。

④建立了全方位多源监控体系，提出基于状态传递法的大型结构线形控制技术，结构成型误差达到毫米量级；建立了动态性能获取方法和相应的评价准则，定量预测不同工况下的安全状态与性能。

1.4　经济社会效益和技术进步

围绕向家坝 1 ~5 号导流底孔封堵施工中的技术难题，工程建设各方开展了多项技术创新和科技攻关，研究成果有效解决了各项技术难题，确保了该项目的顺利实施，并为向家坝水电站工程建设创造了显著的经济效益。

（1）采用钢绞线液压提升装置替代容量达到 2 ×10 000kN 卷扬机，钢绞线液压提升装置在安全性、可靠性以及施工便利性方面具有明显的技术优势。

（2）采用格构式钢塔架替代混凝土排架，降低了在坝体浇筑高峰期对缆机的占用，降低了建筑能耗，加快了施工进度。

（3）采用钢绞线液压提升装置闭门施工，可以确保闸门在任意位置悬停，并能实现 5 孔闸门顺序联动，有效调节下游出库流量，确保在蓄水期间下游水位时变幅控制在合理区间，不影响下游群众的生产和生活。

向家坝工程下闸蓄水按既定方案实施，整个过程控制精确、操作顺利，下游河道水位控制平稳，受到了当地政府及航运部门的高度赞扬。钢绞线液压张紧提升系统这一新技术成功应用于水电工程水工闸门动水启闭的操作，缩短了施工工期，节约工程投资约 2 000 万元，为如此复杂的下闸蓄水工作得以顺利、圆满完成奠定了坚实的基础。向家坝水电站导流工程闸门设计在国内外尚无先例，可为今后水电工程的设计提供借鉴。

第2章　导流底孔封堵施工方案比选研究

2.1　导流程序概述

2.1.1　施工导流底孔介绍

根据导流程序，工程分两期进行施工：一期围左岸，包括冲沙孔高程340.00m以下部分、1～6号左岸非溢流坝段高程280.00m以下部分、7～18号左岸非溢流坝段和一期导流工程；二期围右岸，包括右岸非溢流坝段、泄洪坝段（含消力池）、厂房坝段（含坝后厂房）、升船机坝段、冲沙孔高程340.00m以上部分、1～6号左岸非溢流坝段高程280.00m以上部分、导流底孔封堵、冲沙孔段改造及二期导流工程。导流底孔如图2-1所示。

图2-1　导流底孔

导流底孔平面图如图2-2所示。

导流底孔封堵施工预计于2012年9月下旬—10月初实施，此时平均入库流量见表2-1。

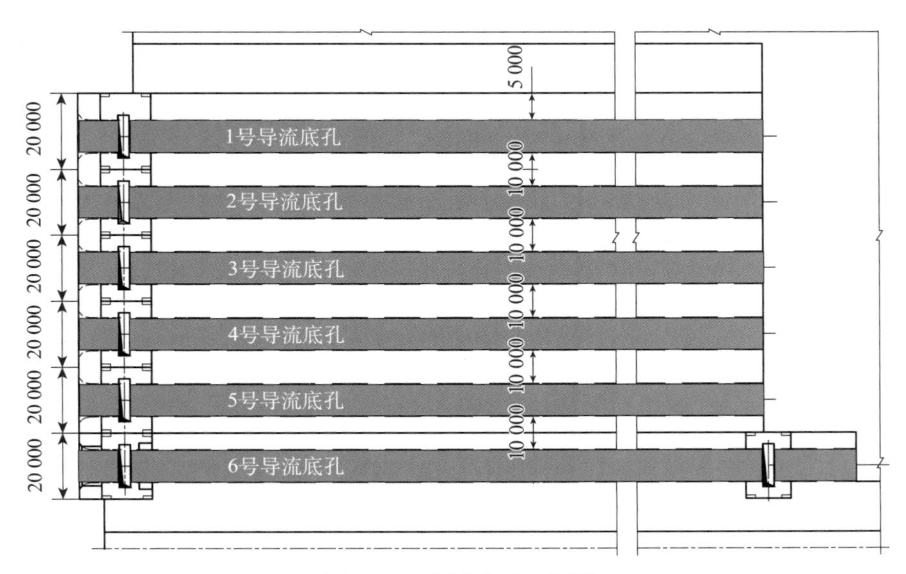

图 2－2　导流底孔平面图

表 2－1　平均入库流量统计　（单位：m^3/s）

项　目	9 月			10 月		
	上旬	中旬	下旬	上旬	中旬	下旬
多年平均流量	10 700	10 100	9 460	7 980	6 640	5 260
10% 设计值	—	—	12 900	11 100	9 310	—
20% 设计值	—	—	11 400	9 620	8 030	—
50% 设计值	—	—	9 060	7 470	6 210	—
75% 设计值	—	—	7 590	6 260	5 180	—
85% 设计值	—	—	6 940	5 780	4 770	—

2.1.2　导流底孔设计参数

1～5 号导流底孔封堵门孔口宽度均为 10.0m，孔口高度均为 21.0m，底槛高程均为 260.00m。6 号导流底孔进口事故挡水门孔口宽度 10.0m，孔口高度 21.0m，底槛高程 260.00m。6 号导流底孔出口工作门孔口宽度 10.0m，孔口高度 14.0m，底槛高程 260.00m。导流底孔及闸门特性参数见表 2－2。根据施工进度的安排，向家坝水电站 2012 年 10 月下闸蓄水地下厂房首批机组发电，因此，蓄水前必须关闭导流泄水建筑物，包括左岸非溢流坝段内的 1～5 号导流底孔和冲沙孔坝段内的 6 号导流底孔。根据 SDJ 338《水利水电工程施工组织设计规范（试行）》，封堵下闸的设计流量可用封堵时段 5～10 年重现期的月或旬平均流量，由于金沙江坝址处 11 月上旬 5 年、10 年一遇的旬平均流量相差甚小，考虑到本工程规模巨大，下闸标准采用 10 月上旬 10 年一遇的旬平均流量，相应流量 5 220m^3/s。

导流底孔下闸安排应满足下游供水需要。经过对向家坝坝址至下游岷江汇流口金沙江两岸用水情况的调查，下游未来5年规划冬季日均取水量为129.195万m^3，各取水点的最低取水位对应的流量及下游最小通航流量为1 200m^3/s。如要在下闸蓄水期间不影响下游用水和通航，必须向下游泄水且流量不小于1 200m^3/s。

表2-2　导流底孔及闸门特性参数

项目	1~5号底孔封堵门	6号底孔事故门	6号底孔工作门	备注
底槛高程/m	260.00	260.00	260.00	
闸门安装平台高程/m	325.00	333.50	296.00	
启闭设备安装高程/m	357.00	364.00	321.00	
闸门最大操作水头/m	39.14	72.93	69.57	
闸门最大挡水水头/m	100.00	100.00	69.57	
闸门尺寸（宽×高）/（m×m）	10.0×21.4	10.0×21.4	10.0×14.0	封堵门分9节，工作门分6节，节间用销轴连接
启闭容量/kN	2×10 000	2×6 500	2×4 500	
启闭扬程/m	70.0	76.0	45.0	
闸门支承型式	滑动支承	滑动支承	定轮支承	
闸门重量/t	420	420	580	含配重

6个导流底孔全部下闸后，最早可以泄水的建筑物为泄水坝段内进口底板高程305.00m的永久中孔，因此，必须待上游库水位高于305.00m时才能恢复向下游泄水。而当上游库水位达310.50m时，10个永久中孔可下泄流量1 200m^3/s，即当上游库水位达310.50m时才能向下游正常供水。

当上游库水位达281.00m时，1个导流底孔可下泄流量1 200m^3/s，因此若要保证下闸蓄水期间向下游正常泄水1 200m^3/s，至少需保留1个导流底孔到上游水位蓄至310.50m时才下闸。由于本工程导流底孔不具备设置弧形闸门的条件，进口封堵闸门只能采用平板门，而且封堵门平面尺寸大，设计挡水水头高，闸门开度将无法控制。因此，必须靠6号导流底孔控制下泄流量。导流底孔下闸安排，应满足下游供水需要。经计算，当上游库水位达304.23m时，1个导流底孔下泄流量达2 710m^3/s，相当于11月中旬85%频率所对应的流量，当来水流量小于2 710m^3/s时，此导流底孔可完全下泄来水流量，上游库水位将低于304.23m，致使水库水位蓄不上来。而11月下旬85%频率所对应的流量为2 370m^3/s，比10月中旬相应频率所对应的流量小，之后逐渐减小直至次年6月才增大。根据规范要求，本工程施工期蓄水标准按85%保证率考虑，若下闸蓄水期间预留1个导流底孔向下游正常泄水，则此底孔要到2013年6月上游库水位蓄至310.50m时才能下闸，这意味着首批机组发电时间将推迟到2013年汛期，发电损失较大。经分析，若蓄水标准按85%保证率考虑，要保证首批机组在 2012 年 10 月底发电，所有导流底孔必须在 10 月中旬关闭。由此 1 ~5 号导流底孔的下闸水头达到了 39.14m，卷扬机容量达到 2 ×10 000kN。

2.1.3　导流底孔下闸时向下游供水方案

1. 导流底孔下闸封堵程序及计划

按照原设计，导流底孔采用固定式卷扬机进行闸门的下闸封堵，封堵计划为：

（1）2012 年 6 月，形成底孔闸门安装平台和启闭机平台。

1 ~5 号底孔：闸门（325.00m），启闭机（357.00m）。

6 号底孔：闸门（333.50m）和启闭机（364.00m）。

（2）2012 年 8 月上旬，完成 6 个底孔启闭机安装与调试。

（3）2012 年 9 月下旬，完成 6 个底孔封堵闸门拼装。

（4）2012 年 10 月上旬，1 ~5 号底孔同时下闸封堵。

（5）2012 年 10 月中旬，当水库水位达到 310.00m 时，6 号底孔封堵，先操作出口工作闸门动水闭门，完成后紧接着操作进口事故挡水闸门下闸封堵孔口，接替出口工作闸门挡水。当出口工作闸门一次下闸成功，进口事故挡水闸门为静水下闸；如遇意外情况工作闸门没有顺利封闭孔口，进口事故挡水闸门则按事故工况动水下闸。

（6）水库蓄水至高程 357.00m，闸门最大挡水水头 97m。

2. 启闭设备配置及运行工况特点

导流底孔闸门特性参数见表 2 -3。

表 2 -3　导流底孔闸门特性参数

项目	1 ~5 号底孔封堵门	6 号底孔封堵门	6 号底孔工作门	备 注
底槛高程/m	260.00	260.00	260.00	
闸门安装平台高程/m	325.00	333.50	296.00	
启闭机安装高程/m	357.00	364.00	321.00	
闸门最大操作水头/m	39.14	72.93	69.57	
闸门最大挡水水头/m	100.00	100.00	69.57	
闸门尺寸（宽×高）/（m×m）	10.0×21.4	10.0×21.4	10.0×14.0	
启闭机容量/kN	2×10 000	2×6 500	2×4 500	
启闭机扬程/m	70.0	76.0	45.0	
闸门支承型式	滑动支承	滑动支承	定轮支承	
闸门重量/t	420	420	580	含配重

根据闸门特性及封堵技术要求，封堵过程有如下特点：

（1）1～5号导流底孔闸门需同时进行封堵。

（2）1～5号导流底孔闸门下闸封堵的过程如下：①闸门底缘在水面以上，启闭机主要承受闸门自重荷载，荷载比较稳定。②闸门底缘在水面以下、门楣以上，启闭机荷载主要为闸门自重减去闸门所受浮力，基本处在静水中，荷载比较稳定。③闸门底缘在门楣、底槛之间，启闭机荷载变化很大。④闸门闭门到位，通常不进行提门，但若闸门底部存在异物及其他异常情况致使任一扇闸门不能到位时，需5扇闸门同时提升，处理情况后再同时下闸，此时荷载约为2 000t。

（3）6号导流底孔下游工作门采用上游止水平板定轮门，动水启闭，最大启门力2×450t，最大承压水头70m。

（4）6号导流底孔上游事故挡水门可动水闭门，最大持住力1 300t。

2.2 闸门启闭方案研究

2.2.1 底孔闸门启闭操作的边界条件分析

1. 导流底孔闸门操作技术特性

采用液压提升系统进行下闸时，按5m/h计算，封堵闸门从高程305.00m下降至高程260.00m历时约9h。当闸门下降至高程280.00m时，开始进行闸门封堵，水库开始蓄水。正常情况下，1～5号底孔封堵闸门的封堵时间为4h，其闸门操作技术特性参数见表2－4。

表2－4 导流底孔闸门操作技术特性参数 （单位：m）

序号	孔口尺寸（宽×高）	底板高程	下闸前水头	下闸9h后最高水头	最大挡水水头	下闸时间
1～5号底孔封堵闸门	10.0×21.0	260.00	35.59	46.43	100.00	2012年10月上旬
6号底孔工作门	10.0×14.0	260.00	67.78	72.93		1～5号闸门封堵完毕，库水位上升至310.00m以上时
6号底孔事故挡水闸门	10.0×21.0	260.00		72.93	100.00	6号底孔工作闸门下闸完成后

2. 导流底孔封堵闸门不同工况、操作水头和开度所对应的荷载

根据设计和规范要求，闸门支撑滑块与门槽埋件上的1Cr18Ni9Ti不锈钢轨头的摩擦系数取值为0.12。计算数据表明，当上游蓄水位达到310m，且闸门底缘达到底槛高程260.00m时，启门力达到2 188t，当启闭机容量为4×560t＝2 240t，上游水位在高程310.00m以下时，1～5号导流底孔能满足单孔复提要求。同时启闭力随着闸门底缘位置而变化，闸门底缘位置上升时启闭力下降。

2.2.2　启闭设备方案比选及设备选型研究

1. 1~6号导流底孔封堵闸门启闭机方案比选

1）卷扬机启闭方案

在1~5号导流底孔封堵门门槽（高程325.00m平台）、6号导流底孔进口事故门门槽（高程333.50m平台）及6号导流底孔出口工作门门槽（高程296.00m平台）上方，设置若干混凝土排架。在混凝土排架上方，放置卷扬机用于封堵门的启闭。卷扬机放置的高程分别为357.00m、364.00m和321.00m。1~5号导流底孔的下闸水头达到了39.14m，卷扬机容量需达到2×10 000kN（目前国内尚无大于9 000kN卷扬机制造先例）。卷扬机方案设备安装示意图如图2-3所示。

图2-3　卷扬机方案设备安装示意图

2）钢绞线液压提升装置启闭方案

该方案与卷扬机启闭方案相比有两个变化：一是取消了门槽上部的混凝土排架，采用装拆极为方便的标准节作为支撑，标准节为钢格构柱；二是用钢绞线液压提升装置取代卷扬机启闭装置。钢绞线液压提升装置是一项成熟的大吨位提升技术，在其他行业有着较多的成功实例。钢架在门槽上的布置示意图如图2-4所示。钢绞线液压提升装置布置在钢架的顶部，如图2-5所示。

1~5号导流底孔封堵门及6号导流底孔事故挡水门启闭机若采用卷扬式启闭机，启闭容量在2×10 000kN以上，制作及安装难度较大，故采用液压提升系统操作闸门。

2. 6号导流底孔工作闸门启闭机方案比选

6号导流底孔工作门启闭机扬程较小，启闭容量也相对较小，综合考虑使用和后期利用等因素，比较了三种方案：

1）2×4 500kN固定卷扬启闭机方案

工作闸门启闭采用固定卷扬式启闭机，布置在闸门孔口上部混凝土排架上，排架顶部平台高程为320.00m。启闭机容量按工作闸门所需最大动水操作设计为2×4 500kN，启闭扬程

图 2－4　钢架在门槽上的布置示意图

图 2－5　钢绞线液压提升装置塔顶布置图

为 45.0m，满足工作闸门所有工况要求。工作闸门下闸封堵工作完成后，拆除启闭机。此方案是根据闸门启闭需要设计的，卷扬机设备难以再利用。

2）2×6 500kN 固定卷扬启闭机方案

工作闸门启闭采用固定卷扬式启闭机，布置在闸门孔口上部混凝土排架上，排架顶部平台高程为 320.00m。工作闸门所需最大动水操作启闭容量为 2×4 500kN，启闭扬程为 45.0m。设计启闭机按 2×6 500kN 启闭容量和 90.0m 启闭扬程配置，工作闸门下闸封堵工作完成后，将启闭机拆移，改造成 2 个 6 500kN 单元分别作为冲沙孔进口检修闸门和事故闸门的永久启闭设备。

此方案的特点是临时应用和永久装备相结合，可以节省一些投资，但是 2 ×6 500kN 卷扬机超出工作启闭容量约 45%，启闭扬程也是工作扬程的 2 倍，安装不便。

3）2 ×5 600kN 液压提升系统启闭方案

工作闸门启闭采用两台 560t 提升油缸，布置在闸门孔口上部，取消混凝土排架和启闭机安装平台，采用钢格构塔架，顶部高程仍为 320. 0m。启闭机容量设计为 2 ×5 600kN，启闭扬程为 45. 0m。根据工作闸门工况，闸门为局部开启动水操作，原设计闸门所承受水头按操作水头 69. 57m 控制。

本方案结构轻巧，启闭容量又有一定的裕度，既安全可靠又控制方便，安拆快捷，且全部租用现有的完好设备，费用较低。

上述三种方案均可满足使用要求，采用液压提升系统可以简化现场工作，减少土建工程量，缩短安装工期和难度，节省投资费用。因此，首选方案 3）。

3. 底孔封堵程序及控制节点

采用钢格架液压提升系统，底孔下闸封堵、水库蓄水和原设计方案相同。先 1 ~5 号底孔下闸封堵，后 6 号底孔下闸。主要控制节点时间如下：

（1）2012 年 3 月，坝体混凝土浇筑到高程 325. 00m，开始液压提升系统安装及闸门拼装。

（2）2012 年 9 月底，安装调试完毕。

（3）2012 年 10 月上旬，1 ~5 号导流底孔同时下闸封堵，坝前水位上升，随即开始拆除液压提升系统；10 月中旬全部拆除完毕。

（4）2012 年 10 月中旬，坝前水位上升至高程 310. 50m，6 号导流底孔下门封堵。

（5）2012 年 10 月中旬，拆除 6 号导流底孔液压提升系统（拆除工期 4d）。

（6）2012 年 10 月底，坝前水位蓄至高程 357. 00m，闸门最大挡水水头 97m。

4. 液压提升系统配置

1）液压提升系统原理

穿芯式提升器是液压提升系统的执行机构，提升主油缸两端装有可控的上下锚具油缸，以配合主油缸对提升过程进行控制。液压提升油缸内部结构如图 2 －6 所示。构件上升时，上锚利用锚片的机械自锁紧紧夹住钢绞线，主油缸伸缸，张拉钢绞线一次，使被提升构件提升一个行程；主油缸满行程后缩缸，使载荷转换到下锚上，而上锚松开。如此反复，可使被提升构件提升至预定位置。构件下降时，将有一个上锚或下锚的自锁解脱过程。主油缸、上下锚具缸的动作协调控制均由计算机通过液压系统来实现。

该套技术已经成功应用于国内外三十几个重大工程施工中，并且获得了国家科学技术进步奖二等奖、上海市科学技术进步奖二等奖等多项奖励。

2）提升系统配置

根据设备启闭容量为 2 ×11 000kN，采用 6 台 560t 型提升器同步提升门体，提升容量为 6 ×560t ≈33 600kN。每个提升器有 37 根 ϕ17. 8mm 钢绞线，每根钢绞线破断力 353. 2kN，1% 伸长时的最小载荷为 318kN，钢绞线的安全系数为 6 ×37 ×318kN/22 400kN =3. 15。此提升能力储备系数及钢绞线的安全系数完全满足大型构件提升工况的要求，排架采用钢格架。

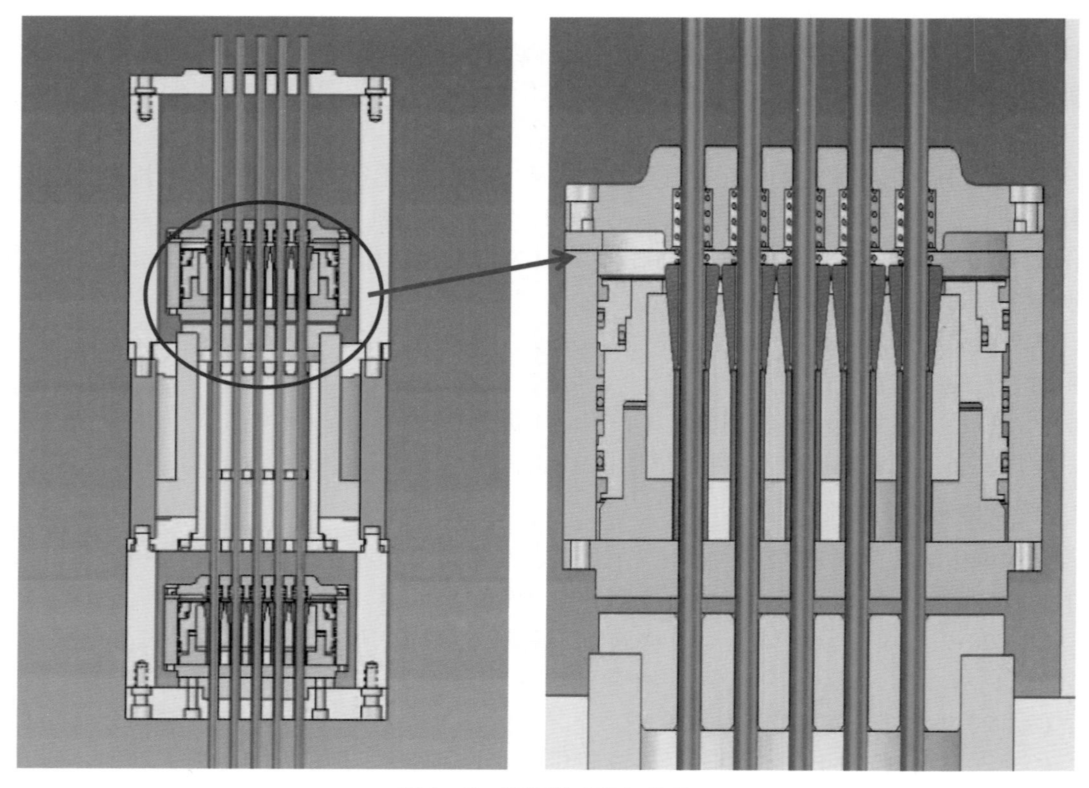

图2-6　液压提升油缸结构

1~5号底孔封堵门、事故挡水门单套液压提升系统配置见表2-5。

表2-5　1~5号底孔封堵门、事故挡水门单套液压提升系统配置

序号	名称	数量	单重/t	合重/t	备注
1	柱脚埋件	4			
2	底节（$L=6$m）	4×1	10.616	42.464	
3	标准节（$L=6$m）	4×3	8.511	102.132	
4	顶节（$L=6$m）	4×1	28.9	115.6	含横梁
5	大梁	2	43.088	86.176	
6	垫梁	4	12.95	51.8	
7	液压提升系统	6	8	48	
合计				446.172	

5. 关键设备分析与选择

1）钢格架选取与计算

钢格架作为整个提升系统受力的支撑，必须保证其安全性能。为此专门对该钢格架进行

了力学建模和分析。计算工况分为工作状态和紧急状态。工作状态时考虑八级风载，紧急状态时考虑 50 年一遇的风载。经过计算分析，该塔架结构在工作状况及紧急状况下均能达到承载能力要求。

钢格架计算模型如图 2－7 所示。计算过程和结果见第 4 章。

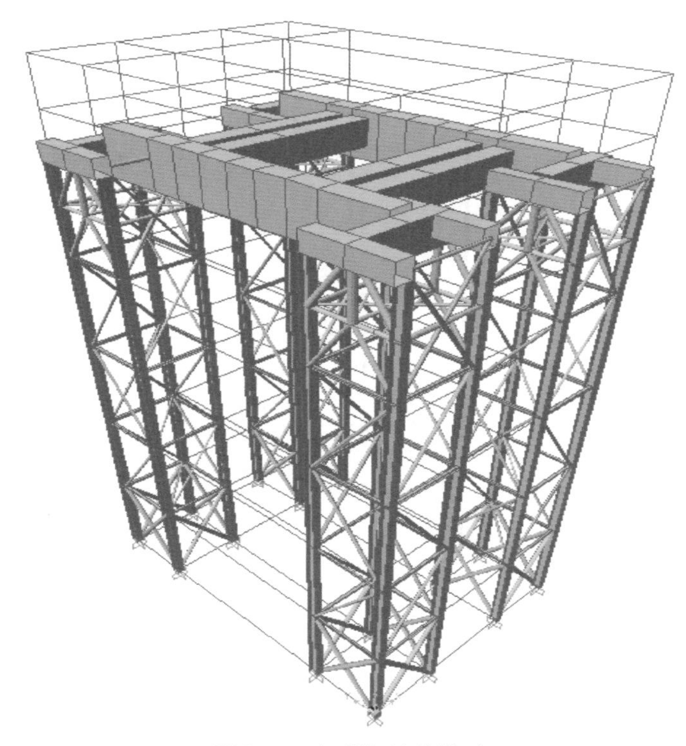

图 2－7　钢格架计算模型

2）提升设备选取和计算

（1）液压泵站系统参数。

泵站流量

$$Q_n = qn\eta = 98\text{mL/r} \times 1\,450\text{r/min} \times 0.98 = 140\text{L/min}$$

选取的电机功率为 45kW。

（2）560t 提升油缸参数。

提升油缸结构如图 2－8 所示。

计算过程和结果参见 4.3.2 节。

2.2.3　安装与拆除方案比选研究

1. 原安装方案

1）原土建施工工期

导流底孔进口侧墙及启闭机排架工程从 2011 年 11 月 1 日开始施工，2012 年 3 月施工至高程 325m 闸门安装平台，2012 年 6 月 20 日排架施工完成，形成高程 357m 启闭机安装平台。2012 年 7 月下旬开始封堵闸门拼装和固定卷扬机安装调试，2012 年 9 月底闸门及卷扬机

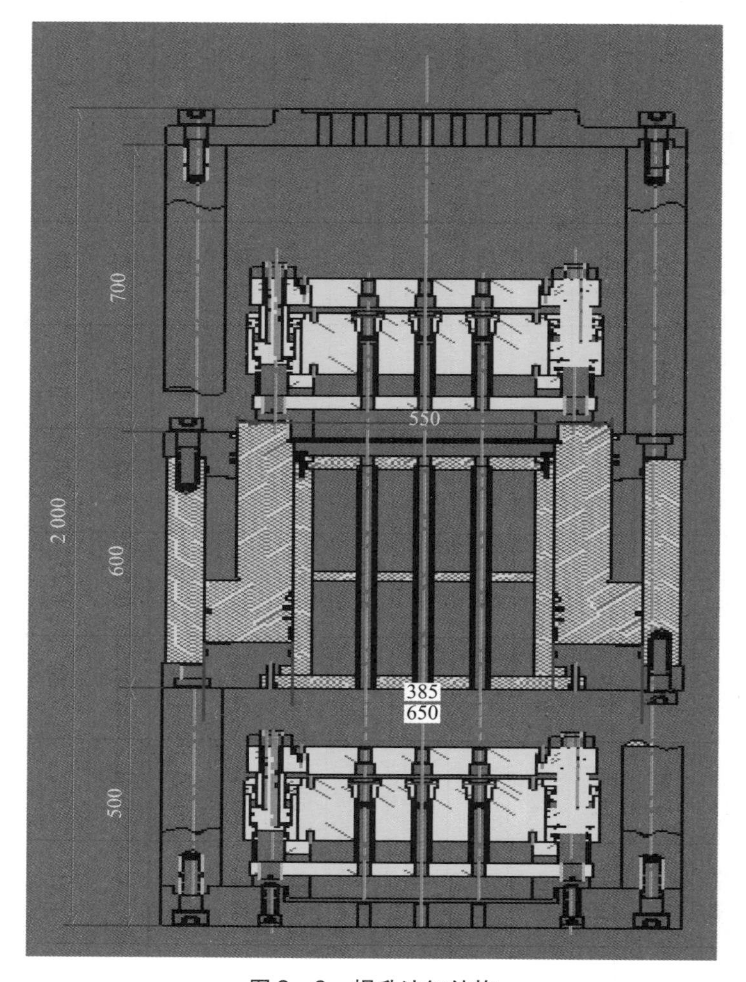

图 2-8 提升油缸结构

具备下闸条件。2012 年 10 月上旬完成下闸及固定卷扬机拆除。

2）原导流底孔进口闸门和启闭机安装

导流底孔进口闸门最大单节吊装重量不大于 55t，最大单节外形尺寸为 12.0m×3.0m×2.3m。固定卷扬式启闭机最大单件吊装重量不大于 55t。其安装顺序为首先在孔口进行闸门拼装，然后在上方安装启闭机。闸门和启闭机构件均由拖车经左岸上坝公路依次运至左非坝顶，用单台缆机或两台缆机配合抬吊至相应导流底孔安装部位。

6 号导流底孔出口工作闸门最大单节门叶重量不大于 55t，最大单节外形尺寸为 12.0m×2.7m×2.1m。固定卷扬式启闭机最大单件吊装重量不大于 45t。其安装顺序为首先安装启闭机并具备运行条件，然后拼装闸门。启闭机和门叶由拖车经左岸交通洞依次运至左非坝段坝后高程 280.50m 平台。启闭机由布置在左非①坝段坝后高程 280.00m 平台下游侧的 300t 履带式起重机吊装。门叶吊装前需在冲沙孔坝段高程 296.00m 平台启闭机排架下游侧设置平板台车及轨道，由 300t 履带式起重机吊至平板台车上。最后由平板台车运至启闭机排架内拼装。

3）金结设备施工强度

2012 年 7 月—9 月为安装高峰期，最高月安装强度达到 2 390t/月，高峰期主要安装项目有：坝后厂房进口临时挡水闸门下门（4 扇）；冲沙孔进口挡水检修闸门下门（1 扇）；1 ~ 5 号导流底孔封堵闸门及固定卷扬式启闭机安装与下闸（5 套）；6 号导流底孔进口事故挡水闸门、出口工作闸门及其固定卷扬式启闭机安装与下闸（2 套）；坝后厂房进口拦污栅槽埋件安装；以及本标内门槽埋件的安装等。此阶段主要是闸门与固定卷扬式启闭机的安装强度大，其中，采用叠梁门型式的闸门有坝后厂房进口临时挡水闸门 4 扇（700t）、冲沙孔进口挡水检修闸门下门 1 扇（325t），共计 1 025t；在下门前需进行拼装的闸门有 1 ~ 5 号导流底孔封堵闸门 5 扇（2 300t）、6 号导流底孔进口事故挡水闸门及出口工作闸门各 1 扇（1 050t）；固定卷扬式启闭机 7 台（2 980t）。

2. 液压提升系统安装方案

1）液压提升系统安装工艺流程

液压提升系统安装工艺流程如图 2 - 9 所示。

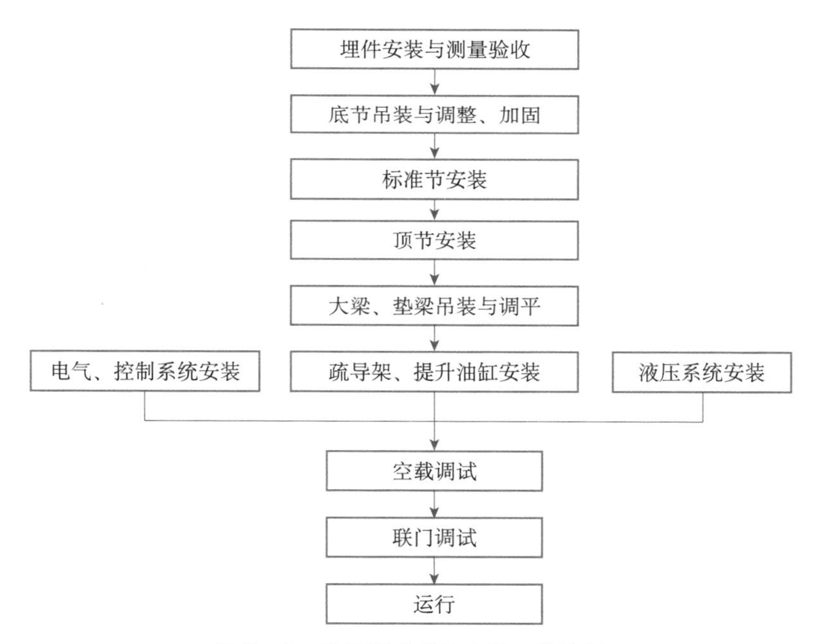

图 2 - 9　液压提升系统安装工艺流程

2）1 ~ 5 号导流底孔封堵门和 6 号导流底孔事故挡水门液压提升系统安装

闸门和液压提升系统各部件按照安装顺序依次经左岸上坝公路运至左非坝顶公路，用单台缆机或两台缆机抬吊至安装部位安装，如图 2 - 10 所示。

3. 液压提升系统下闸方案优劣分析

1）减少缆机使用时间

采用液压提升系统下闸方案，6 个导流底孔减少启闭机排架混凝土浇筑总量约 2 000m^3、钢筋绑扎约 2 000t 和 7 台套卷扬式启闭机安装约 2 980t。增加液压提升装置及钢格构架安装约 2 935t。明显减少了缆机的使用时间。

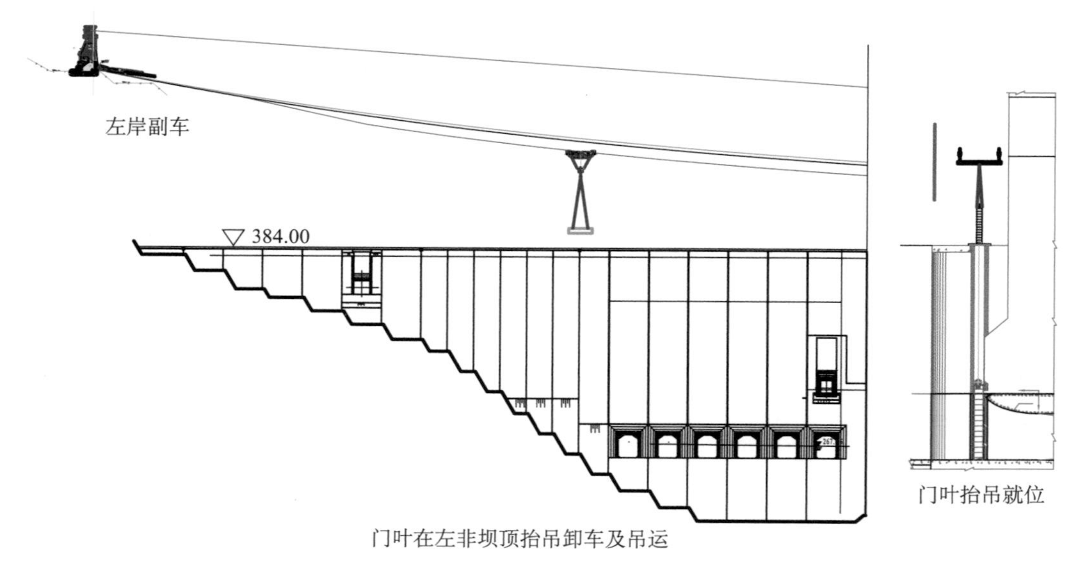

图 2－10　1～5 号导流底孔封堵闸门及 6 号导流底孔事故挡水闸门安装示意图

2）降低金结安装高峰强度

采用液压提升系统下闸方案，其安装时段由原方案的 2012 年 6 月底—9 月底可调整为 2012 年 2 月—9 月底，安装可选择的时段大大增加，减少了金结安装高峰期的强度。

3）减少工程投入

采用液压提升系统下闸方案，可减少混凝土浇筑 2 000m^3、钢筋绑扎约 2 000 t 和 7 台套卷扬式启闭机制造安装约 2 980t。增加液压提升系统租赁费用及安装工程量约 2 935t。两者相比其经济效果明显。

4）下闸工期更有保障

启闭机排架施工时段为 2012 年 3 月—6 月中下旬，工期仅 75d；封堵闸门及固定式卷扬机安装调试施工时段为 2012 年 7 月下旬—9 月底，工期仅 70d；土建与金结设备施工的工期均十分紧张，对劳动力安排及施工资源配置要求很高。如采用钢格架及液压提升系统后，2012 年 2 月即可开始闸门吊装、拼装，而提升钢排架安装可同期进行，对确保下闸工期更为有利。

5）液压提升系统拆除时间紧张

6 个导流底孔进口闸门下闸完成后，坝前水位逐渐上升。为避免液压提升系统部分钢格构架被淹，需迅速拆除液压提升系统。其拆除需使用缆机进行。1～5 号导流底孔液压提升系统在闸门全部下到位后即可开始拆除，6 号导流底孔待闸门最后下闸到位后再进行液压提升系统的拆除。整个拆除时间约需 15d。原方案固定卷扬式启闭机拆除在 2012 年汛后或导流缺口混凝土浇筑至坝顶后进行。

2.2.4　技术经济性能分析

1. 液压提升系统方案的技术优势

（1）液压提升系统布置灵活，设备操作简便，性能可靠，运行安全。

（2）安装、拆除大大简化，工期缩短。

（3）具备多点同步控制功能，闸门启闭平稳，吊点同步性能好。

（4）闸门启闭行程检测、监控方便，多个闸门同步控制方便。

2. 液压提升系统方案的经济性分析

1）取消混凝土排架和启闭机安装平台

（1）取消 7 台固定式卷扬机的混凝土排架和安装平台，大约减少 2 350m^3混凝土工程量，减少 2 300t 钢筋的制安工程量，可节省施工成本约 1 700 万元。

（2）节省了相应的施工资源，可提前在 2012 年 3 月就具备闸门和液压提升系统的安装条件。

2）取消卷扬机系统的制造项目

取消 1 ~5 号底孔的 5 台 2 ×1 000t 卷扬机成套设备。

3）节省缆机资源占用，减少现场施工干扰

使用钢格架和液压提升设备进行闸门下放操作，取消了混凝土排架和启闭机安装平台，可减少 2 000m^3混凝土，减少 2 000t 钢筋。钢格架和液压提升设备的安装采用 300t 履带吊施工，避免了在金结安装高峰期占用缆机资源，同时也大大减少了现场多项目施工的干扰。

4）租用液压提升系统的设备

（1）支承钢结构 5 台套。

（2）液压油缸 30 台，泵站 30 台，电控系统 5 套，总控制系统 1 套。

租赁钢塔架和液压提升设备，租赁期 8 个月，含技术服务及现场同步提升操作，总费用约为 1 500 万元。

采用租赁液压提升系统和钢塔架的设备配置方式施工，能节省工程投资约 6 000 万元以上。

2.3　结论

导流底孔下闸封堵采用液压提升系统方案：

（1）设备轻巧、布置灵活，系统运行安全、可靠，安装、拆除简单、快捷，具有明显的技术先进性。

（2）导流底孔封堵启闭设备属临时工程项目，采取租用现有设备的方式，避免购置大量设备，具有较好的经济性。

（3）取消混凝土施工排架和启闭机安装平台，减少土建工程量，节省施工资源，缩短土建交面工期，有利于底孔封堵项目的进度控制。

综上所述，应采用液压提升系统替代卷扬式启闭机系统。

第3章　导流底孔流激振动及水力学模型试验研究

3.1　运行工况概述

3.1.1　正常运行工况

下闸蓄水期，导流底孔分两批下闸封堵：2012 年 10 月上旬 1 ~5 号导流底孔封堵闸门首先同时下闸，相应设计流量为 $Q_{p=10\%}$ = 12 240m³/s，下闸水位 295. 59m，上游操作水头 35. 59m；水库水位开始上升，预留 6 号导流底孔继续向下游控制流量供水，待上游水位上升到泄洪导流底孔可过流并达到供水流量时再下闸封堵 6 号导流底孔。

1 ~5 号导流底孔封堵闸门下闸历时 4h 后，上游操作水头为 39. 14m，下游水位为 268. 57m；下闸历时 8h 后，上游操作水头为 45. 71m，下游水位为 269. 07m。上、下游水位在闸门关闭过程中的变化见表 3 –1。

表 3 –1　上、下游水位在闸门关闭过程中的变化

运行工况	设计流量（m³/s）	上游水位/m	下游水位/m	上游操作水头/m
动水下闸	12 240	295. 59	278. 462	35. 59
下闸历时 4h		299. 14	268. 57	39. 14
下闸历时 8h		305. 71	269. 07	45. 71

3.1.2　事故运行工况

1 ~5 号导流底孔封堵闸门同时下闸过程中任一孔因意外阻卡不能到位时需 5 扇封堵闸门同时复提出孔口，排除故障后再同时下闸。

3.2　试验目的及研究内容

3.2.1　试验目的

由于 1 ~5 号导流底孔封堵闸门操作时间较长，相当于局部过流动水操作工况，较大的

闸门体形和较高的操作水头，使得闸门流激振动和门槽水力学问题变得较为突出，流激振动及共振将会影响闸门及启闭设备的正常运行，甚至导致结构的破坏。因此需进行闸门动力安全分析、流激振动模型试验以及门槽水力学模型试验研究，提出结构稳定、抗振性能良好的优化设计方案，确保闸门及启闭设备安全可靠运行，根据试验和计算结果对闸门结构设计提出优化意见，综合评估闸门的安全性。

3.2.2 研究内容

本研究为封堵闸门流激振动模型试验专题研究，其主要研究内容为：

（1）建制封堵闸门的全水弹性模型。

（2）分别试验研究在两种启闭机动水操作过程中门后通气与不通气工况下闸门受到的水流时均压力、脉动压力的幅值变化特性及其能谱特征，了解动荷载高能区频域能量分布情况。

（3）研究在有水、无水状态下闸门的振动特性，分析闸门自振频率与激振频率的关系，分析共振可能性，根据需要提出优化措施。

（4）分别测定闸门在两种启闭机动水操作过程中门后通气与不通气工况下的动力响应，包括应力、位移、加速度，给出振动参数的数字特征及其功率谱密度，明确振动的类型、性质及其量级等，分析振动的危害性。

（5）研究闸门底缘结构对流激振动的影响。

3.3 研究方法

封堵闸门流激振动试验采用完全水弹性模型，模型的几何比尺为1∶30，在相同模型几何比尺按重力相似设计建制的单体导流底孔水力学模型上进行各工况流激振动模拟试验研究。

3.3.1 模型相似率

封堵闸门流激振动完全水弹性模型应同时满足水动力学相似和结构动力学相似以及边界条件相似。水动力学相似主要满足模型与原型的弗劳德数相等，即重力相似，以保证水流动荷载相似。由于在紊流阻力平方区流体黏性对水流脉动荷载的影响可以忽略不计，可以不计雷诺数的影响，水力学模型应设计在紊流阻力平方区。结构动力学相似可保证结构的振动响应相似。根据水弹性相似律可导出各物理量原型与模型的比例常数如下。

几何比尺：$\dfrac{L_p}{L_m}=30$

密度比尺：$\dfrac{\rho_p}{\rho_m}=1$

弹模比尺：$\dfrac{E_p}{E_m}=30$

时间比尺：$\frac{T_{p}}{T_{m}}=5.477$

加速度比尺：$\frac{a_{p}}{a_{m}}=1$

位移比尺：$\frac{d_{p}}{d_{m}}=30$

频率比尺：$\frac{f_{p}}{f_{m}}=0.183$

压强比尺：$\frac{p_{p}}{p_{m}}=30$

应力比尺：$\frac{\sigma_{p}}{\sigma_{m}}=30$

3.3.2　模型材料

封堵闸门采用 Q345 钢材，其弹性模量为 2.1×10^{5} MPa，密度为 $7.8t/m^{3}$；水弹性模型材料的弹性模量应为 7.0×10^{3} MPa，密度应为 $7.8t/m^{3}$。本次模型材料实测的弹性模量为 7.13×10^{3} MPa，密度为 $7.74t/m^{3}$，误差在 3% 以内。以往的模型试验证明，这样的偏差范围能满足试验精度要求。

3.3.3　模型设计与制作

模型闸门的结构和尺寸严格按设计图纸制作，共分为 8 个单元，其中上部两节门叶制作成一个整体，8 个门叶单元之间采用铰轴连接成整体，模型闸门未模拟门叶节间止水。

模型每节门叶上游两侧各设置一个侧导向简支轮，导轮支架采用与模型一样的材料，导轮采用高强塑料制作。模型每节门叶两侧的滑道采用与模型一样的材料制作。

与原型闸门一样，模型闸门顶部设置双吊耳，吊耳与吊具采用铰轴连接，吊具采用铝合金制作，闸门和启闭机之间采用钢丝绳连接。模型试验中闸门采用电机驱动，封堵门的启闭时间可通过启闭机进行调节。水弹性模型闸门如图 3－1 所示。

3.3.4　测点布置及测量仪器

1. 振动加速度测点布置

考虑到闸门是否会产生侧向扭转、门叶两侧端竖直向振动的相位等问题，在闸门上布置了 7 个加速度测点。其中，在最下节闸门上布置了 1 个顺水流向测点（A4）、1 个横水流向测点（A3）和两个竖直向测点（A1、A2），在 2 节闸门上布置了 1 个顺水流向测点（A5），在第 8 节闸门上布置了 1 个顺水流向测点（A6）和 1 个横水流向测点（A7），振动加速度测点布置如图 3－2 所示。

2. 振动位移测点布置

在闸门上共布置了 7 个振动位移测点，布置位置与方向与振动加速度测点布置相同，振

图 3－1　水弹性模型闸门

动位移测点布置如图 3－2 所示。

3. 应力测点布置

共布置了 9 个应力测点，如图 3－3 所示。根据各节闸门的受力特点，在 1～8 节门叶的跨中下翼缘各布置一个横水流向应力测点（编号为 Y2～Y9），另外在第 1 节门叶（从下向上各节门叶依次为第 1 节、第 2 节、第 3 节……）面板上布置了 1 个横水流向测点（Y1）。

4. 脉动压力测点布置

脉动压力测试在刚体模型闸门上进行，闸门第 1、3 节门叶作为脉动压力测试重点。在第 1 节门叶上布置了 5 个脉动压力测点，其中，M1 和 M5 分别为门叶上、下游面流向测点，M3 和 M4 在横梁下腹板竖直向，M6 在横梁上腹板竖直向。在第 3 节门叶上布置了 3 个脉动压力测点，其中，M2 和 M8 分别为该节门叶上下游面顺水流向测点，M7 为横梁下腹板竖直向测点。脉动压力测点布置如图 3－4 所示。

3.4　闸门动力特性试验

采用 SIMO 法分别对水弹性闸门模型的第 1 节和第 8 节进行实验模态分析，获取其在空气中的自振频率和振型（模态），自振频率见表 3－2，振型图如图 3－5～图 3－9 所示。

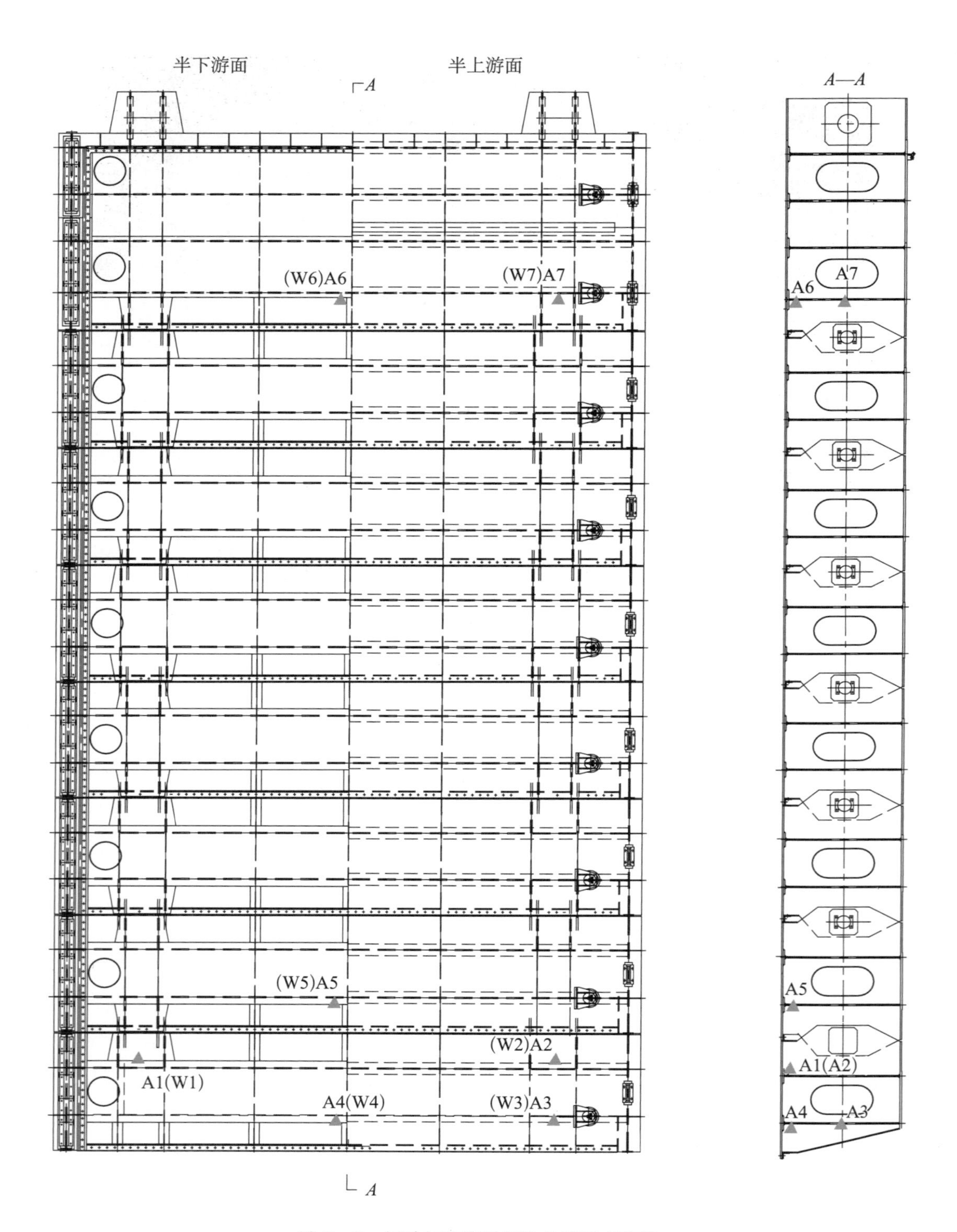

图 3－2　振动加速度及振动位移测点布置

注：图中▲代表振动加速度测点，编号 A1～A7；振动位移测点与振动加速度测点位置相对应，编号为 W1～W7。

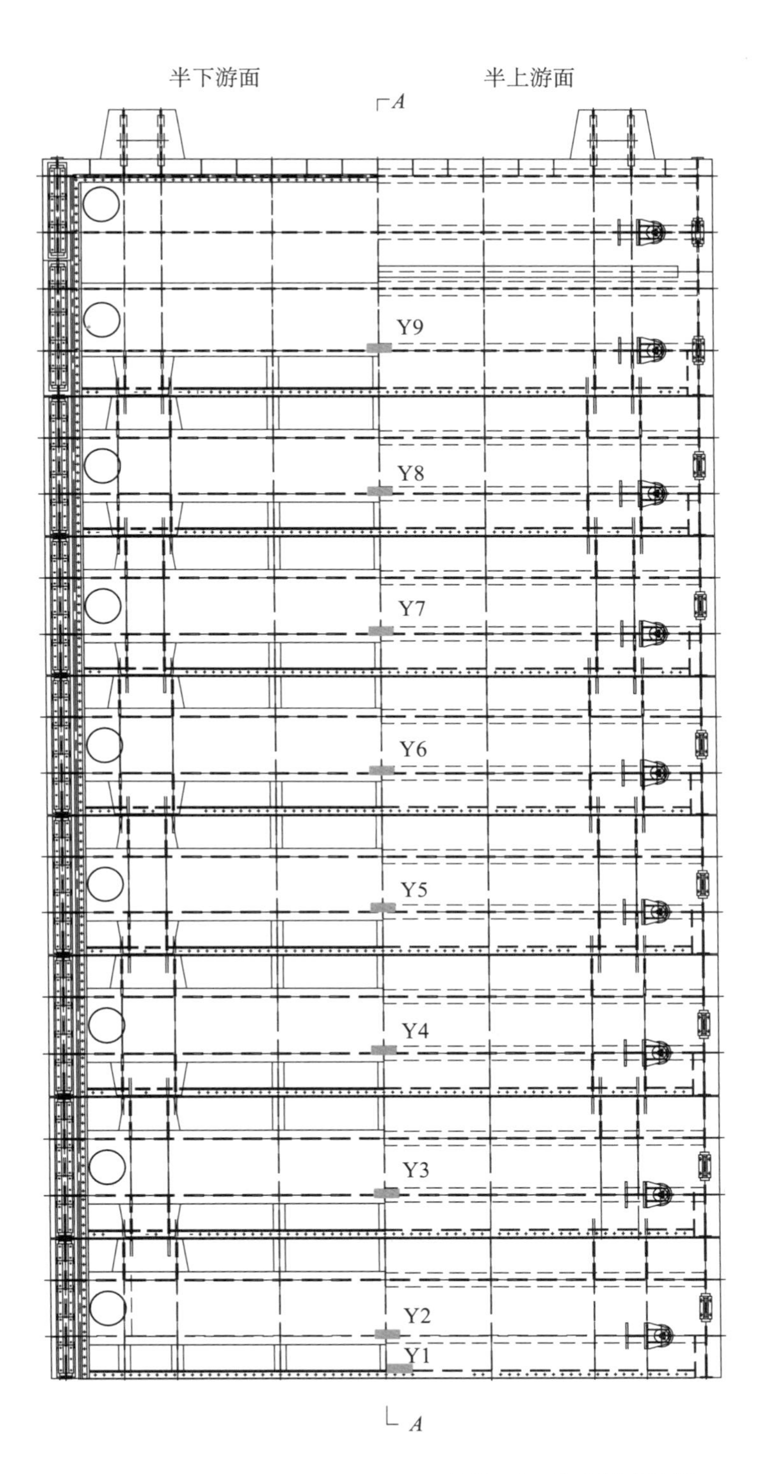

图3-3　应力测点布置

注：图中 ▬ 代表应力测点，编号 Y1 ~ Y9。

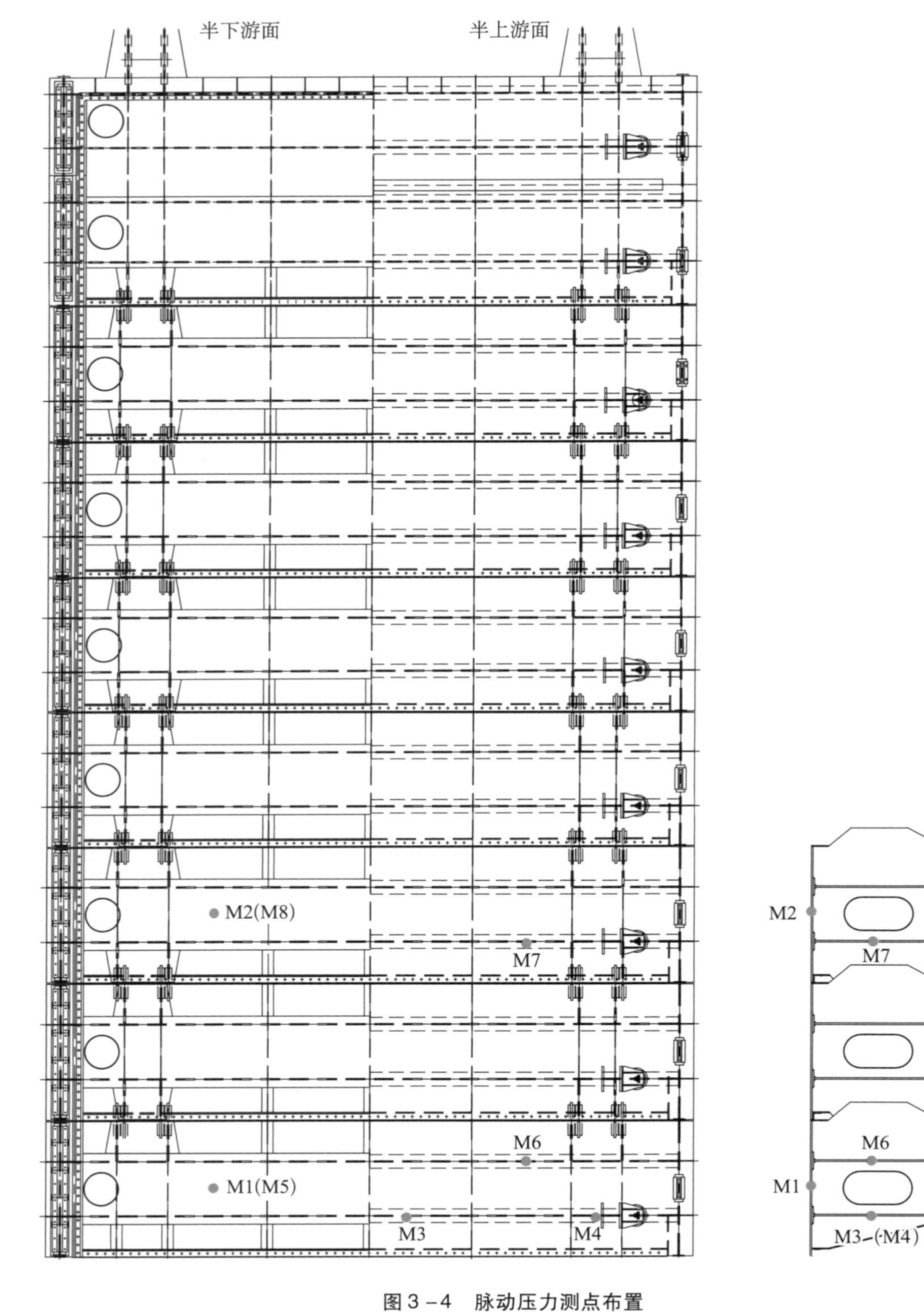

图3－4　脉动压力测点布置

注：图中●代表脉动压力测点，编号 M1～M8。

表3-2　闸门自振特性

结构名称	阶序	模型频率 f_m/Hz	换算原型频率 f_{ps}/Hz	阻尼比/%	振型描述	原型计算频率 f_{pj}/Hz	$(\frac{f_{pj}-f_{ps}}{f_{pj}})\times 100\%$
第1节门叶	1	163.96	29.93	3.66	闸门垂直向弯曲振动	30.75	2.65
	2	260.93	47.64	5.53	闸门顺流向弯曲振动	46.83	-1.73
	3	369.35	67.43	3.98	闸门扭弯振动	66.15	-1.94
第8节门叶	1	224.47	40.98	4.07	闸门顺流向弯曲振动	42.67	3.95
	2	432.03	78.88	2.84	闸门扭弯振动	81.50	3.22

图3-5　第1节门叶第1阶振型（模型频率163.96Hz）

有限元动力计算频率见表3-2。闸门在水中的自振频率随淹没水深变化，模态振型与空气中的相同，试验仅测试闸门在4.5m开度时水中的自振频率，此开度下不通气时闸门流激振动响应较大。

（1）第2~7节门叶的自振特性与第1节门叶相同。

（2）无水条件下，第1节门叶和第8节门叶模型试验自振频率与原型计算误差在4%以内，而且各阶振型试验与计算基本相同，水弹性模型与计算模型得到了相互验证。

（3）封堵闸门的重量 $W=4.2\times10^6$N，闸门接近关闭时的起吊钢绞索长 $L=76$m，钢绞索的弹性模量 $E=1.8\times10^{11}$N/m^2，148根钢绞索的横截面总面积 $A=0.0368$m^2，闸门与钢绞索组成的质量-弹簧系统空气中关门位置原型的自振频率 $f=\frac{1}{2\pi}(\frac{EAg}{WL})^{1/2}=2.29$Hz（$g=$

图 3－6　第 1 节门叶第 2 阶振型（模型频率 260. 93Hz）

图 3－7　第 1 节门叶第 3 阶振型（模型频率 369. 35Hz）

9. 8m/s^2），闸门处在全开位置（底缘在 281m 高程）时的频率为 2. 71Hz，闸门竖向自振频率与钢绞索长度的平方根及重量的平方根成反比，当闸门在关门位置且内部充水后频率降低为 2. 23Hz。增加配重后频率会降低，当配重与门重相同时，在水中的频率降为 1. 82Hz。

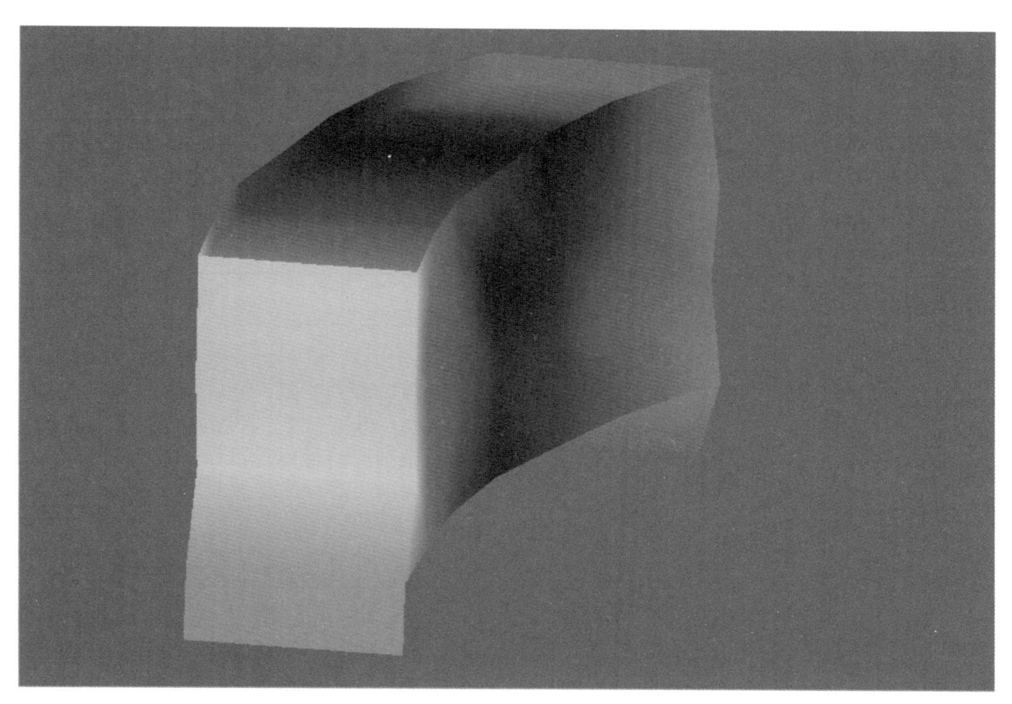

图 3－8　第 8 节门叶第 1 阶振型（模型频率 224.47Hz）

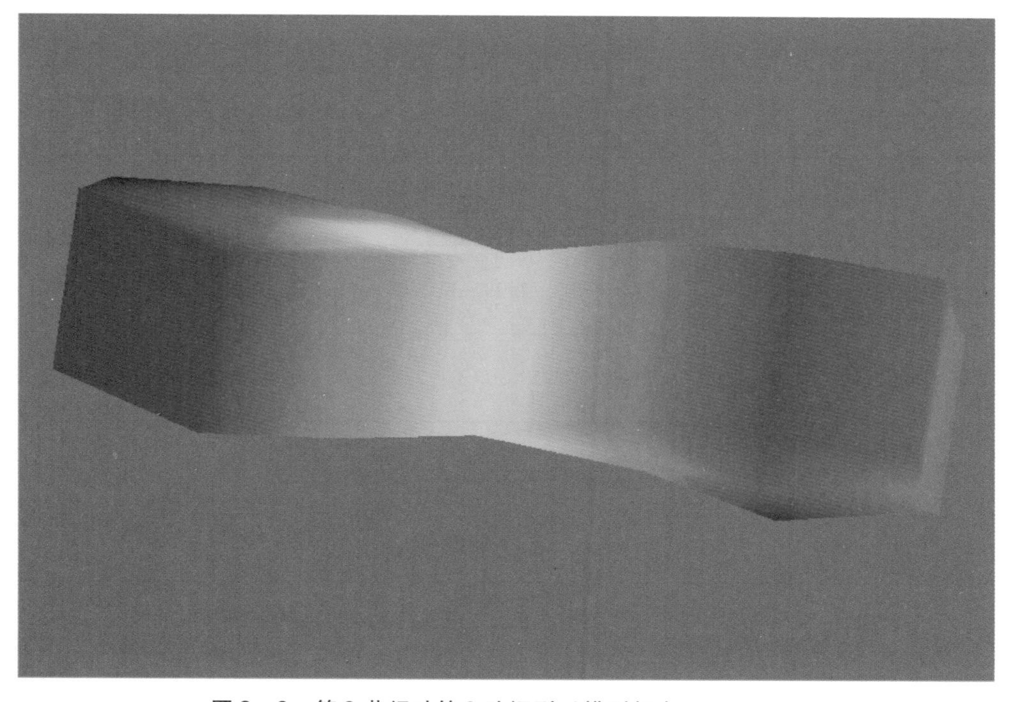

图 3－9　第 8 节门叶第 2 阶振型（模型频率 432.03Hz）

3.5 流激振动试验

3.5.1 试验工况与试验条件

流激振动试验组次及条件见表3-3。

表3-3 流激振动试验组次及条件

<table>
<tr><th>启闭方式</th><th>运行工况</th><th>通气情况</th><th>备注</th></tr>
<tr><td rowspan="3">液压启闭机
启闭操作</td><td rowspan="2">正常运行工况</td><td>门后不通气
（设计方案）</td><td rowspan="3">闸门开度与上、下游水位关系见表3-3，原型闸门的运行速度按平均速度为5m/h（模型闸门运行速度为1.521cm/min）进行模拟</td></tr>
<tr><td>门后通气
（修改方案）</td></tr>
<tr><td>事故运行工况</td><td>门后不通气
（设计方案）</td></tr>
<tr><td rowspan="2">卷扬启闭机
启闭操作</td><td rowspan="2">正常运行工况</td><td>门后不通气</td><td rowspan="2">在闸门启闭过程中，上、下游水位维持在295.59m和278.46m。原型闸门运行速度2m/min，模型闸门运行速度0.639cm/s</td></tr>
<tr><td>门后通气</td></tr>
</table>

液压启闭机启闭操作时，模型试验中的上、下游水位按设计提供的闸门关闭过程中闸门所处不同开度时的水位进行线性插值后控制。模型试验闸门开度及上、下游水位对应关系见表3-4。

表3-4 液压启闭操作时闸门开度及上、下游水位对应关系 （单位：m）

闸门开度	21（全开）	18	16	14	12	11	10	8	7	6	4	2	0（全关）
上游水位	295.59	296.11	296.46	296.81	297.17	297.34	297.52	297.87	298.05	298.23	298.58	298.94	299.42
下游水位	278.46	277.02	276.04	275.05	274.07	273.58	273.08	272.10	271.61	271.12	270.13	269.15	268.59

由于液压启闭机启闭操作时，原型闸门运行方式属间歇性运行，模型中模拟这种启闭方式比较困难，且在闸门停顿及重新运行的瞬间，原模型的运行加速度是很难达到相似的，因此，原型闸门的运行速度按平均速度为5m/h（模型闸门运行速度为1.521cm/min）进行模拟。

3.5.2 液压启闭下试验成果及分析

成果说明：

（1）以下各节文字和表中所给所有的脉动压力、振动位移、动应力和振动加速度幅值均为原型值，有特别说明时例外。

（2）以下各节所有的脉动压力、振动位移、动应力和振动加速度功率谱上的频率显示值是模型频率值，原型值需按比尺换算。文字和表中的频率为原型值，有特别说明时除外。

3.5.2.1　设计方案

在液压启闭下门后不设通气孔通气，且闸门按正常运行工况运行时，发现闸门关闭有困难，为使闸门能顺利关闭而给闸门增加配重。为了使配重不影响闸门的流激振动响应，将配重加在提门的横梁（吊具）上。

在该方案下测试了闸门上的脉动压力、振动加速度、振动位移和动应力，成果及分析如下。

1. 脉动压力成果及分析

设计方案的闸门脉动压力试验成果：

（1）开关门过程中闸门底缘脉动压力在不同开度区间能带统计见表 3-5。关门恒定流下和关门过程非恒定流（以下文字和图表中均简称关门过程非恒定流为关门过程，开门过程非恒定流为开门过程）的脉动压力幅值试验成果见表 3-6、表 3-7。典型测点的脉动压力随闸门开度变化曲线如图 3-10（a）、图 3-10（b）所示。

（2）开门过程中的脉动压力幅值试验成果见表 3-8，典型测点的脉动压力随闸门开度变化曲线如图 3-10（c）所示。

（3）典型测点在关门和开门过程中脉动压力时间历程波形如图 3-11（a）、图 3-11（b）所示，从图中可见开关门过程中闸门底缘脉动压力在 5m 开度附近的变化情况。典型测点在关门和开门过程中不同开度的功率谱如图 3-12～图 3-15 所示。

表 3-5　开关门过程中闸门底缘脉动压力在不同开度区间能带统计

项目			开度区间/m			
			0～1	4～6	11～13	14～16
关门过程	模型值	主能带/Hz		0.98～20	0.59～14.65	0.19～6.84
		主频/Hz		0.98、4.69	0.59	0.19、5.66
	原型值	主能带/Hz		0.18～3.65	0.11～2.67	0.04～1.25
		主频/Hz		0.18、0.86	0.11	0.04、1.03
开门过程	模型值	主能带/Hz	0.98～15.63	0.39～14.84	0.19～17.59	0.59～26.76
		主频/Hz	0.98、1.95、2.93、4.49、8.40	2.34、4.49、5.27、6.25、8.40、10.74	0.19、4.29、6.05、7.81	3.51、5.27、11.32、16.60
	原型值	主能带/Hz	0.18～2.85	0.07～2.71	0.04～3.21	0.11～4.89
		主频/Hz	0.18、0.36、0.54、0.82、1.53	0.43、0.82、0.96、1.14、1.53、1.96	0.04、0.78、1.11、1.43	0.64、0.96、2.07、3.03

注：表中下划线数值表示能量最大的频率。

表3-6 液压启闭门后不通气正常运行工况关门恒定流下脉动压力

（单位：kPa）

测点编号	特征值	开度/m												
		2	3	4	5	6	8	10	11	12	14	16	18	21
M1	最大峰值	3.78	5.61	13.92	6.87	5.49	6.09	9.96	7.11	8.97	6.72	5.67	5.55	5.76
	均方根值	0.93	1.26	3.66	1.67	1.41	1.5	2.82	1.59	1.59	1.5	1.44	1.29	1.206
M2	最大峰值	3.36	4.54	13.53	7.21	5.7	5.34	7.42	6.38	7.55	4.57	3.57	4.23	6.12
	均方根值	0.87	1.17	3.24	1.92	1.53	1.57	1.85	1.52	1.50	1.64	1.02	1.56	1.89
M3	最大峰值	3.87	11.07	26.46	39.69	28.11	41.28	28.83	29.04	24.3	4.26	11.28	6.6	5.94
	均方根值	1.08	2.22	5.94	10.14	6.81	6.93	5.46	4.68	3.81	2.67	2.41	1.62	1.41
M4	最大峰值	8.16	49.14	60.42	61.41	56.85	37.92	33.69	26.37	20.34	14.82	15.18	9.93	11.61
	均方根值	1.29	4.44	7.65	15.01	13.17	6.48	5.16	4.95	4.35	3.33	2.49	2.04	1.71
M5	最大峰值	6.81	3.93	17.25	12.12	11.04	10.95	5.79	9.21	10.05	8.85	7.02	14.73	4.98
	均方根值	2.13	1.08	3.72	2.10	2.13	1.98	1.44	1.89	1.74	1.89	2.64	2.10	1.29
M6	最大峰值	6.9	4.68	12.33	13.8	16.89	14.82	9.6	9.48	7.83	6.31	6.03	9.39	3.93
	均方根值	1.32	1.02	3.15	3.36	3.18	2.73	2.28	2.16	2.01	2.61	1.26	1.53	1.02
M7	最大峰值	5.28	3.87	15.87	12.03	15.75	12.09	10.65	9.45	8.16	6.9	5.13	4.47	4.26
	均方根值	1.08	0.96	3.03	3.21	3.09	2.64	2.19	2.19	2.07	1.77	1.35	1.14	1.08
M8	最大峰值	11.82	12.48	15.14	13.08	4.93	4.8	12.06	4.86	5.97	5.55	12.09	7.12	7.71
	均方根值	1.71	1.45	2.12	1.62	1.8	1.2	2.04	1.17	1.56	1.26	1.77	1.83	1.98

表3-7 液压启闭门后不通气正常运行工况下关门过程脉动压力

（单位：kPa）

测点编号	特征值	开度区间/m											
		0~1	1~2	2~3	3~4	4~5	5~6	6~7	7~8	8~9	9~10	10~11	11~12
M1	最大峰值	6.54	6.06	5.37	6.42	5.18	5.67	5.73	5.4	6.15	5.79	7.81	7.23
	均方根值	1.65	1.59	1.59	1.65	1.44	1.47	1.59	1.53	1.65	1.62	1.68	1.71
M2	最大峰值	5.21	5.36	4.73	5.07	4.89	5.11	5.52	5.34	5.69	5.88	6.68	6.54
	均方根值	1.48	1.52	1.56	1.53	1.47	1.43	1.52	1.55	1.68	1.58	1.59	1.55
M3	最大峰值	23.73	20.88	26.97	34.71	46.23	42.69	41.34	49.14	52.71	39.84	29.01	29.79
	均方根值	5.43	5.34	6.06	7.02	10.56	9.75	9.42	9.03	8.94	7.68	6.42	5.88
M4	最大峰值	27.69	28.65	37.26	41.96	60.09	52.92	45.66	39.39	52.83	23.94	20.13	24.87
	均方根值	5.61	4.83	5.88	6.03	12.90	14.31	10.5	7.65	6.42	6.06	5.37	5.37
M5	最大峰值	15.36	16.26	6.57	5.58	15.36	11.13	16.86	9.48	11.22	7.17	9.42	8.67
	均方根值	2.16	2.22	1.74	1.71	3.42	2.85	2.82	2.82	2.73	2.4	2.43	2.28
M6	最大峰值	4.98	6.99	9.21	10.86	13.11	16.53	11.07	9.42	9.69	9.75	8.4	7.44
	均方根值	1.29	1.47	1.41	1.5	3.15	3.12	3.09	2.67	2.43	2.31	2.12	1.98
M7	最大峰值	3.54	3.57	3.87	3.84	10.77	12.93	13.83	12.18	8.67	8.25	8.31	8.64
	均方根值	1.32	1.38	1.41	1.35	3.21	3.03	3.06	2.82	2.4	2.31	2.19	2.07
M8	最大峰值	3.72	4.29	4.17	4.26	4.77	4.44	4.17	4.26	4.44	4.65	4.35	5.28
	均方根值	1.08	1.08	1.08	1.08	1.14	1.14	1.14	1.11	1.08	1.08	1.11	1.23

续表

测点编号	特征值	开度区间/m							
		12 ~ 13	13 ~ 14	14 ~ 15	15 ~ 16	17 ~ 18	18 ~ 19	19 ~ 20	20 ~ 21
M1	最大峰值	6.45	5.91	7.77	6.12	6.15	5.79	5.04	6.57
	均方根值	1.56	1.59	1.62	1.68	1.53	1.53	1.44	1.44
M2	最大峰值	5.98	5.46	6.65	6.51	5.77	5.63	5.36	5.91
	均方根值	1.54	1.63	1.58	1.56	1.52	1.53	1.41	1.45
M3	最大峰值	22.29	19.5	14.19	18.24	12.57	12.51	12.87	12.03
	均方根值	4.83	4.77	3.6	4.29	3.96	3.87	3.72	3.69
M4	最大峰值	21.75	24.99	17.49	19.71	8.43	7.86	9.33	11.16
	均方根值	4.51	3.62	1.74	2.43	2.43	2.13	2.04	2.07
M5	最大峰值	7.08	9.45	6.15	5.52	10.44	6.78	6.45	6.33
	均方根值	1.68	2.22	1.95	1.95	2.64	2.25	2.04	1.92
M6	最大峰值	13.62	17.01	5.91	6.57	11.64	13.53	6.15	4.86
	均方根值	2.34	2.19	1.41	1.41	1.86	1.62	1.35	1.23
M7	最大峰值	8.37	6.78	5.16	3.99	3.39	5.46	5.97	4.53
	均方根值	2.13	1.8	1.29	0.99	0.99	1.14	1.26	1.02
M8	最大峰值	4.26	5.37	5.88	6.27	6.96	6.78	6.36	7.68
	均方根值	1.32	1.38	1.71	1.74	1.83	1.86	1.83	1.83

表3-8 液压启闭门后不通气正常运行工况开门过程脉动压力

（单位：kPa）

测点编号	特征值	开度/m												
		0.5	1	2	3	4	5	6	7	8	9	10	11	12
M1	最大峰值	4.92	4.68	4.77	4.86	5.94	5.91	5.49	4.71	5.25	5.67	5.19	5.25	7.26
	均方根值	1.77	1.68	1.77	1.83	1.82	1.95	1.77	1.74	1.83	1.77	1.81	1.74	1.98
M8	最大峰值	6.66	6.3	5.61	6.57	7.23	7.56	6.06	6.42	8.34	6.12	5.64	5.01	6.12
	均方根值	1.80	1.83	1.86	1.95	1.86	2.01	1.83	1.77	1.83	1.86	1.77	1.62	1.95
M3	最大峰值	8.4	7.77	8.40	11.25	16.65	15.63	17.49	17.01	14.37	11.04	11.4	8.61	7.41
	均方根值	2.61	2.79	2.82	3.72	4.59	4.95	4.52	4.62	4.29	3.24	3.15	2.19	1.98
M4	最大峰值	25.14	36.33	34.14	39.81	41.97	46.11	50.61	39.93	28.11	35.25	22.68	16.23	14.67
	均方根值	7.08	7.14	7.38	8.37	9.05	10.02	9.51	9.03	7.32	6.24	5.82	5.13	4.62
M5	最大峰值	9.87	7.05	7.47	7.71	6.54	6.72	6.87	5.79	6.66	6.27	6.69	6.57	8.73
	均方根值	3.09	2.25	2.43	2.37	2.34	2.28	2.25	2.37	2.43	2.37	2.58	1.95	2.43
M6	最大峰值	6.42	9.24	7.65	12.72	7.44	6.45	8.13	11.22	9.69	6.99	7.77	6.81	5.49
	均方根值	1.98	1.74	1.80	1.86	1.74	1.83	1.68	2.22	2.67	2.22	2.73	1.95	1.71
M7	最大峰值	6.21	5.55	6.15	5.64	4.02	4.77	6.09	5.73	9.45	6.48	9.18	7.26	6.27
	均方根值	2.19	1.98	2.07	1.92	1.56	1.83	1.95	2.22	2.88	2.52	3.03	2.01	1.74
M8	最大峰值	6.33	6.36	6.66	7.23	6.33	7.47	6.87	6.57	6.27	5.67	6.66	5.52	4.65
	均方根值	1.86	1.87	1.89	1.83	1.77	1.82	1.80	1.82	1.86	1.74	1.74	1.62	1.77

续表

测点编号	特征值	开度/m								
		13	14	15	16	17	18	19	20	21
M1	最大峰值	6.63	8.73	6.78	6.45	7.14	6.93	7.38	8.25	6.96
	均方根值	1.95	2.19	1.92	1.83	1.92	1.83	1.89	1.83	1.74
M2	最大峰值	6.63	6.03	6.24	5.88	6.84	8.07	6.12	5.44	6.72
	均方根值	1.83	1.80	1.83	1.65	1.77	1.71	1.71	1.26	1.68
M3	最大峰值	12.99	13.26	14.34	8.31	**8.79**	7.71	6.93	8.25	5.67
	均方根值	4.35	3.63	3.27	2.82	2.46	2.07	1.83	1.74	1.68
M4	最大峰值	31.95	33.18	26.58	25.53	18.84	19.59	18.33	16.53	15.33
	均方根值	7.71	7.11	6.75	6.51	5.82	5.31	4.62	3.69	3.32
M5	最大峰值	7.98	6.69	9.91	6.87	8.31	10.71	9.06	6.48	6.72
	均方根值	2.22	2.28	2.13	2.19	2.58	2.76	2.46	2.13	2.13
M6	最大峰值	9.36	5.34	14.46	11.46	14.46	1.41	10.44	6.42	5.52
	均方根值	3.15	2.19	3.27	2.79	3.57	2.97	2.12	1.74	1.62
M7	最大峰值	13.95	8.79	12.93	8.88	8.34	6.54	5.97	5.67	6.54
	均方根值	3.45	2.61	3.09	2.46	2.28	2.15	1.77	1.56	1.59
M8	最大峰值	5.61	6.06	5.46	5.97	4.14	5.01	3.87	3.27	4.26
	均方根值	1.65	1.65	1.65	1.68	1.77	1.77	1.74	1.35	1.77

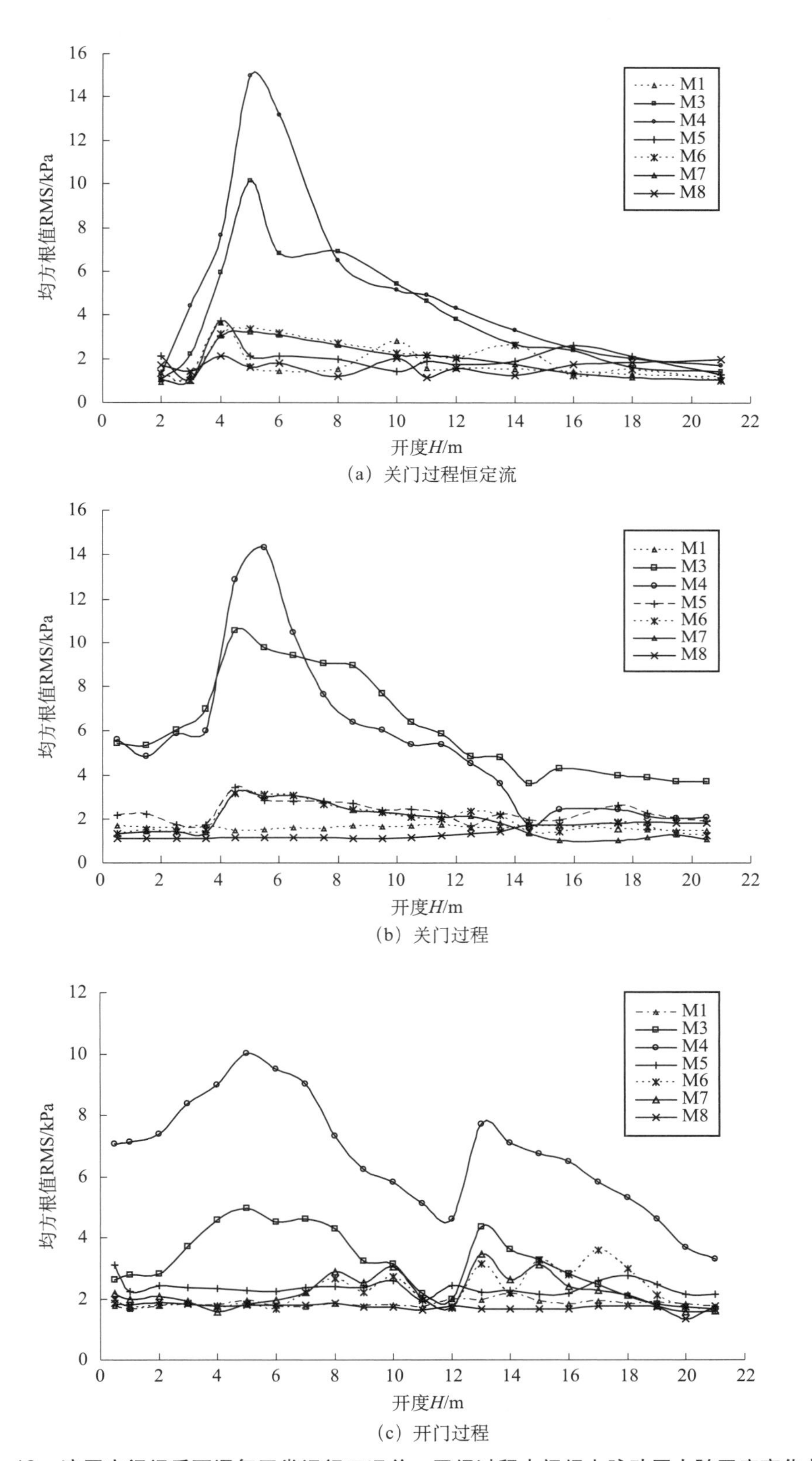

(a) 关门过程恒定流

(b) 关门过程

(c) 开门过程

图3-10　液压启闭门后不通气正常运行工况关、开门过程中闸门上脉动压力随开度变化曲线

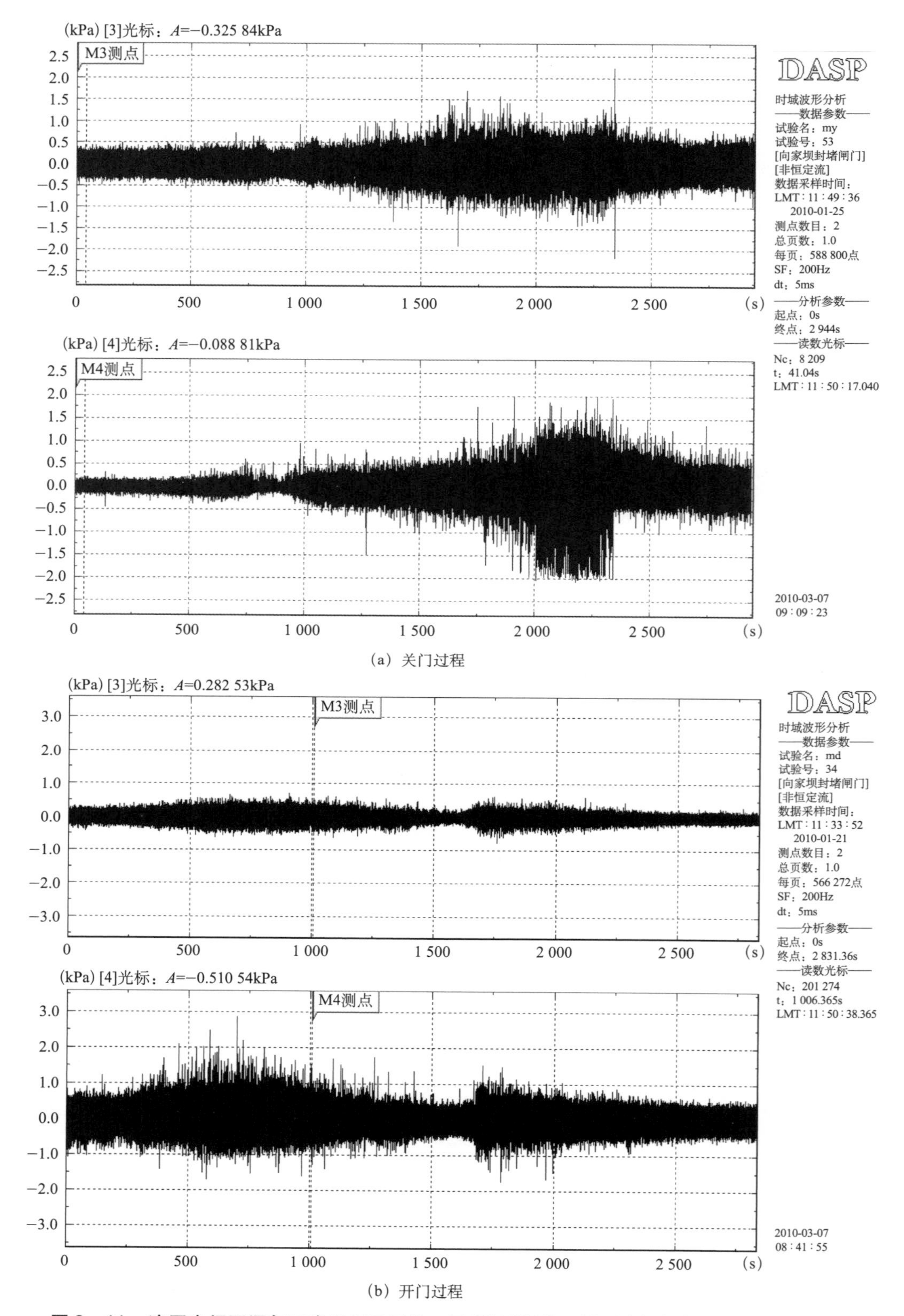

图3－11　液压启闭不通气正常运行工况关、开门过程M3、M4测点脉动压力时间历程波形

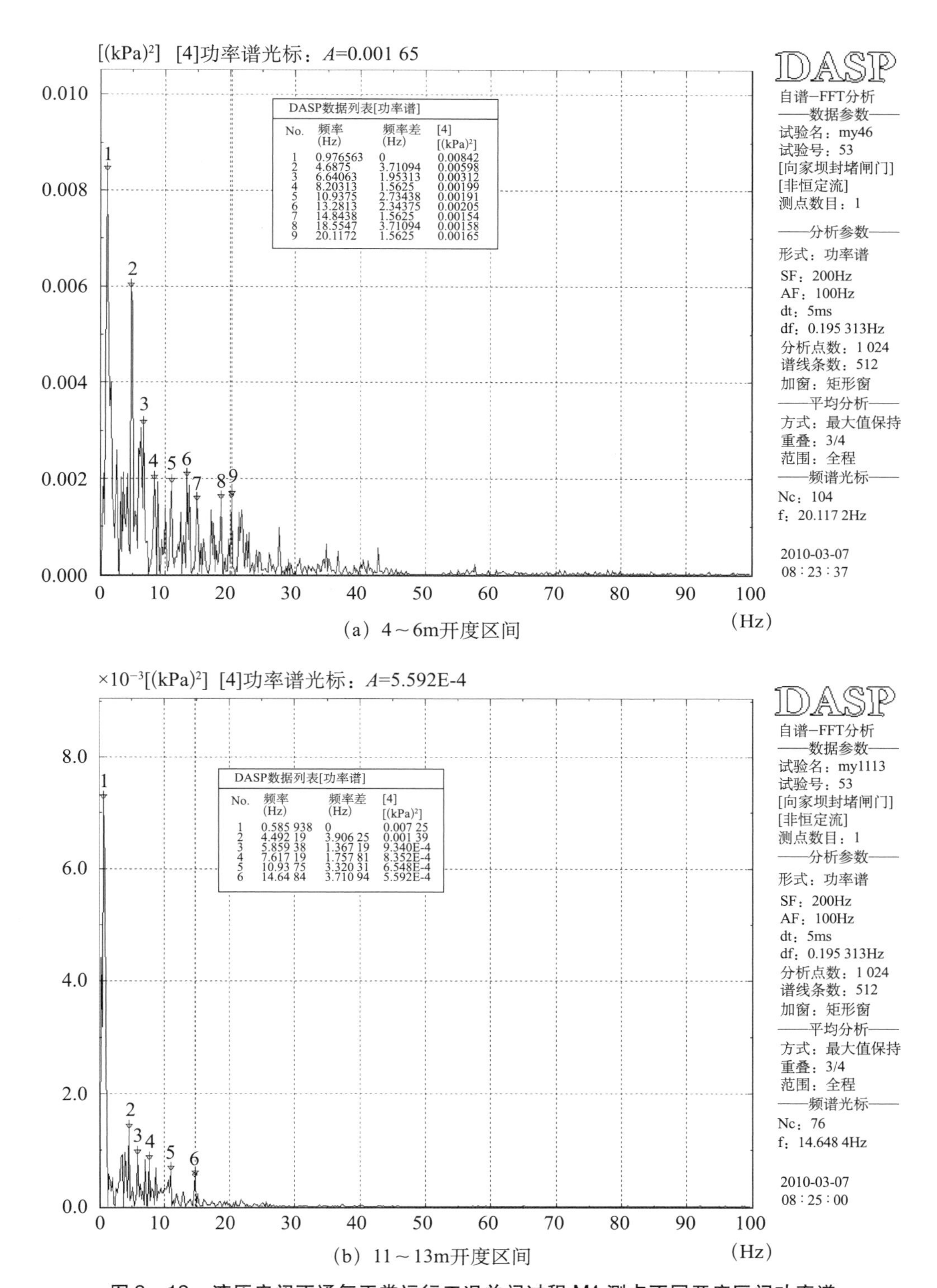

(a) 4～6m开度区间

(b) 11～13m开度区间

图 3－12　液压启闭不通气正常运行工况关门过程 M4 测点不同开度区间功率谱

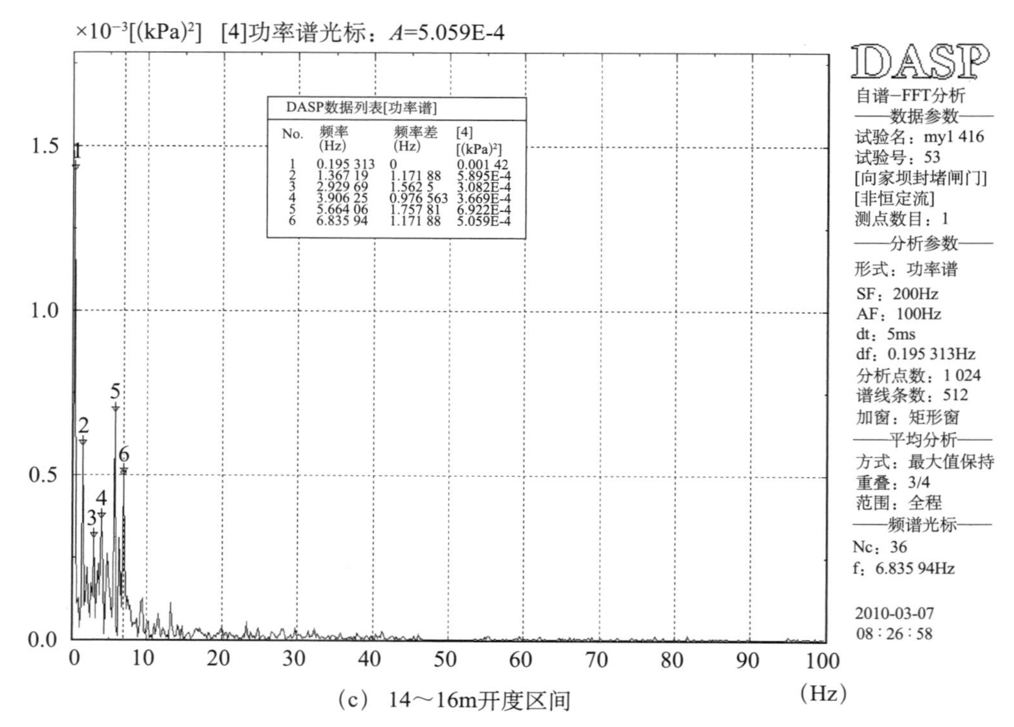

(c) 14～16m开度区间

图3－12 液压启闭不通气正常运行工况关门过程 M4 测点不同开度区间功率谱（续）

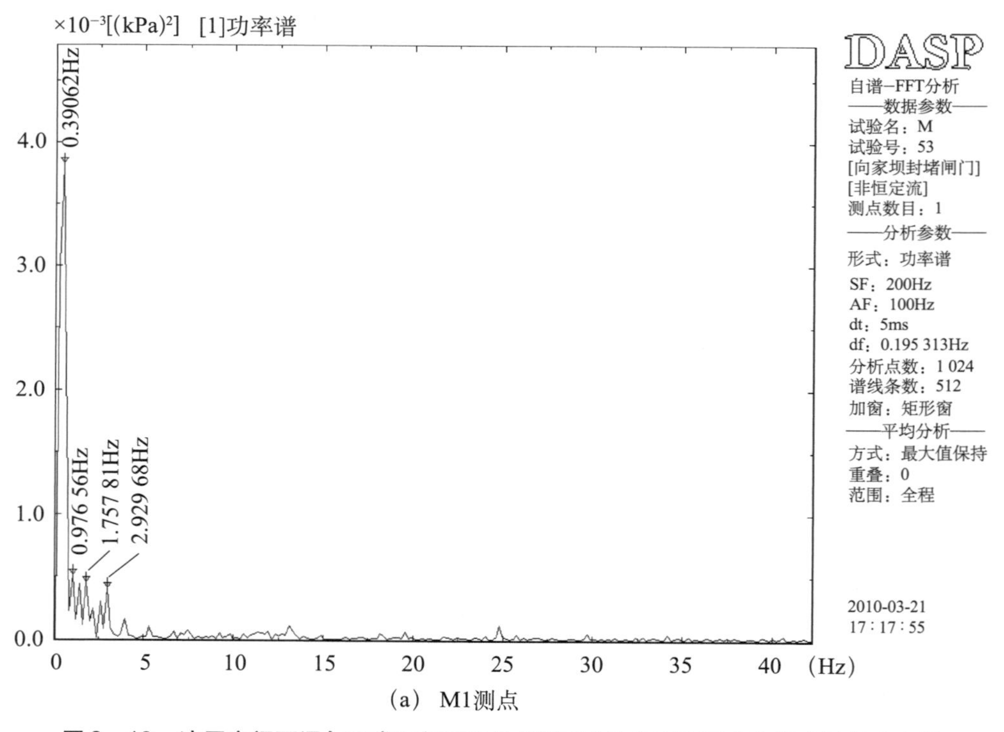

(a) M1测点

图3－13 液压启闭不通气正常运行工况关门过程 M1 和 M5 测点全开度区间功率谱

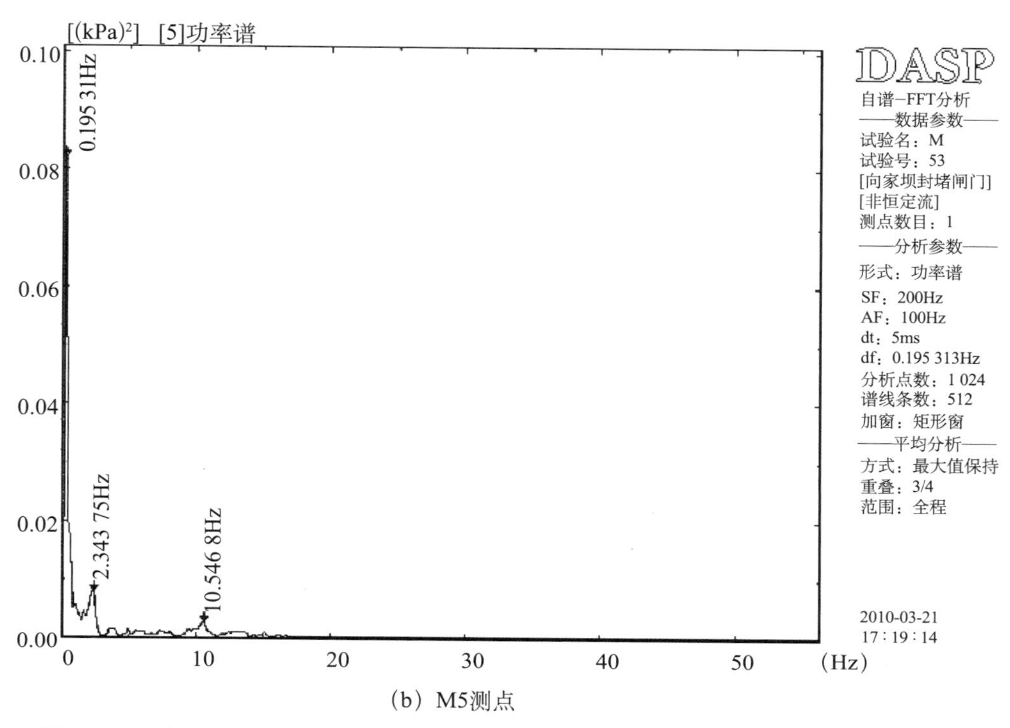

（b）M5测点

图 3－13　液压启闭不通气正常运行工况关门过程 M1 和 M5 测点全开度区间功率谱（续）

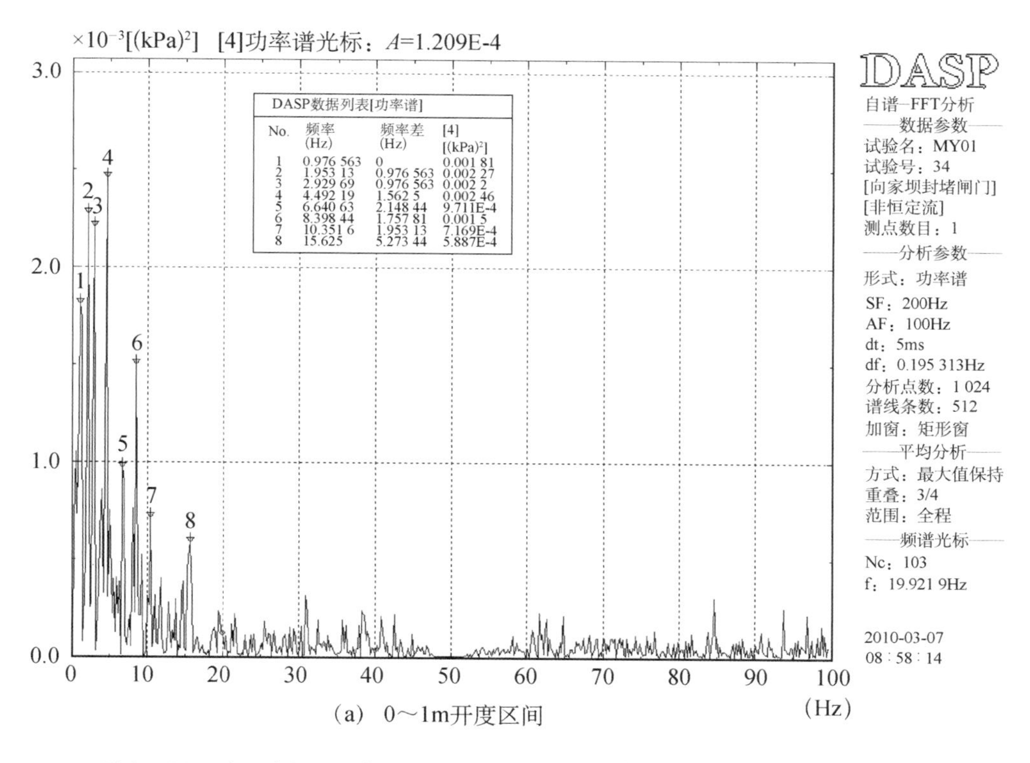

DASP数据列表[功率谱]

No.	频率 (Hz)	频率差 (Hz)	[4] [(kPa)²]
1	0.976 563	0	0.001 81
2	1.953 13	0.976 563	0.002 27
3	2.929 69	0.976 563	0.002 2
4	4.492 19	1.562 5	0.002 46
5	6.640 63	2.148 44	9.711E-4
6	8.398 44	1.757 81	0.001 5
7	10.351 6	1.953 13	7.169E-4
8	15.625	5.273 44	5.887E-4

（a）0～1m开度区间

图 3－14　液压启闭不通气正常运行工况开门过程 M4 测点不同开度区间功率谱

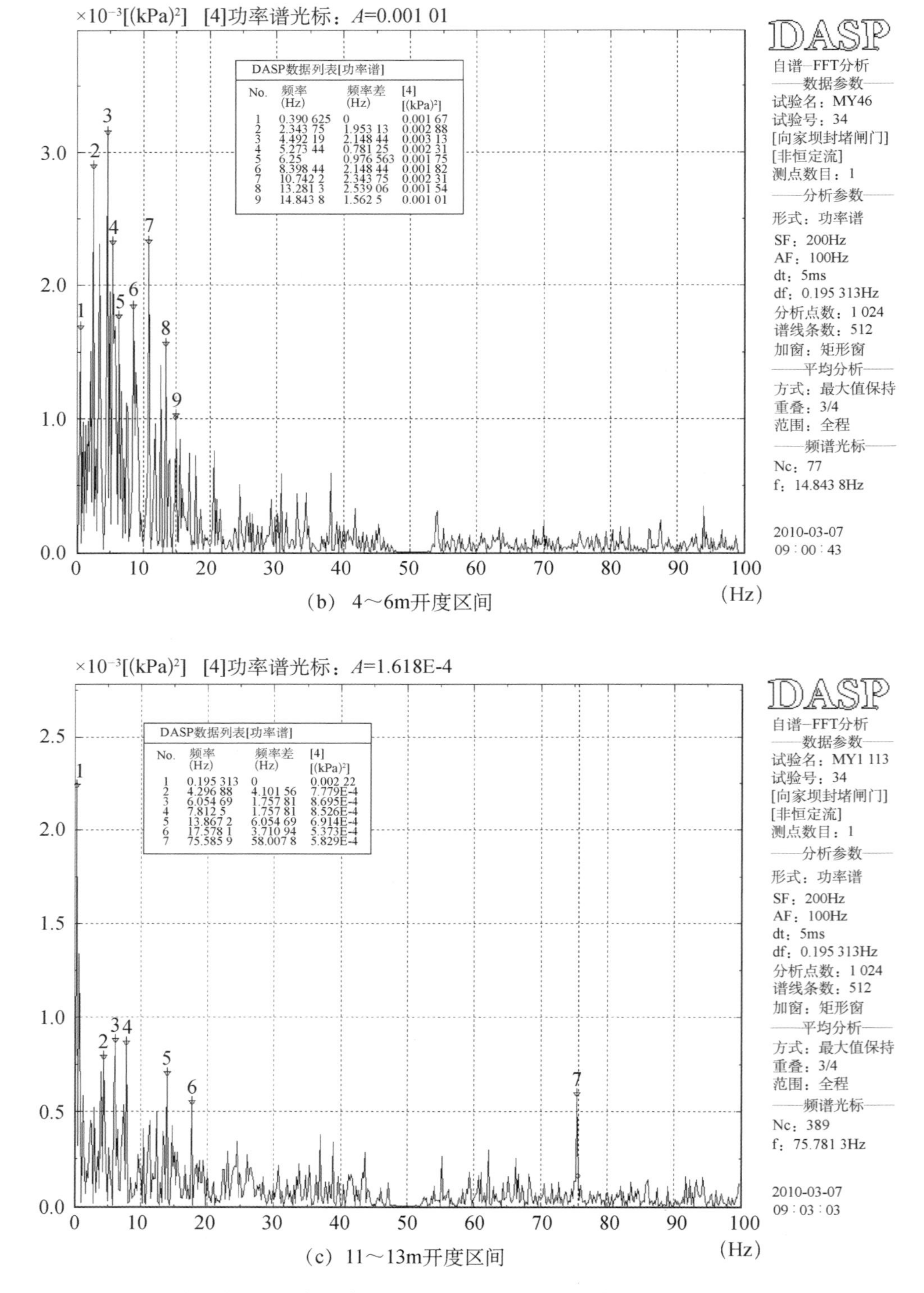

(b) 4～6m开度区间

(c) 11～13m开度区间

图3－14 液压启闭不通气正常运行工况开门过程M4测点不同开度区间功率谱（续）

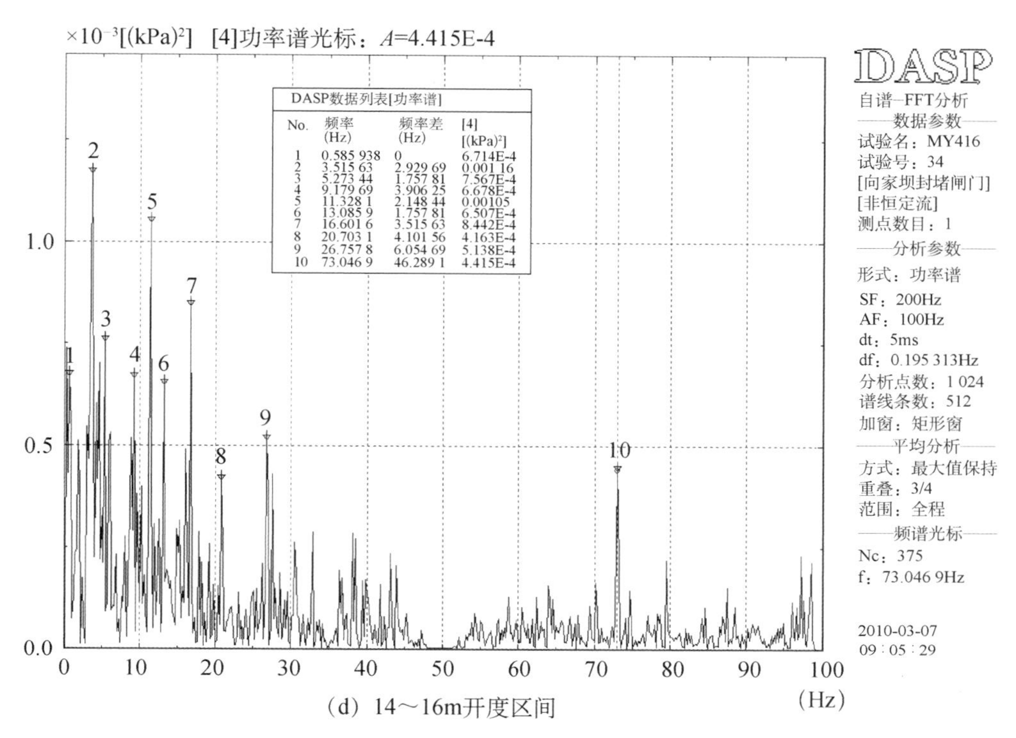

(d) 14～16m开度区间

图 3－14　液压启闭不通气正常运行工况开门过程 M4 测点不同开度区间功率谱（续）

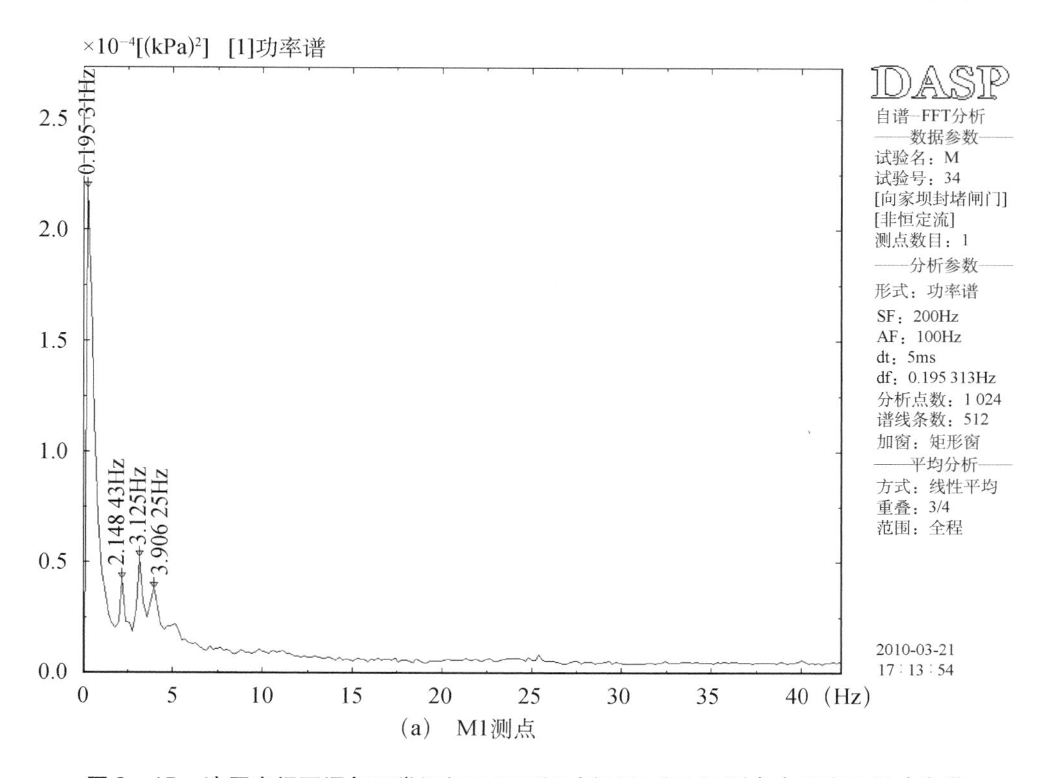

(a)　M1测点

图 3－15　液压启闭不通气正常运行工况开门过程 M1 和 M5 测点全开度区间功率谱

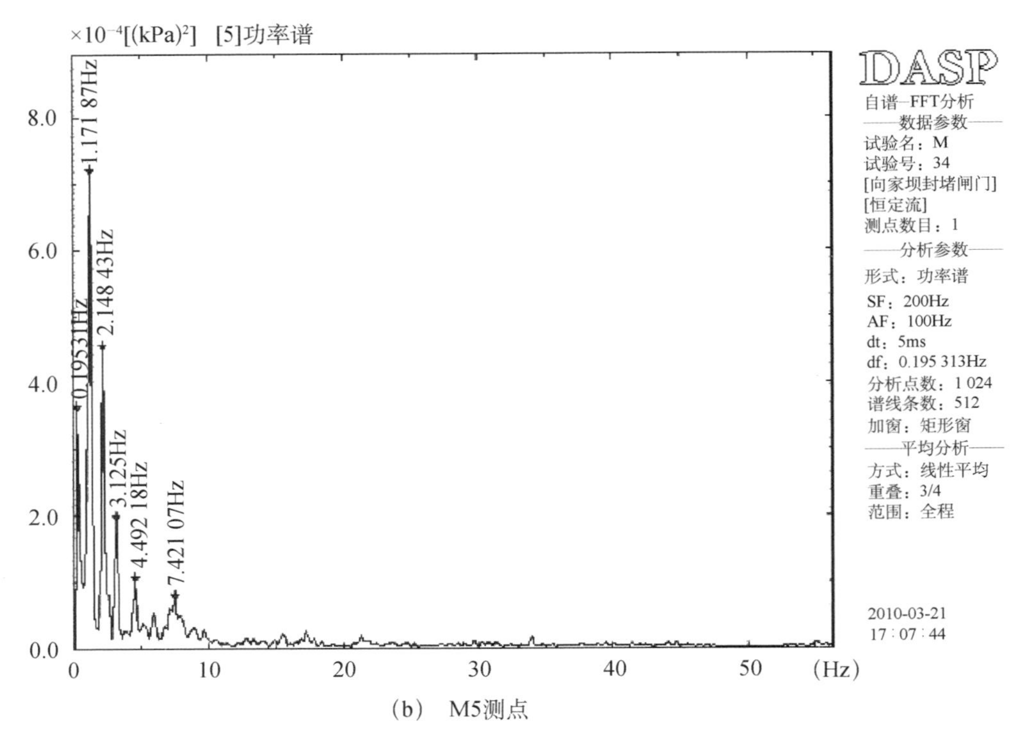

（b） M5测点

图3－15 液压启闭不通气正常运行工况开门过程 M1 和 M5 测点全开度区间功率谱（续）

2. 结果分析

（1）从图3－10（a）、图3－10（b）可见，在液压启闭下门后不设通气孔通气，且闸门按正常运行工况运行时，关门过程与关门恒定流下，闸门上测点脉动压力幅值接近，尤其是底缘脉动压力幅值随开度的变化趋势基本相同，优势频率也接近，这主要与关门过程关门速度很慢，闸门运动对水流流态影响较小有关。

（2）在液压启闭下门后不设通气孔通气，且闸门按正常运行工况运行时，开门过程中与关门过程中的脉动压力幅值相比：门叶上游面、门叶下游面和横梁腹板上脉动压力幅值开门过程中与关门过程中相近，而且都比较小；第1节门（底部一节闸门）横梁腹板上竖直向脉动压力在开门过程中和关门过程中均在4～6m开度区间内最大，在开门过程第1节门横梁腹板上竖直向脉动压力在13m开度附近也较大，如图3－10（c）所示。

（3）关门恒定流下，闸门底缘M3和M4测点脉动压力最大值出现在5m开度处，分别为39.69kPa和61.41kPa，均方根值分别为10.14kPa和15.01kPa，其他测点最大值和均方根值分别小于18kPa和4kPa；关门过程中底缘M4测点最大脉动压力为60.09kPa，均方根值为14.31kPa，出现在4～5m开度区间上，关门过程均方根值略小于关门恒定流，其主要原因在于两者含义不同，前者指一定开度范围内的统计值，后者指具体开度上的统计值。在4～6m开度区间，开门过程中的脉动压力比关门过程中的小许多，其中，M3测点约小30%，M4测点约小50%。

（4）由表3－5可以看出，关门过程中在4m开度以上闸门底缘脉动压力能量主要集中在一两个频率上，优势频率在1.0Hz以下，而开门过程中主频较丰富，能量较分散，主能量均在4.0Hz以下频率上。

（5）脉动压力M4比M3大，是受门槽水流影响所致，M4处出现有旋流。

（6）从图3－13～图3－15中可见，第1节闸门下游面和上游面脉动压力的频率都远比闸门的自振频率低。闸门底缘的脉动压力频率成分很丰富。

3.5.2.2　闸门振动响应试验成果及分析

设计方案的闸门流激振动响应试验成果如下：

（1）关门和开门过程中的振动位移试验成果分别见表3－9和表3－10。典型测点动位移在关门和开门过程中不同开度的功率谱如图3－16～图3－17所示。

（2）关门和开门过程中的动应力试验成果见表3－11～表3－12。典型测点动应力在关门和开门过程中不同开度的时域波形及功率谱如图3－18～图3－21所示。

（3）关门过程中的振动加速度试验成果见表3－13。典型测点振动加速度测点在关门过程中的时域波形及功率谱如图3－22～图3－23所示。

（4）事故关门过程中的加速度和动应力试验成果分别见表3－14和表3－15。

试验结果表明：

（1）关门过程中第1节闸门两侧竖向振动位移接近，最大值分别为1.042mm、0.878mm，上下游方向和横向振动位移都比竖向的小。这种较大的动位移发生在3～5m开度，即脉动压力最大的开度。竖向的动位移大与竖向的脉动压力大有关。开门过程的动位移比关门过程的小。水流向的动位移以第1节闸门的为最大，为0.187mm，其他各节从下向上依次递减，见表3－9和表3－10。

（2）液压启闭门后不通气正常运行工况关门过程中的最大动应力Y2为6.868MPa，仅占时均应力的7.9%，发生在3～5m开度区间，分布在第1节闸门的主横梁下游面跨中，其他各节主梁跨中的动应力都比第1节的小，从下向上依次递减。在关门过程中第1节闸门跨中底缘附近面板水平向动应力为2.716MPa。从图3－19可见关门过程中动应力的变化情况。开门过程的动应力比关门过程的小，最大动应力Y2为3.662MPa，仅占时均应力的4.2%，出现的开度在7～9m之间，其他各节的动应力从下向上依次递减，见表3－11～表3－12。

（3）从表3－15可见，液压启闭门后不通气事故运行工况关门过程中的最大动应力Y2为6.17MPa，发生在3～5m开度区间，分布在第1节闸门的主横梁下游面跨中，其他各节主梁跨中的动应力都比第1节的小，从下向上依次递减。在事故关门过程中第1节闸门跨中底缘附近面板水平向动应力为2.865MPa。事故关门工况闸门的动应力与正常关门工况的相差很小。

（4）从图3－16和图3－17可以看出，关门过程和开门过程中闸门动位移的频率都能在相同开度作用于闸门上的脉动压力的功率谱上找到，如在开门过程3～5m开度区间，闸门上竖直向动位移测点W2的振动频率有6.25Hz和8.75Hz，在开门过程相应开度区间内闸门底缘脉动压力测点M4的谱图上有6.25Hz和8.40Hz。这表明闸门的竖向振动位移主要都是作用于闸门底缘及附近的脉动压力所激发的。从脉动压力M4的谱图可见其频率成分很多，但竖向动位移W2的谱图上只有几个低频成分，说明只有低频脉动引起了闸门的竖向振动，许多频率并未引起闸门的竖向振动，原因与它们的能量有关。

表 3-9　液压启闭门后不通气正常运行工况下关门过程动位移

（单位：mm）

测点编号	特征值	开度区间/m												
		0 ~ 1	1 ~ 3	3 ~ 5	5 ~ 7	7 ~ 9	9 ~ 11	11 ~ 13	13 ~ 15	15 ~ 16	16 ~ 17	17 ~ 18	18 ~ 20	20 ~ 21
W1	最大峰值	0. 636	0. 534	0. 878	0. 526	0. 606	0. 488	0. 368	0. 251	0. 257	0. 276	0. 240	0. 211	0. 087
	均方根值	0. 127	0. 081	0. 094	0. 072	0. 068	0. 065	0. 046	0. 038	0. 033	0. 034	0. 027	0. 024	0. 014
W2	最大峰值	0. 787	0. 598	1. 042	0. 538	0. 691	0. 454	0. 437	0. 214	0. 234	0. 298	0. 241	0. 212	0. 081
	均方根值	0. 148	0. 085	0. 087	0. 075	0. 073	0. 058	0. 044	0. 035	0. 035	0. 033	0. 030	0. 022	0. 015
W3	最大峰值	0. 056	0. 048	0. 174	0. 164	0. 182	0. 139	0. 127	0. 112	0. 094	0. 054	0. 044	0. 045	0. 038
	均方根值	0. 013	0. 014	0. 025	0. 220	0. 030	0. 028	0. 022	0. 018	0. 017	0. 012	0. 009	0. 009	0. 007
W4	最大峰值	0. 148	0. 091	0. 187	0. 177	0. 125	0. 148	0. 105	0. 088	0. 091	0. 077	0. 069	0. 084	0. 067
	均方根值	0. 021	0. 017	0. 035	0. 030	0. 025	0. 021	0. 019	0. 016	0. 015	0. 014	0. 014	0. 013	0. 012
W5	最大峰值	0. 133	0. 084	0. 127	0. 153	0. 109	0. 129	0. 091	0. 074	0. 068	0. 061	0. 051	0. 079	0. 045
	均方根值	0. 017	0. 014	0. 025	0. 025	0. 021	0. 018	0. 017	0. 014	0. 014	0. 013	0. 011	0. 012	0. 009
W6	最大峰值	0. 093	0. 085	0. 111	0. 091	0. 085	0. 083	0. 080	0. 056	0. 048	0. 065	0. 054	0. 088	0. 063
	均方根值	0. 013	0. 010	0. 023	0. 020	0. 017	0. 018	0. 016	0. 013	0. 010	0. 014	0. 012	0. 013	0. 013
W7	最大峰值	0. 080	0. 062	0. 212	0. 215	0. 137	0. 141	0. 125	0. 058	0. 065	0. 051	0. 069	0. 058	0. 495
	均方根值	0. 013	0. 012	0. 032	0. 027	0. 029	0. 023	0. 024	0. 020	0. 018	0. 012	0. 009	0. 011	0. 009

表3-10　液压启闭门后不通气正常运行工况下开门过程动位移

（单位：mm）

测点编号	特征值	开度/m												
		0~1	1~3	3~5	5~7	7~9	9~11	11~13	13~15	15~16	16~17	17~18	18~20	20~21
W1	最大峰值	0.652	0.497	0.685	0.442	0.412	0.431	0.584	0.625	0.356	0.251	0.258	0.227	0.105
	均方根值	0.074	0.066	0.064	0.053	0.059	0.042	0.041	0.062	0.035	0.030	0.029	0.026	0.016
W2	最大峰值	0.617	0.543	0.710	0.433	0.469	0.385	0.569	0.653	0.323	0.235	0.200	0.190	0.126
	均方根值	0.085	0.069	0.072	0.061	0.055	0.038	0.042	0.060	0.038	0.028	0.031	0.024	0.013
W3	最大峰值	0.052	0.063	0.146	0.110	0.151	0.118	0.085	0.091	0.073	0.052	0.049	0.054	0.052
	均方根值	0.010	0.014	0.022	0.021	0.027	0.023	0.018	0.018	0.016	0.012	0.010	0.011	0.010
W4	最大峰值	0.200	0.219	0.128	0.117	0.120	0.139	0.149	0.107	0.102	0.109	0.060	0.056	0.100
	均方根值	0.018	0.019	0.020	0.028	0.024	0.022	0.025	0.018	0.016	0.015	0.014	0.012	0.016
W5	最大峰值	0.175	0.107	0.098	0.101	0.116	0.132	0.090	0.090	0.104	0.056	0.053	0.080	0.111
	均方根值	0.015	0.015	0.021	0.022	0.020	0.024	0.017	0.015	0.014	0.011	0.010	0.013	0.017
W6	最大峰值	0.096	0.111	0.106	0.082	0.091	0.077	0.099	0.105	0.097	0.090	0.081	0.065	0.092
	均方根值	0.011	0.011	0.015	0.019	0.019	0.021	0.017	0.014	0.015	0.014	0.010	0.011	0.014
W7	最大峰值	0.065	0.093	0.109	0.128	0.134	0.129	0.082	0.070	0.064	0.061	0.059	0.066	0.065
	均方根值	0.011	0.015	0.023	0.026	0.028	0.025	0.019	0.016	0.015	0.014	0.012	0.014	0.014

表3-11 液压启闭门后不通气正常运行工况下关门过程动应力

（单位：MPa）

测点编号	特征值	开度区间/m												
		0~1	1~3	3~5	5~7	7~9	9~11	11~13	13~15	15~16	16~17	17~18	18~20	20~21
Y1	最大峰值	1.309	1.525	2.716	1.938	1.496	1.778	1.047	1.226	1.054	0.893	0.794	1.146	0.916
	均方根值	0.218	0.216	0.487	0.363	0.342	0.289	0.203	0.212	0.186	0.157	0.123	0.143	0.157
Y2	最大峰值	1.133	1.363	6.868	2.683	2.811	1.985	1.537	1.172	0.926	0.745	0.637	0.871	0.692
	均方根值	0.210	0.180	0.634	0.555	0.552	0.412	0.316	0.246	0.174	0.150	0.134	0.119	0.111
Y3	最大峰值	1.239	1.486	4.775	2.262	1.433	1.229	0.920	0.773	0.715	0.555	0.498	0.598	0.676
	均方根值	0.120	0.158	0.617	0.399	0.291	0.233	0.183	0.158	0.134	0.115	0.102	0.092	0.084
Y4	最大峰值	0.688	1.019	3.924	1.341	1.542	1.659	0.784	0.681	0.623	0.613	0.499	0.463	0.649
	均方根值	0.107	0.137	0.432	0.291	0.283	0.211	0.152	0.132	0.113	0.116	0.106	0.087	0.073
Y5	最大峰值	0.758	0.958	2.270	1.101	1.124	0.903	1.016	0.758	0.596	0.441	0.462	0.615	0.483
	均方根值	0.092	0.170	0.316	0.277	0.212	0.192	0.193	0.120	0.122	0.121	0.128	0.104	0.066
Y6	最大峰值	0.610	0.780	1.920	1.212	0.843	0.680	0.710	0.500	0.587	0.535	0.462	0.513	0.471
	均方根值	0.090	0.167	0.289	0.243	0.219	0.150	0.170	0.110	0.110	0.097	0.087	0.082	0.067
Y7	最大峰值	0.804	0.850	1.231	1.420	0.752	0.713	0.820	0.930	0.746	0.620	0.515	0.483	0.641
	均方根值	0.088	0.140	0.240	0.250	0.190	0.200	0.130	0.150	0.118	0.113	0.095	0.113	0.084
Y8	最大峰值	0.770	0.920	0.842	0.810	0.870	0.712	0.700	0.460	0.601	0.466	0.534	0.564	0.498
	均方根值	0.111	0.120	0.190	0.210	0.130	0.110	0.160	0.160	0.111	0.110	0.105	0.091	0.080
Y9	最大峰值	0.500	0.710	1.137	0.580	0.640	0.620	0.360	0.460	0.561	0.451	0.432	0.505	0.552
	均方根值	0.080	0.081	0.217	0.016	0.091	0.090	0.073	0.068	0.062	0.064	0.053	0.065	0.670

表3-12 液压启闭门后不通气正常运行工况下开门过程动应力

（单位：MPa）

测点编号	特征值	开度区间/m											
		0~1	1~3	3~5	5~7	7~9	9~11	11~13	13~15	15~17	17~18	18~20	20~21
Y1	最大峰值	1.485	1.540	2.068	2.175	1.792	2.295	0.837	1.067	0.787	0.682	0.866	0.728
	均方根值	0.262	0.247	0.300	0.335	0.320	0.358	0.162	0.108	0.117	0.087	0.115	0.093
Y2	最大峰值	1.116	1.098	3.225	2.459	3.662	3.233	1.699	1.009	0.634	0.643	0.503	1.035
	均方根值	0.134	0.193	0.449	0.318	0.345	0.410	0.289	0.196	0.144	0.126	0.109	0.094
Y3	最大峰值	0.834	1.273	1.966	1.762	2.387	1.557	0.957	0.791	0.529	0.478	0.423	0.769
	均方根值	0.108	0.231	0.354	0.288	0.249	0.258	0.211	0.175	0.127	0.109	0.092	0.075
Y4	最大峰值	0.345	0.695	1.747	1.178	2.005	1.490	0.902	0.679	0.446	0.387	0.354	0.348
	均方根值	0.079	0.141	0.386	0.282	0.206	0.187	0.159	0.139	0.105	0.094	0.075	0.064
Y5	最大峰值	0.543	0.890	1.157	1.259	1.481	1.216	1.003	0.564	0.323	0.359	0.339	0.578
	均方根值	0.088	0.142	0.257	0.224	0.184	0.186	0.158	0.123	0.074	0.076	0.070	0.067
Y6	最大峰值	0.751	0.653	0.828	1.539	1.384	0.813	0.592	0.433	0.321	0.455	0.575	0.944
	均方根值	0.074	0.124	0.156	0.228	0.162	0.132	0.106	0.094	0.071	0.064	0.069	0.071
Y7	最大峰值	0.627	0.612	1.134	0.959	0.729	0.547	0.386	0.422	0.361	0.420	0.408	0.354
	均方根值	0.091	0.153	0.194	0.146	0.136	0.099	0.091	0.114	0.085	0.088	0.077	0.051
Y8	最大峰值	0.785	0.958	1.251	0.655	0.493	0.472	0.329	0.374	0.313	0.373	0.276	0.551
	均方根值	0.077	0.169	0.214	0.122	0.094	0.086	0.074	0.077	0.068	0.061	0.045	0.047
Y9	最大峰值	0.502	0.854	1.105	0.504	0.479	0.463	0.353	0.288	0.341	0.268	0.292	0.424
	均方根值	0.083	0.188	0.185	0.116	0.067	0.066	0.057	0.059	0.052	0.047	0.045	0.050

表 3-13　液压启闭门后不通气正常运行工况下关门过程振动加速度

（单位：m/s^2）

测点编号	特征值	开度区间/m												
		0~1	1~3	3~5	5~7	7~9	9~11	11~13	13~15	15~16	16~17	17~18	18~20	20~21
A1	均方根值	0.62	0.88	0.95	0.96	0.81	0.82	0.77	0.81	0.74	0.79	0.76	0.43	0.28
A2	均方根值	0.57	1.00	1.06	0.75	0.72	0.70	0.98	0.84	0.72	0.96	0.89	0.44	0.22
A3	均方根值	0.11	0.23	0.27	0.18	0.16	0.14	0.20	0.19	0.15	0.17	0.16	0.10	0.05
A4	均方根值	0.15	0.37	0.37	0.32	0.31	0.28	0.19	0.24	0.17	0.15	0.17	0.11	0.07
A5	均方根值	0.12	0.18	0.23	0.20	0.17	0.20	0.13	0.13	0.10	0.13	0.10	0.09	0.06
A6	均方根值	0.10	0.10	0.10	0.08	0.07	0.05	0.06	0.10	0.07	0.06	0.07	0.05	0.03
A7	均方根值	0.13	0.13	0.13	0.10	0.11	0.07	0.09	0.11	0.07	0.05	0.04	0.03	0.02

表 3-14　液压启闭门后不通气事故运行工况下关门过程振动加速度

（单位：m/s^2）

测点编号	特征值	开度区间/m												
		0~1	1~3	3~5	5~7	7~9	9~11	11~13	13~15	15~16	16~17	17~18	18~20	20~21
A1	均方根值	0.55	0.96	1.02	0.99	0.97	1.02	0.88	0.93	0.90	0.84	0.85	0.54	0.35
A2	均方根值	0.60	1.13	1.16	1.06	1.03	0.96	0.81	1.00	0.87	0.87	0.91	0.57	0.32
A3	均方根值	0.10	0.22	0.23	0.23	0.20	0.16	0.15	0.19	0.19	0.19	0.19	0.13	0.08
A4	均方根值	0.15	0.38	0.35	0.30	0.26	0.17	0.15	0.35	0.36	0.37	0.39	0.31	0.16
A5	均方根值	0.11	0.16	0.24	0.24	0.18	0.12	0.13	0.20	0.19	0.21	0.19	0.17	0.08
A6	均方根值	0.12	0.12	0.11	0.10	0.09	0.07	0.06	0.15	0.15	0.11	0.10	0.06	0.04
A7	均方根值	0.18	0.15	0.16	0.15	0.13	0.09	0.08	0.16	0.17	0.09	0.06	0.04	0.03

表3-15　液压启闭门后不通气事故运行工况下关门过程动应力

（单位：MPa）

测点编号	特征值	开度区间/m												
		0～1	1～3	3～5	5～7	7～9	9～11	11～13	13～15	15～16	16～17	17～18	18～20	20～21
Y1	最小值	1.767	1.565	2.865	1.817	1.649	1.545	1.460	0.945	0.819	0.798	0.746	0.945	0.998
	均方根值	0.338	0.298	0.492	0.414	0.321	0.273	0.213	0.197	0.155	0.164	0.137	0.153	0.128
Y2	最小值	1.334	1.124	6.174	2.510	1.722	1.786	1.512	1.208	0.998	0.872	0.714	0.137	0.851
	均方根值	0.248	0.187	0.601	0.632	0.423	0.415	0.363	0.294	0.242	0.202	0.187	0.183	0.189
Y3	最小值	0.798	0.924	5.048	2.407	1.545	1.355	1.050	1.210	0.945	0.746	0.487	0.562	0.567
	均方根值	0.174	0.158	0.569	0.410	0.323	0.258	0.221	0.218	0.218	0.166	0.130	0.118	0.134
Y4	最小值	0.746	0.693	3.565	1.399	1.260	1.203	1.050	0.855	0.729	0.715	0.767	0.683	0.893
	均方根值	0.151	0.187	0.418	0.344	0.292	0.227	0.204	0.183	0.166	0.170	0.155	0.128	0.120
Y5	最小值	0.546	0.713	2.565	1.126	1.341	1.060	0.850	0.793	0.610	0.662	0.635	0.483	0.515
	均方根值	0.162	0.191	0.361	0.315	0.269	0.212	0.186	0.153	0.129	0.111	0.124	0.108	0.072
Y6	最小值	0.456	0.743	1.833	1.116	0.901	1.164	0.754	0.682	0.534	0.545	0.552	0.592	1.621
	均方根值	0.095	0.151	0.305	0.259	0.215	0.228	0.201	0.145	0.107	0.088	0.090	0.087	0.077
Y7	最小值	0.745	0.828	1.351	1.208	0.958	0.806	0.981	0.859	0.785	0.679	0.428	0.443	1.623
	均方根值	0.081	0.102	0.277	0.260	0.205	0.208	0.148	0.146	0.093	0.084	0.084	0.071	0.088
Y8	最小值	0.550	0.917	0.940	0.825	0.649	0.705	0.689	0.596	0.411	0.568	0.475	0.471	0.350
	均方根值	0.126	0.128	0.228	0.217	0.142	0.154	0.133	0.122	0.094	0.086	0.089	0.071	0.090
Y9	最小值	0.553	0.821	0.769	0.843	0.876	0.524	0.481	0.659	0.553	0.424	0.491	0.434	0.682
	均方根值	0.114	0.120	0.187	0.213	0.145	0.096	0.070	0.101	0.086	0.061	0.048	0.047	0.068

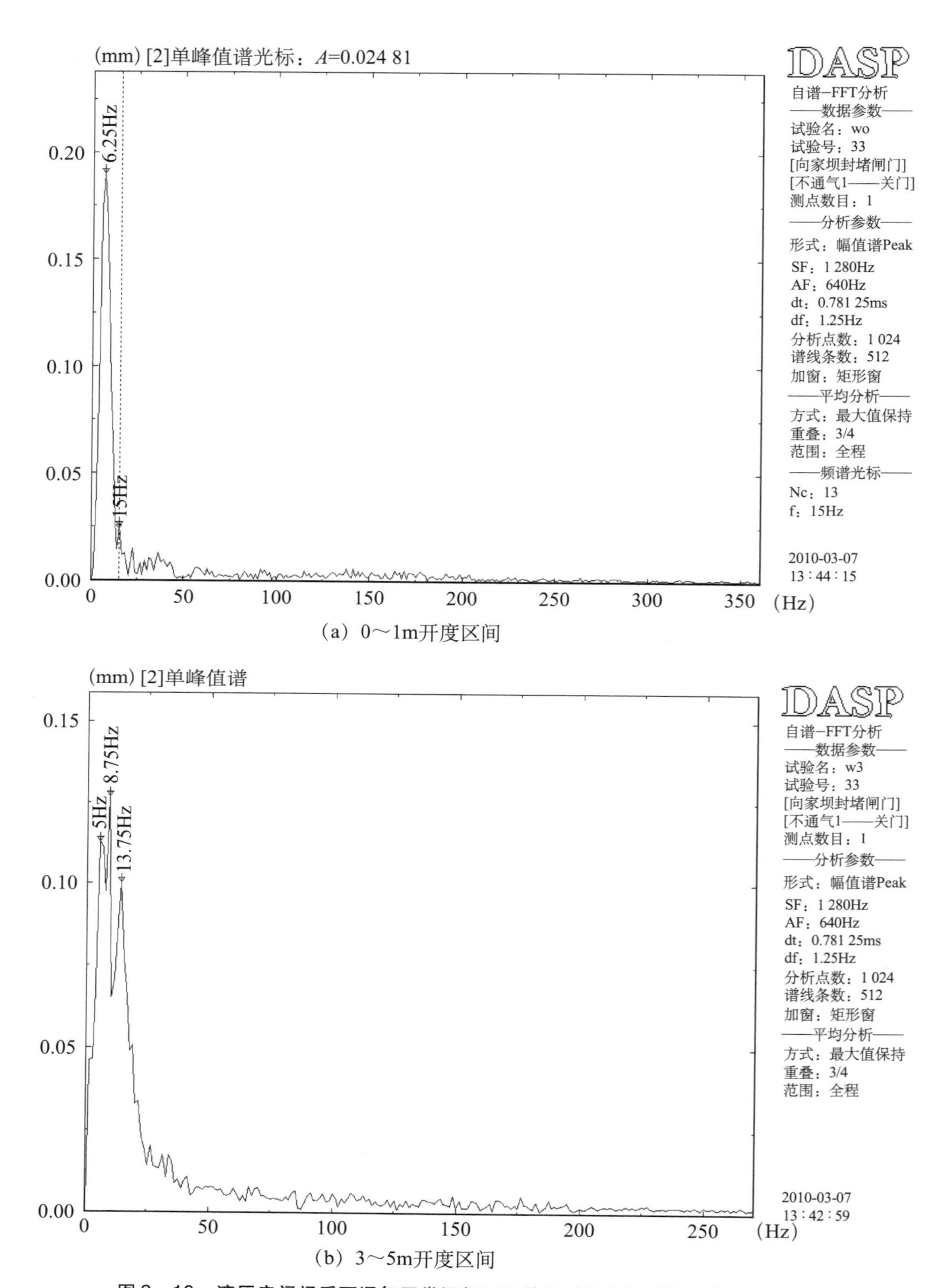

(a) 0～1m开度区间

(b) 3～5m开度区间

图3－16 液压启闭门后不通气正常运行工况关门过程W2不同开度区间功率谱

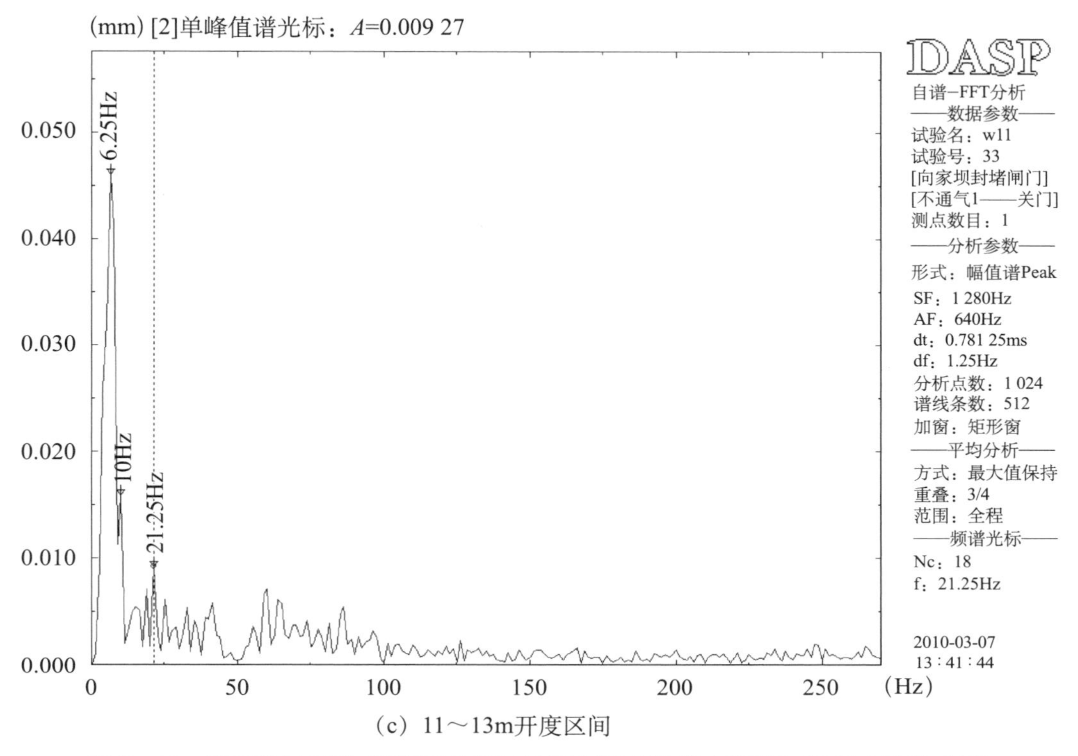

（c）11～13m开度区间

图 3－16　液压启闭门后不通气正常运行工况关门过程 W2 不同开度区间功率谱（续）

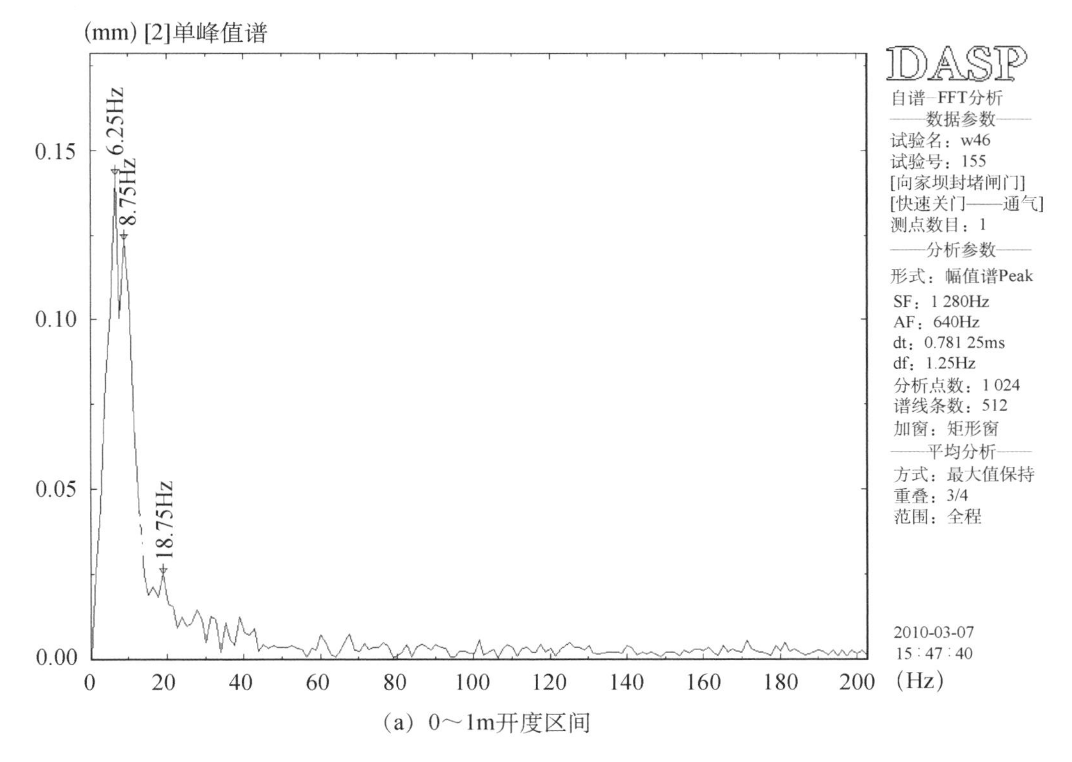

（a）0～1m开度区间

图 3－17　液压启闭门后不通气正常运行工况开门过程 W2 不同开度区间功率谱

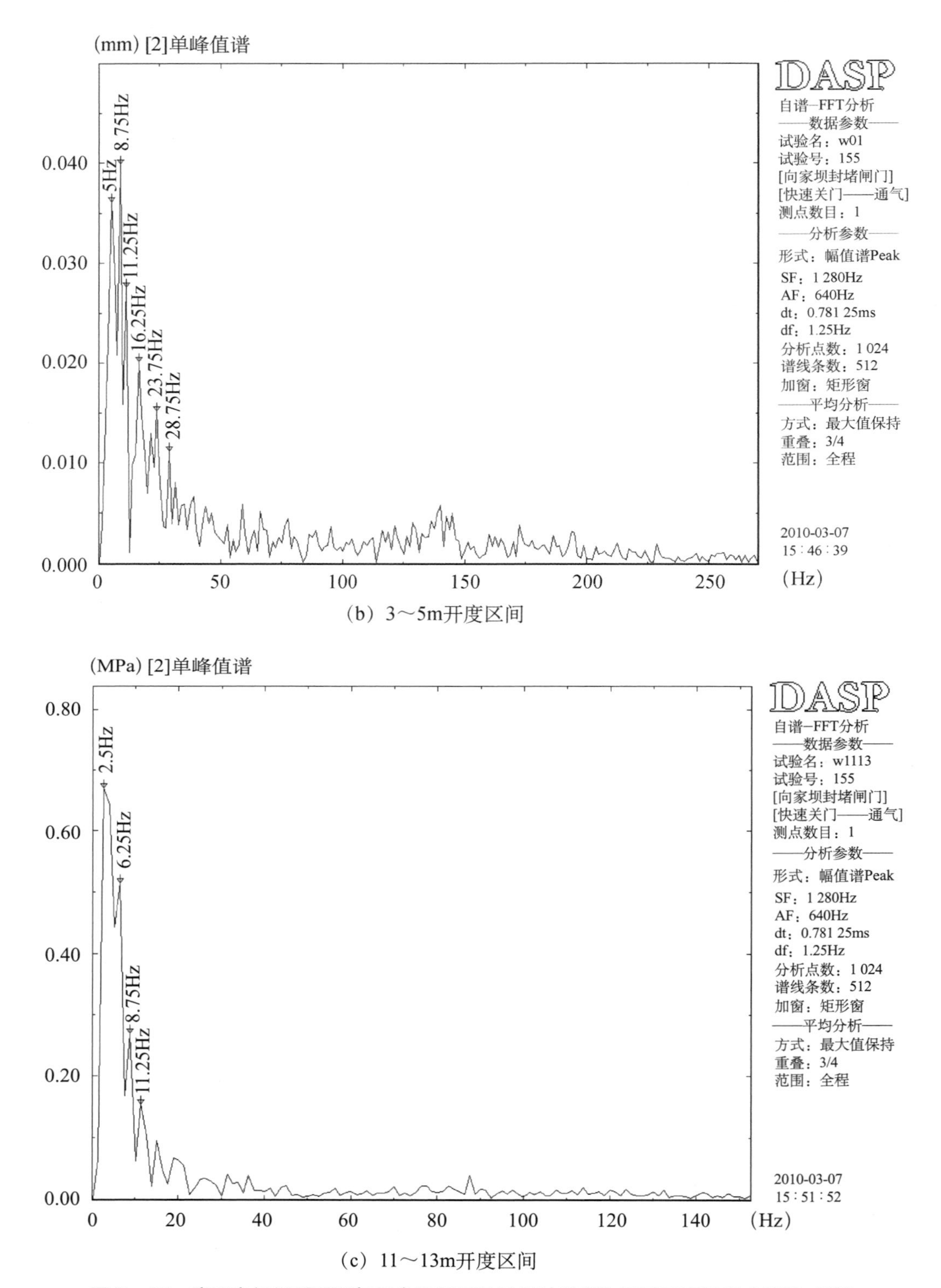

（b）3～5m开度区间

（c）11～13m开度区间

图3－17　液压启闭门后不通气正常运行工况开门过程W2不同开度区间功率谱（续）

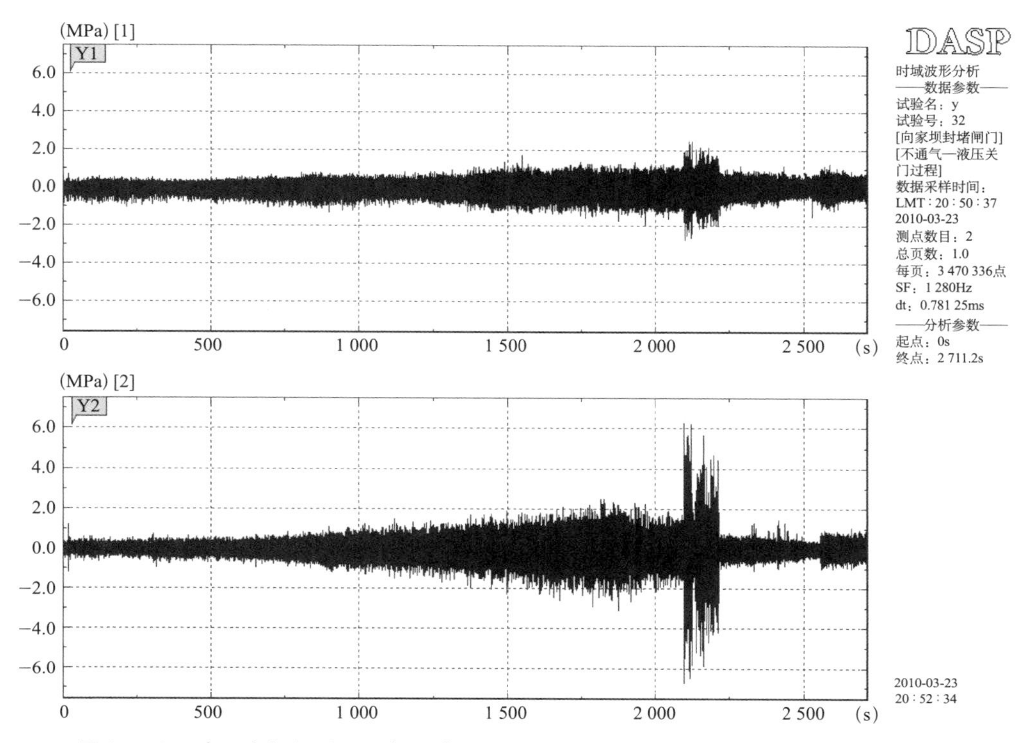

图 3－18　液压启闭门后不通气正常运行工况关门过程 Y1、Y2 动应力时间历程波形

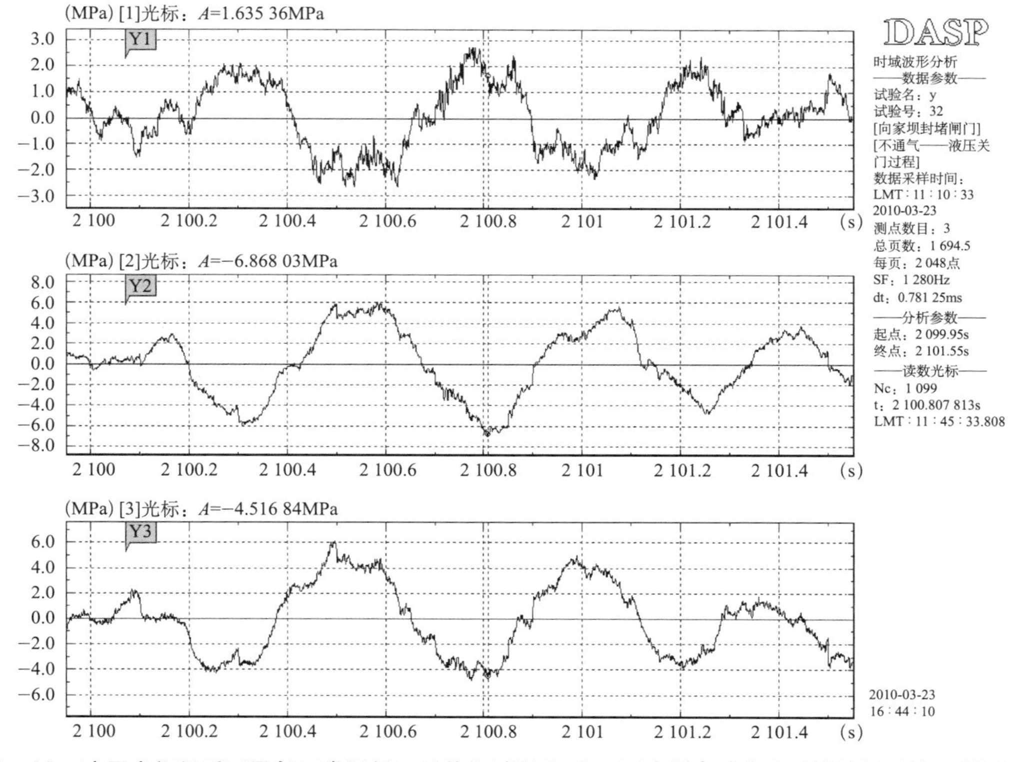

图 3－19　液压启闭门后不通气正常运行工况关门过程 3～5m 开度测点动应力时域波形（Y1～Y3 测点）

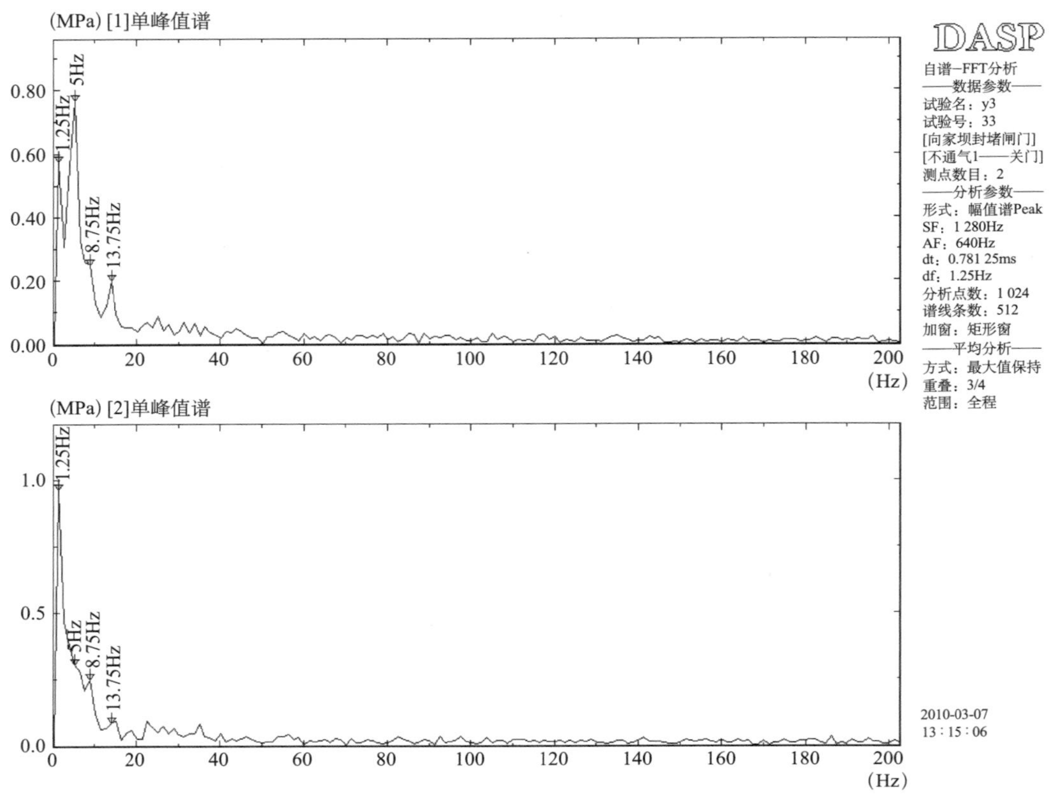

图 3 –20　液压启闭门后不通气正常运行工况关门过程 Y1、Y2 测点 3 ~5m 开度区间功率谱

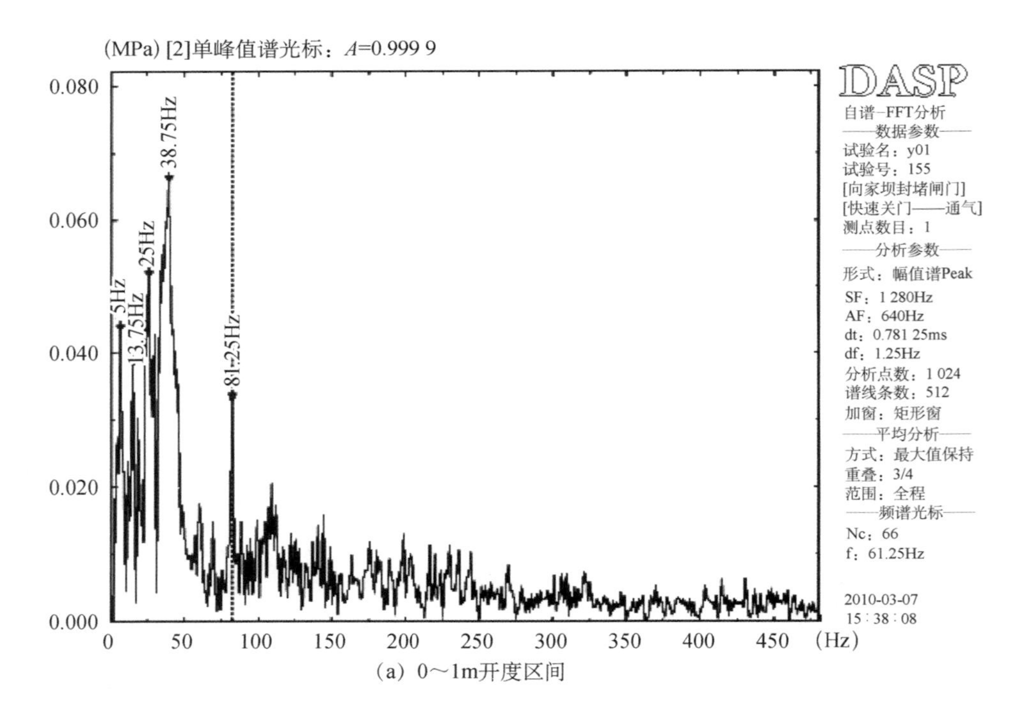

(a) 0～1m开度区间

图 3 –21　液压启闭门后不通气正常运行工况开门过程 Y2 测点不同开度区间功率谱

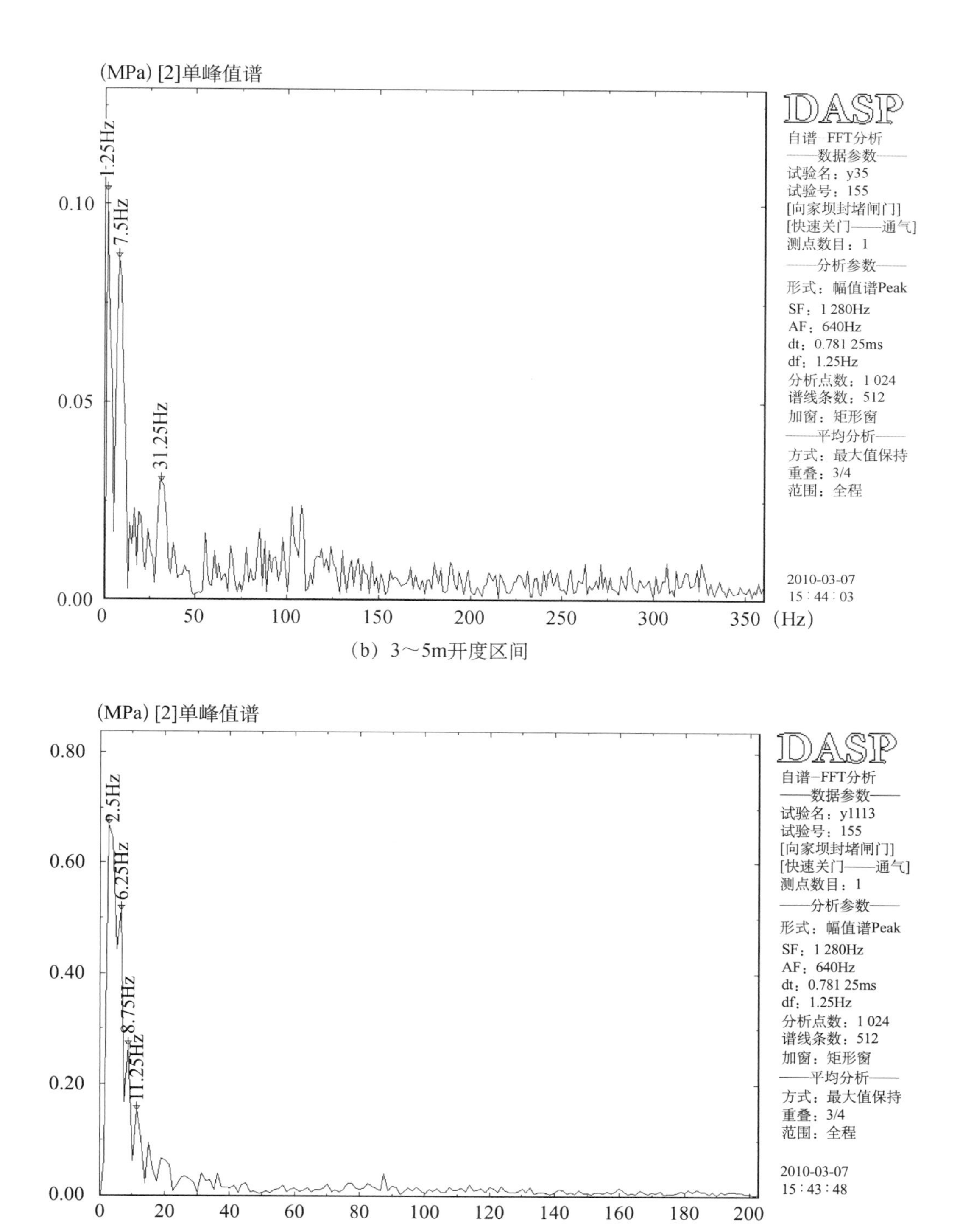

(b) 3～5m开度区间

(c) 11～13m开度区间

图3-21　液压启闭门后不通气正常运行工况开门过程Y2测点不同开度区间功率谱（续）

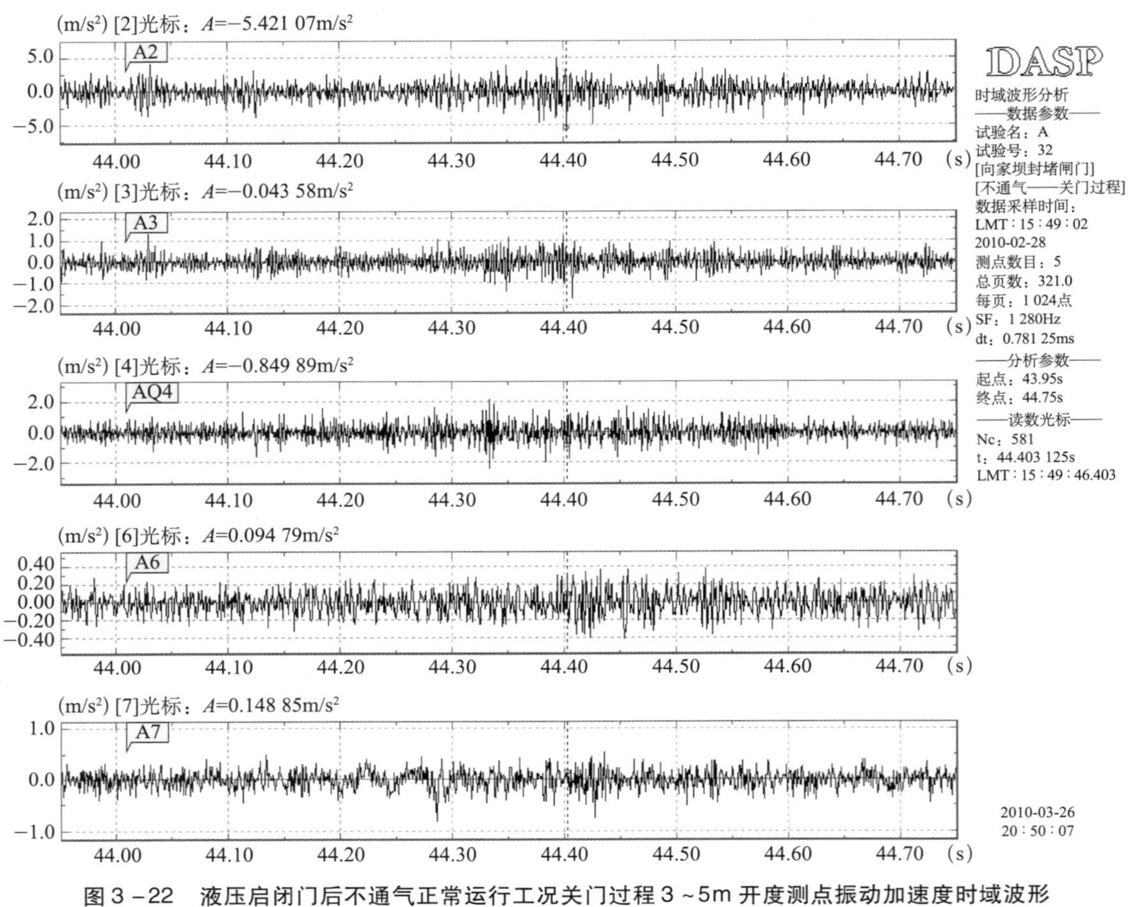

图 3－22　液压启闭门后不通气正常运行工况关门过程 3～5m 开度测点振动加速度时域波形

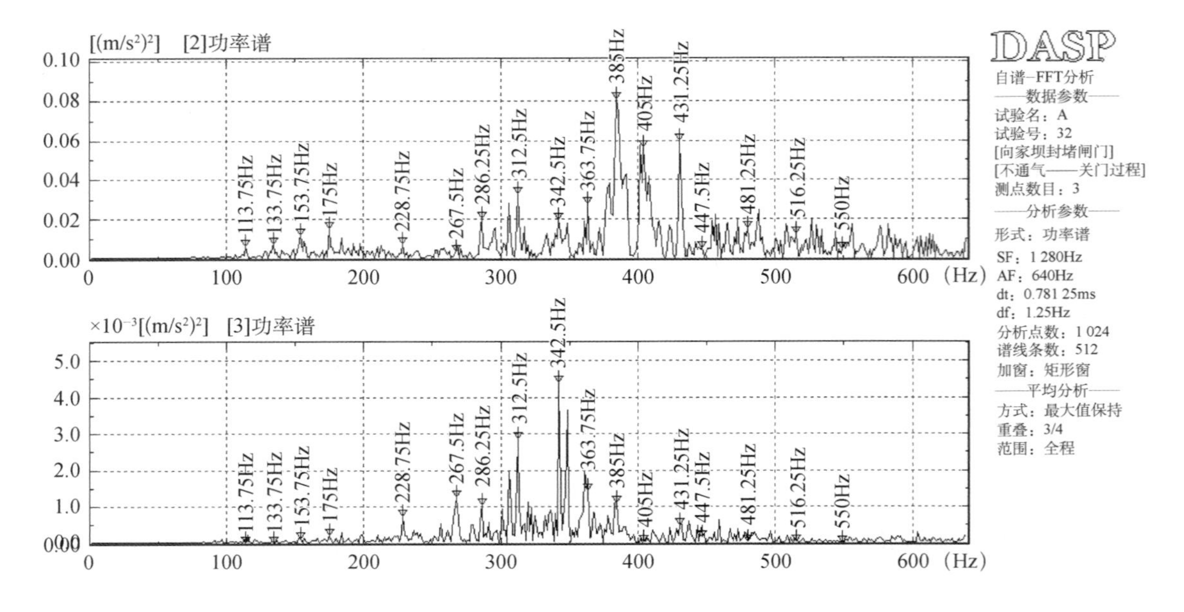

图 3－23　液压启闭门后不通气正常运行工况关门过程 3～5m 开度区间测点功率谱

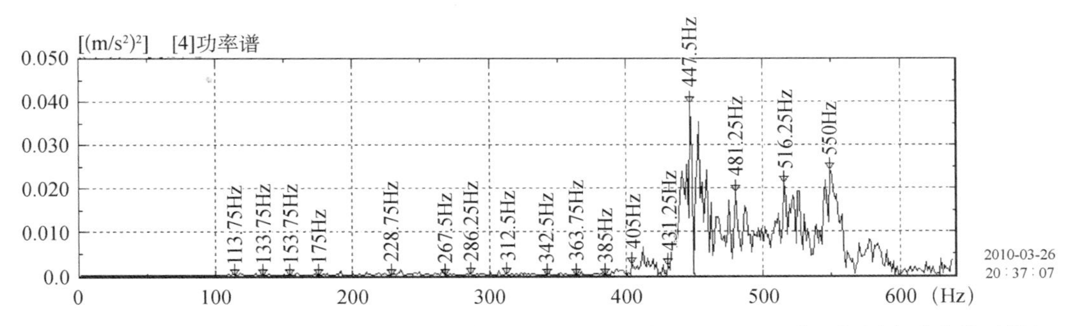

图 3－23　液压启闭门后不通气正常运行工况关门过程 3～5m 开度区间测点功率谱（续）
（从上到下依次为 A2、A3、A4 测点）

（5）从图 3－19 可见，Y1 和 Y2 是反向的，因为 Y1 在上游面板的下缘，Y2 在下游面主横梁上，一个受拉另一个则受压，Y3 在第 2 节的下游面主横梁上，与 Y2 同向，说明两节是同向弯曲振动。

（6）从图 3－20～图 3－21 可见，闸门第 1 节主横梁跨中的动应力 Y1、Y2 的模型频率都小于 30Hz，仅 0～1m 开度出现过能量较大频率 81Hz，而模型的自振频率则大于 164Hz，远大于能量较大的动应力频率，表明闸门水流向振动是低频强迫振动。

（7）从图 3－22～图 3－23 可见，闸门振动加速度是随机高频振动。而动应力主要能量集中在低频带，说明高频加速度产生的动应力很小。

为了对闸门进行振动强度校核，利用水弹性模型进行了闸门从 0～39.14m 水头作用下的静力试验，测得闸门第 1 节下游面主横梁跨中的最大弯曲静应力为 86.42MPa，应力过程线如图 3－24 所示，与最大的动应力叠加后最大应力为 93.29MPa，小于该处材料的允许应力 205MPa，结构是动力安全的。

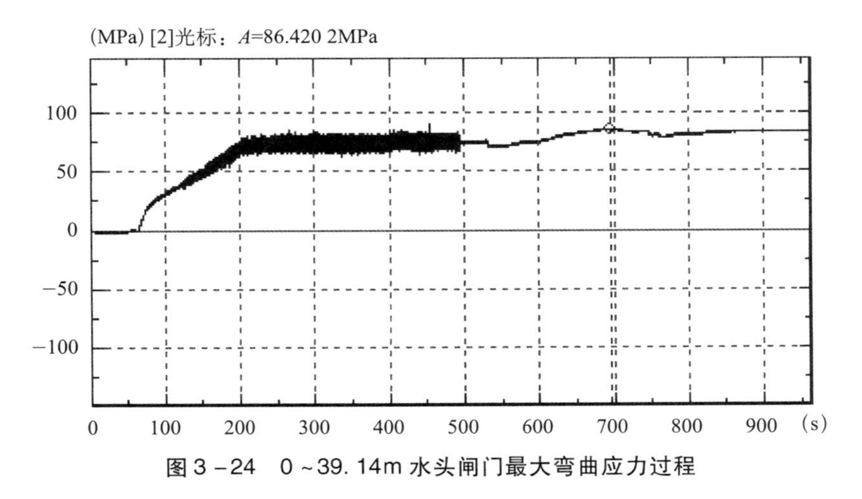

图 3－24　0～39.14m 水头闸门最大弯曲应力过程

设计方案的水力学试验成果表明，由于底孔没有布置专设的通气设施，在闸门关闭过程中，底孔内得不到有效通气或通气很少，试验测出在较长时间（原型约 2h）、较大范围内（几乎整个进口喇叭口顶部）出现了负压（接近极限负压）。因此，试验进行了在进口喇叭口顶部设置通气孔的方案的研究，设置 2 个直径均为 0.9m 通气孔的试验方案，称为修改方案一；设置 3 个直径均为 0.9m 通气孔的试验方案，称为修改方案二。

在液压器启闭且闸门按正常运行工况运行时，修改方案二的闸门上的脉动压力、振动加速度、振动位移和动应力成果及分析如下。

3.5.2.3 脉动压力

修改方案二的闸门脉动压力试验成果：

（1）关门过程中闸门底缘脉动压力在不同开度区间能带统计见表 3－16，关门过程中的脉动压力幅值试验成果见表 3－17，关门过程中脉动压力随闸门开度变化曲线如图 3－25 所示。

（2）典型测点脉动压力在关门和开门过程中不同开度的功率谱如图 3－26～图 3－27 所示。

表 3－16　开关门过程中闸门底缘脉动压力在不同开度区间能带统计

<table>
<tr><th colspan="3" rowspan="2">项目</th><th colspan="4">开度区间/m</th></tr>
<tr><th>0～1</th><th>4～6</th><th>11～13</th><th>14～16</th></tr>
<tr><td rowspan="4">关门过程</td><td rowspan="2">模型值</td><td>主能带/Hz</td><td>0.98～11.13</td><td>0.78～12.11</td><td>3.71～6.64</td><td>0.20～0.98</td></tr>
<tr><td>主频/Hz</td><td>0.98、1.76、2.54、3.52、8.59、11.13</td><td>0.78、2.15、8.39</td><td>3.71、5.08、6.64</td><td>0.20、0.98</td></tr>
<tr><td rowspan="2">原型值</td><td>主能带/Hz</td><td>0.18～2.03</td><td>0.14～2.21</td><td>0.68～1.21</td><td>0.04～0.18</td></tr>
<tr><td>主频/Hz</td><td>0.18、0.32、0.46、0.64、1.57、2.03</td><td>0.14、0.39、1.53</td><td>0.68、0.93、1.21</td><td>0.04、0.18</td></tr>
</table>

注：表中下划线数值表示能量最大的频率。

结果分析表明：

（1）在门后设置三个通气孔通气，在关闭闸门过程中，闸门上脉动压力幅值随开度变化关系与不通气时基本一样，闸门底缘脉动压力最大值仍然出现在 4～6m 开度区间，但其幅值比不通气时减小，M3 测点竖向脉动压力幅值减小了约 20%，M4 测点减小了 30% 多。

（2）由表 3－16 可以看出，在关门全过程中闸门底缘脉动压力主能量均在 2.5Hz 以下，主频稀少，优势频率在 1.0Hz 以下。与不通气关门过程相比，通气后主能带更低，但原型的优势频率与不通气关门过程一样都在 1.0Hz 以下。

3.5.2.4 闸门振动响应试验成果及分析

修改方案的闸门流激振动响应试验成果如下：

（1）关门过程中和开门恒定流下的振动位移试验成果分别见表 3－18 和表 3－19。典型测点动位移在开门恒定流下的时域波形如图 3－28 所示，典型测点动位移在关门过程中不同开度的功率谱如图 3－29 所示。

（2）关门过程中和开门恒定流下的动应力试验成果见表 3－20 和表 3－21。典型测点动应力在关门过程中的时域波形如图 3－30 和图 3－31 所示。

表 3-17　液压启闭门后通气正常运行工况下关门过程脉动压力

（单位：kPa）

测点编号	特征值	开度区间/m											
		0 ~ 2	2 ~ 4	4 ~ 5	5 ~ 6	6 ~ 7	7 ~ 9	9 ~ 11	11 ~ 13	13 ~ 15	15 ~ 17	17 ~ 19	19 ~ 21
M1	最大峰值	10. 02	10. 29	11. 10	11. 10	10. 89	10. 32	8. 64	10. 44	9. 27	10. 35	9. 18	6. 57
	均方根值	2. 19	2. 28	2. 31	2. 28	2. 22	2. 22	2. 34	2. 37	2. 40	2. 37	1. 71	1. 23
M2	最大峰值	11. 10	9. 33	7. 41	6. 75	7. 14	6. 90	7. 14	8. 28	8. 37	8. 28	8. 19	8. 88
	均方根值	2. 10	1. 92	1. 80	1. 65	1. 53	1. 47	1. 53	1. 68	1. 65	1. 74	1. 86	2. 19
M3	最大峰值	12. 27	34. 74	39. 99	32. 67	33. 21	26. 19	24. 78	14. 25	17. 40	21. 87	10. 35	6. 66
	均方根值	3. 39	5. 01	6. 96	6. 69	5. 55	3. 93	3. 18	2. 64	1. 77	2. 70	2. 28	1. 80
M4	最大峰值	31. 56	40. 23	38. 19	40. 77	49. 29	42. 48	36. 54	33. 15	28. 62	36. 93	24. 81	18. 12
	均方根值	6. 00	7. 05	9. 12	9. 87	8. 85	7. 05	5. 37	5. 10	4. 29	3. 09	2. 64	3. 12
M5	最大峰值	8. 94	8. 82	4. 65	4. 98	6. 84	8. 94	8. 19	8. 04	6. 87	4. 29	3. 78	6. 06
	均方根值	1. 89	1. 56	1. 14	1. 17	1. 17	1. 14	1. 20	1. 50	1. 23	0. 99	0. 87	1. 08
M6	最大峰值	16. 44	16. 92	14. 31	8. 73	8. 16	5. 73	7. 77	7. 14	9. 81	7. 47	6. 24	5. 97
	均方根值	2. 82	2. 43	1. 92	1. 47	1. 26	1. 11	1. 26	1. 41	1. 47	1. 32	1. 53	0. 93
M7	最大峰值	5. 25	5. 25	4. 05	3. 75	3. 69	4. 59	4. 41	3. 87	4. 68	4. 53	3. 42	3. 69
	均方根值	1. 05	1. 29	1. 26	1. 17	1. 08	1. 20	1. 23	1. 11	1. 32	1. 53	0. 96	10. 80
M8	最大峰值	4. 71	7. 47	3. 57	3. 66	4. 68	5. 04	6. 06	7. 08	7. 50	7. 29	8. 13	4. 98
	均方根值	0. 54	0. 57	0. 69	0. 66	0. 60	0. 51	0. 60	0. 75	0. 63	0. 66	0. 75	0. 69

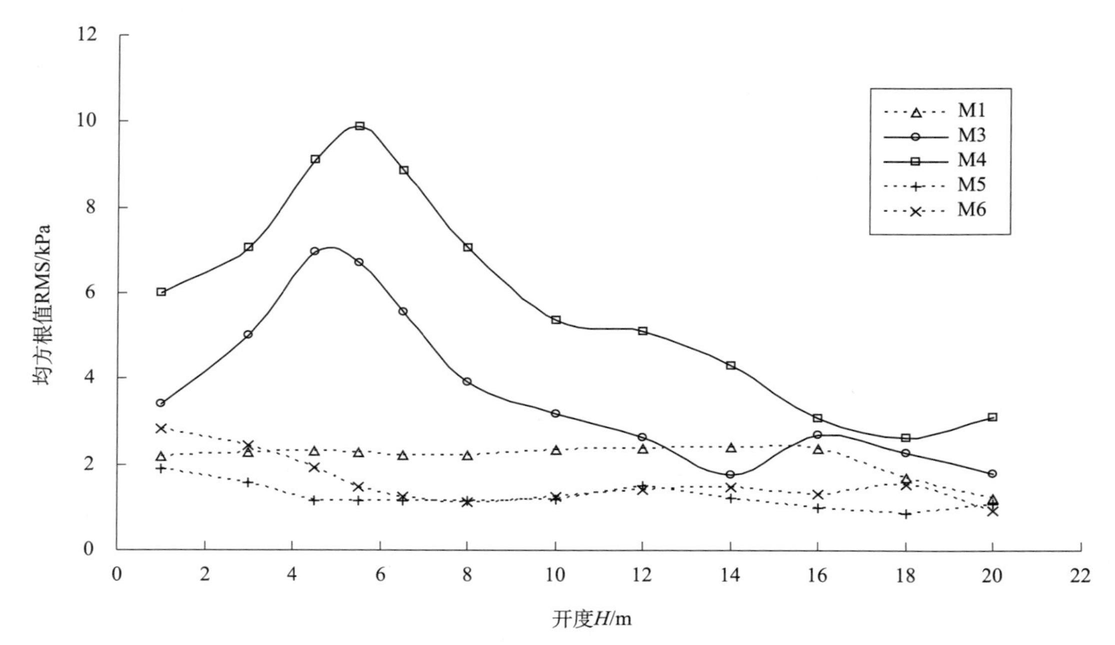

图 3－25　液压启闭门后 3 孔通气正常运行工况关门过程中闸门上脉动压力随开度变化曲线

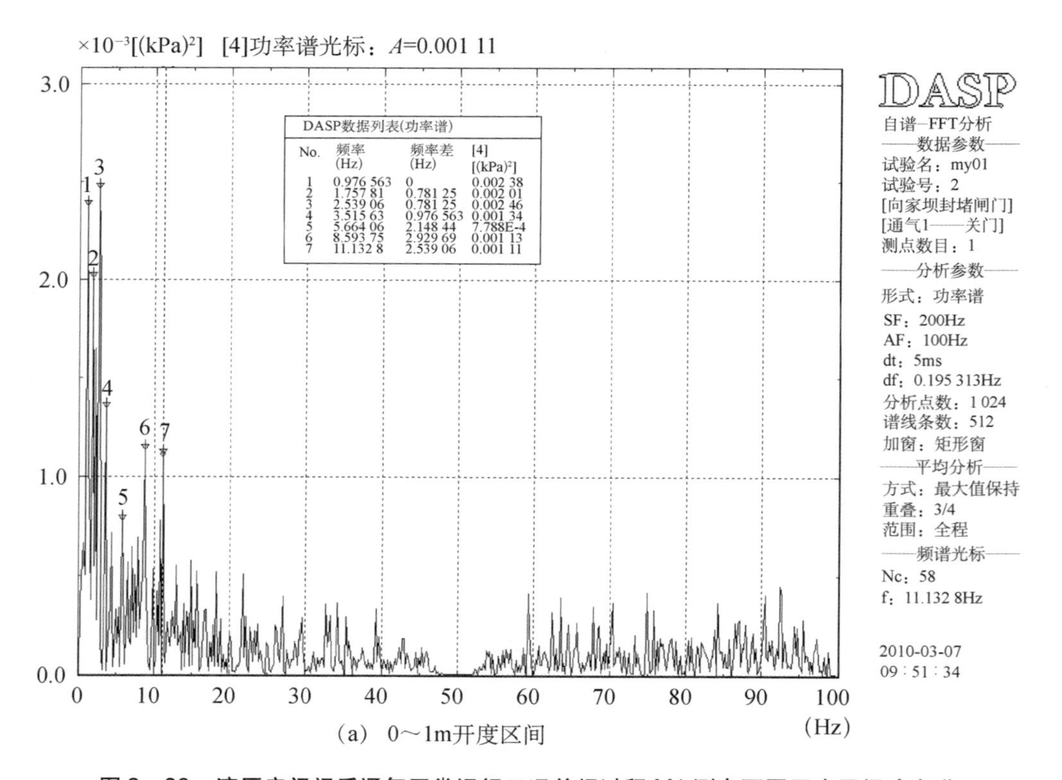

(a)　0～1m开度区间

图 3－26　液压启闭门后通气正常运行工况关门过程 M4 测点不同开度区间功率谱

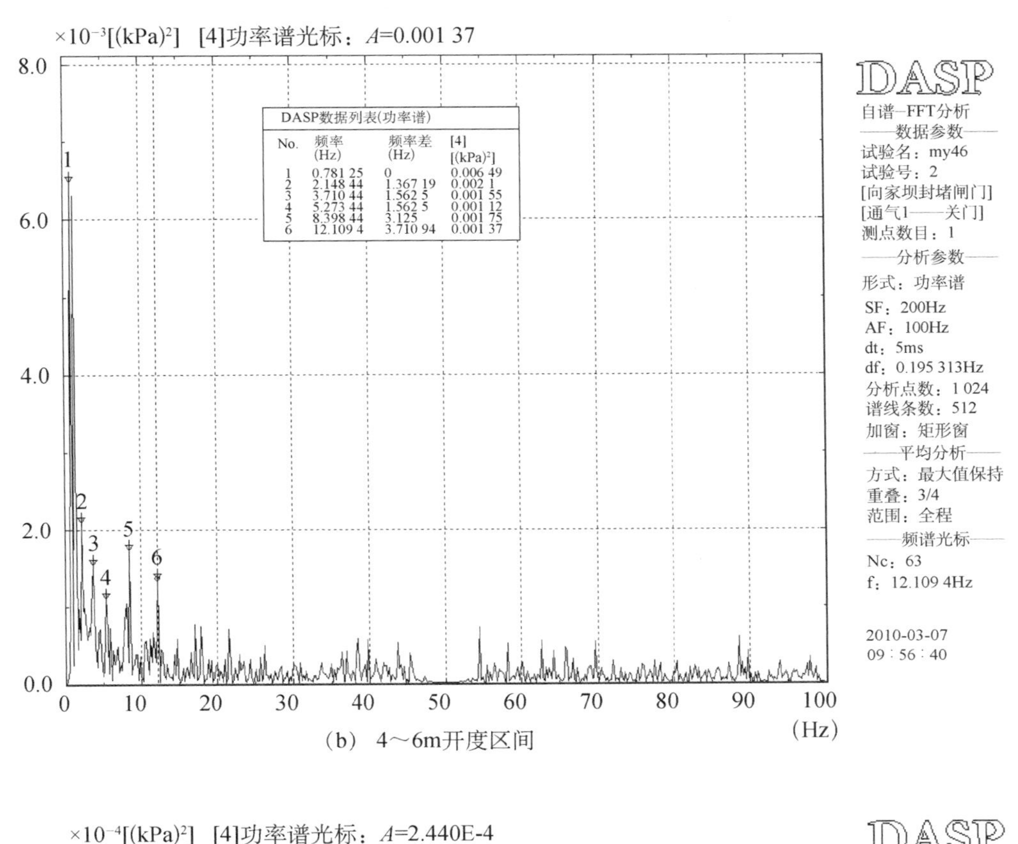

（b）4～6m开度区间

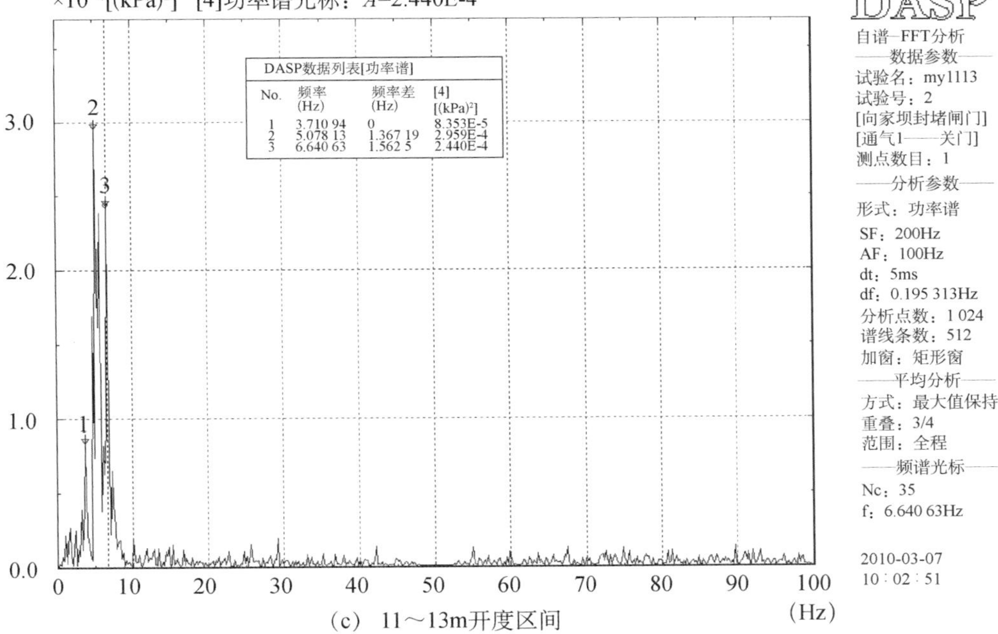

（c）11～13m开度区间

图 3－26　液压启闭门后通气正常运行工况关门过程 M4 测点不同开度区间功率谱（续）

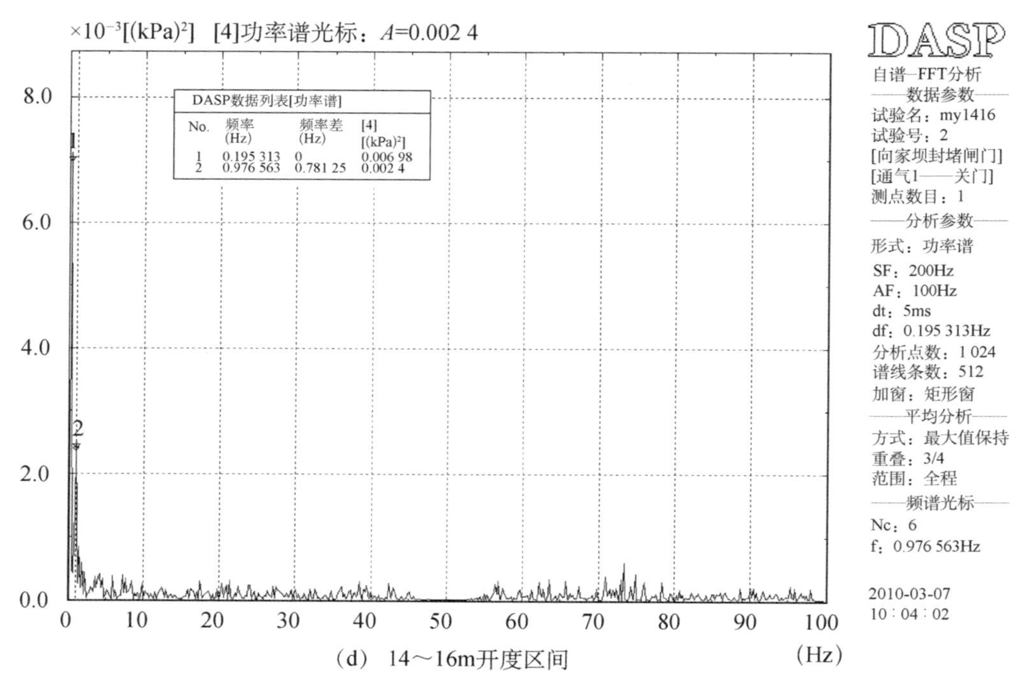

(d) 14～16m开度区间

图3-26 液压启闭门后通气正常运行工况关门过程M4测点不同开度区间功率谱（续）

（3）关门过程中和开门恒定流下的振动加速度试验成果见表3-22和表3-23，典型测点振动加速度在关门过程3~5m开度区间的功率谱如图3-32所示。

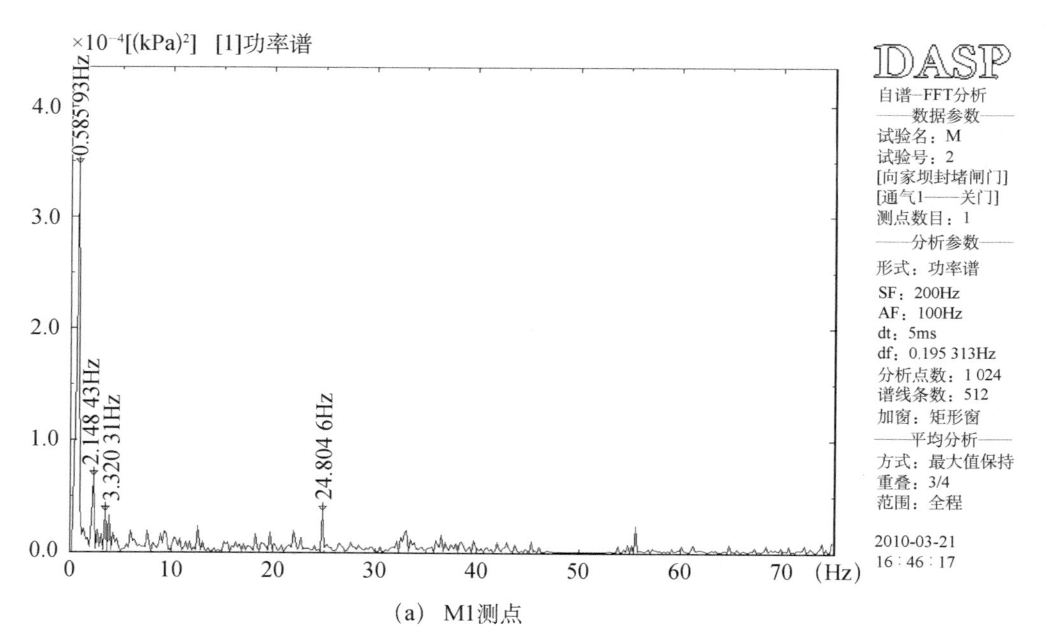

(a) M1测点

图3-27 液压启闭门后通气正常运行工况关门过程全开度区间M1和M5测点功率谱

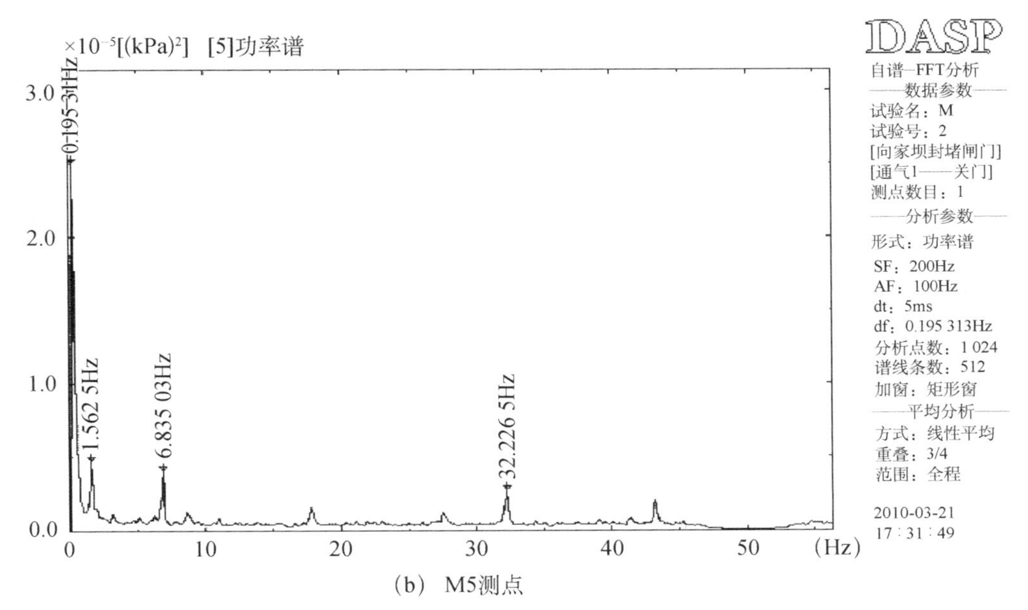

（b） M5测点

图 3－27　液压启闭门后通气正常运行工况关门过程全开度区间 M1 和 M5 测点功率谱（续）

试验结果表明：

（1） 关门过程中第 1 节闸门两侧竖向振动位移分别为 0.391mm、0.270mm，上下游方向和横向振动位移都比竖向的小，这种动位移发生在 4～7m 开度，即脉动压力最大的开度。竖向的动位移大与竖向的脉动压力大有关。开门恒定流下的动位移比关门过程的小。从图 3－28 可见，W1 和 W2 是竖向同向振动的，W3 和 W7 是横向同向振动的。

（2） 关门过程中的最大动应力为 2.025MPa，仅占该工况相同点静应力的 2.3%，发生在 5～7m 开度区间，分布在第 1 节闸门的主梁下游面跨中，其他各节主梁跨中的动应力都比第 1 节的小。在关门过程中第 1 节闸门跨中底缘附近面板水平向动应力 1.563MPa 也出现在 5～7m 开度区间。开门恒定流下的动应力比关门过程的小，开门过程闸门动应力与开门恒定流下的相近。

（3） 从图 3－28 和图 3－29 可以看出，在关门过程中闸门竖向较大的振动位移频率都与作用于闸门底缘上的脉动压力的主频率一样，因此，在门后通气时闸门振动也主要是由底缘及其附近脉动压力所引起的，属强迫振动。脉动压力的频率成分比不通气工况减少许多。

（4） 开门恒定流试验时闸门未加配重，关门过程试验时加了配重，试验结果表明，开门恒定流试验第 1 节闸门竖向动位移为 0.283mm，顺流向动位移为 0.127mm，关门过程的分别为 0.346mm 和 0.141mm，关门过程的都比开门恒定流的大，说明在吊具上加配重未影响闸门第 1 节的振动响应。

（5） 与不通气的试验结果相比，门后通气后，闸门上的脉动压力、振动位移和动应力都有一定减小。

闸门共振校核分析：

（1） 闸门整体的竖向共振校核。

计算表明，闸门整体与悬吊的钢绞索在水中的竖向自振频率在 2.29～2.71Hz 范围内，

表 3-18 液压启闭门后通气正常运行工况下关门过程动位移

（单位：mm）

测点编号	特征值	开度/m												
		0~1	1~3	3~5	5~7	7~9	9~11	11~13	13~15	15~16	16~17	17~18	18~20	20~21
W1	最大峰值	0.141	0.265	0.313	0.391	0.321	0.267	0.224	0.238	0.245	0.182	0.172	0.143	0.063
	均方根值	0.042	0.057	0.046	0.054	0.045	0.035	0.025	0.024	0.027	0.029	0.021	0.021	0.015
W2	最大峰值	0.185	0.288	0.346	0.270	0.208	0.232	0.206	0.186	0.194	0.213	0.157	0.141	0.087
	均方根值	0.035	0.050	0.066	0.049	0.034	0.025	0.022	0.026	0.030	0.027	0.029	0.020	0.019
W3	最大峰值	0.081	0.063	0.097	0.081	0.094	0.104	0.121	0.176	0.110	0.081	0.113	0.087	0.085
	均方根值	0.008	0.016	0.018	0.019	0.014	0.018	0.017	0.021	0.016	0.010	0.010	0.009	0.008
W4	最大峰值	0.078	0.087	0.135	0.141	0.122	0.091	0.086	0.106	0.085	0.072	0.060	0.091	0.065
	均方根值	0.013	0.019	0.027	0.030	0.023	0.019	0.020	0.019	0.015	0.013	0.013	0.011	0.008
W5	最大峰值	0.621	0.087	0.124	0.115	0.104	0.091	0.132	0.086	0.076	0.068	0.053	0.077	0.068
	均方根值	0.100	0.015	0.019	0.021	0.020	0.021	0.022	0.019	0.014	0.012	0.011	0.011	0.009
W6	最大峰值	0.033	0.051	0.079	0.092	0.104	0.096	0.098	0.092	0.053	0.066	0.058	0.062	0.058
	均方根值	0.007	0.009	0.017	0.019	0.022	0.018	0.019	0.017	0.011	0.011	0.010	0.012	0.009
W7	最大峰值	0.060	0.084	0.091	0.085	0.076	0.079	0.069	0.114	0.060	0.074	0.063	0.071	0.034
	均方根值	0.009	0.014	0.016	0.017	0.015	0.016	0.015	0.018	0.012	0.007	0.006	0.007	0.006

表3-19 液压启闭门后通气正常运行工况开门恒定流下动位移

（单位：mm）

测点编号	特征值	开度/m											
		1	3	5	7	9	11	13	15	16	17	18	20
W1	最大峰值	0.165	0.216	0.343	0.290	0.252	0.158	0.175	0.193	0.131	0.106	0.117	0.067
	均方根值	0.028	0.031	0.042	0.033	0.030	0.027	0.023	0.026	0.025	0.018	0.014	0.013
W2	最大峰值	0.188	0.283	0.238	0.254	0.224	0.194	0.181	0.205	0.194	0.127	0.131	0.106
	均方根值	0.026	0.029	0.040	0.035	0.025	0.026	0.022	0.023	0.021	0.182	0.016	0.016
W3	最大峰值	0.727	0.065	0.078	0.076	0.087	0.086	0.140	0.120	0.083	0.074	0.058	0.062
	均方根值	0.010	0.018	0.016	0.016	0.015	0.014	0.017	0.015	0.012	0.011	0.007	0.007
W4	最大峰值	0.075	0.085	0.127	0.120	0.093	0.097	0.086	0.082	0.065	0.050	0.068	0.057
	均方根值	0.014	0.020	0.029	0.024	0.020	0.022	0.018	0.016	0.014	0.012	0.010	0.009
W5	最大峰值	0.063	0.080	0.112	0.093	0.079	0.107	0.090	0.072	0.079	0.050	0.074	0.060
	均方根值	0.012	0.017	0.021	0.022	0.020	0.019	0.020	0.016	0.014	0.012	0.010	0.011
W6	最大峰值	0.039	0.075	0.052	0.070	0.093	0.081	0.087	0.069	0.062	0.060	0.044	0.072
	均方根值	0.007	0.016	0.015	0.021	0.018	0.018	0.016	0.012	0.012	0.013	0.011	0.010
W7	最大峰值	0.059	0.080	0.092	0.086	0.077	0.074	0.095	0.071	0.054	0.069	0.052	0.046
	均方根值	0.010	0.014	0.018	0.017	0.018	0.016	0.017	0.015	0.011	0.009	0.007	0.008

表 3-20 液压启闭门后通气正常运行工况下关门过程动应力

（单位：MPa）

测点编号	特征值	开度区间/m												
		0~1	1~3	3~5	5~7	7~9	9~11	11~13	13~15	15~16	16~17	17~18	18~20	20~21
Y1	最大峰值	1.125	1.380	1.547	1.563	1.417	1.276	0.961	0.866	1.177	0.886	0.914	0.686	0.584
	均方根值	0.195	0.193	0.286	0.340	0.288	0.261	0.197	0.164	0.194	0.147	0.127	0.147	0.107
Y2	最大峰值	0.974	1.038	1.599	2.025	2.019	1.698	1.823	1.004	0.971	0.814	0.748	0.517	0.619
	均方根值	0.187	0.154	0.306	0.434	0.368	0.328	0.238	0.219	0.167	0.136	0.114	0.116	0.104
Y3	最大峰值	0.649	1.038	1.430	1.634	1.463	1.277	0.820	0.705	0.769	0.473	0.588	0.461	0.467
	均方根值	0.103	0.164	0.315	0.352	0.243	0.196	0.138	0.111	0.105	0.104	0.133	0.094	0.094
Y4	最大峰值	0.648	0.717	1.017	1.158	1.089	0.859	0.772	0.619	0.709	0.501	0.672	0.574	0.405
	均方根值	0.107	0.140	0.217	0.281	0.273	0.169	0.120	0.095	0.100	0.111	0.113	0.091	0.080
Y5	最大峰值	0.712	0.826	1.224	1.102	0.937	0.859	0.495	0.484	0.674	0.628	0.641	0.574	0.467
	均方根值	0.110	0.131	0.234	0.227	0.191	0.123	0.092	0.102	0.101	0.090	0.083	0.084	0.074
Y6	最大峰值	1.037	0.560	1.001	0.914	0.897	1.118	0.774	0.573	0.423	0.359	0.359	0.361	0.398
	均方根值	0.083	0.107	0.183	0.213	0.156	0.119	0.123	0.099	0.083	0.081	0.080	0.073	0.069
Y7	最大峰值	1.188	0.394	0.749	0.782	0.825	0.971	0.731	1.328	0.937	1.742	1.179	1.165	0.421
	均方根值	0.077	0.071	0.121	0.190	0.173	0.169	0.120	0.121	0.135	0.154	0.134	0.101	0.056
Y8	最大峰值	1.279	0.598	1.244	1.590	1.030	0.639	0.510	0.498	0.619	0.666	0.669	0.341	0.611
	均方根值	0.093	0.093	0.222	0.175	0.139	0.125	0.087	0.097	0.073	0.078	0.074	0.075	0.065
Y9	最大峰值	0.752	0.976	0.957	0.730	0.437	0.544	0.394	0.385	0.251	0.219	0.202	0.206	0.328
	均方根值	0.084	0.080	0.158	0.126	0.075 0	0.086	0.061	0.056	0.052	0.049	0.047	0.047	0.047

表3-21　液压启闭门后通气正常运行工况开门恒定流下动应力

（单位：MPa）

测点编号	特征值	开度/m											
		1	3	5	7	9	11	13	15	16	17	18	20
Y1	最大峰值	0.546	1.077	1.191	0.884	1.440	1.053	0.702	0.770	0.800	0.590	0.030	0.570
	均方根值	0.084	0.244	0.229	0.164	0.325	0.208	0.156	0.150	0.150	0.120	0.120	0.080
Y2	最大峰值	0.912	1.370	0.976	1.006	1.440	1.248	0.936	1.428	0.670	0.780	0.460	0.510
	均方根值	0.085	0.310	0.283	0.219	0.312	0.324	0.252	0.168	0.170	0.140	0.130	0.110
Y3	最大峰值	0.876	1.056	1.240	1.087	1.302	0.822	0.837	0.899	0.510	0.813	0.510	0.410
	均方根值	0.063	0.179	0.268	0.211	0.217	0.202	0.202	0.171	0.130	0.140	0.120	0.090
Y4	最大峰值	0.912	1.162	1.144	0.818	1.200	1.040	0.780	1.190	0.670	0.780	0.460	0.510
	均方根值	0.085	0.248	0.195	0.137	0.230	0.235	0.210	0.140	0.156	0.137	0.130	0.110
Y5	最大峰值	0.743	0.878	0.869	0.922	1.049	0.714	0.680	0.990	0.510	0.540	0.340	0.380
	均方根值	0.073	0.197	0.210	0.169	0.180	0.150	0.140	0.100	0.120	0.100	0.090	0.080
Y6	最大峰值	0.711	0.939	1.113	0.744	0.840	0.735	0.580	1.110	0.470	0.870	0.510	0.570
	均方根值	0.077	0.189	0.196	0.120	0.150	0.130	0.140	0.120	0.100	0.130	0.126	0.124
Y7	最大峰值	0.742	0.659	0.847	0.913	0.876	0.794	0.630	0.970	0.854	0.814	0.745	0.650
	均方根值	0.063	0.134	0.179	0.172	0.162	0.160	0.110	0.160	0.121	0.115	0.108	0.100
Y8	最大峰值	0.774	0.827	0.678	0.791	1.150	0.350	0.370	1.030	0.450	0.690	0.452	0.360
	均方根值	0.103	0.171	0.149	0.107	0.100	0.080	0.090	0.100	0.090	0.110	0.081	0.080
Y9	最大峰值	0.730	0.885	0.554	0.888	0.770	0.606	0.624	0.417	0.390	0.315	0.250	0.340
	均方根值	0.074	0.184	0.101	0.097	0.080	0.098	0.104	0.074	0.060	0.051	0.044	0.050

表 3-22　液压启闭门后通气正常运行工况开门恒定流下振动加速度

（单位：m/s^2）

测点编号	特征值	开度区间/m											
		1	3	5	7	9	11	13	15	16	17	18	20
A1	均方根值	0.50	0.85	1.08	0.95	0.80	0.81	0.82	0.80	0.77	0.62	0.51	0.19
A2	均方根值	0.77	1.03	0.99	1.01	0.89	0.68	0.74	0.75	0.75	0.71	0.47	0.16
A3	均方根值	0.20	0.25	0.26	0.24	0.22	0.17	0.15	0.19	0.18	0.15	0.17	0.14
A4	均方根值	0.16	0.33	0.39	0.36	0.33	0.24	0.17	0.18	0.17	0.15	0.13	0.07
A5	均方根值	0.11	0.16	0.24	0.24	0.18	0.12	0.13	0.20	0.19	0.13	0.14	0.08
A6	均方根值	0.11	0.13	0.13	0.08	0.07	0.06	0.05	0.08	0.08	0.09	0.08	0.04
A7	均方根值	0.10	0.16	0.12	0.10	0.09	0.09	0.09	0.09	0.08	0.07	0.06	0.05

表 3-23　液压启闭门后通气正常运行工况关门过程振动加速度

（单位：m/s^2）

测点编号	特征值	开度区间/m												
		0~1	1~3	3~5	5~7	7~9	9~11	11~13	13~15	15~16	16~17	17~18	18~20	20~21
A1	均方根值	0.60	0.79	1.03	0.96	1.06	0.80	0.75	0.64	0.66	0.91	0.90	0.53	0.25
A2	均方根值	0.70	0.98	1.10	1.08	0.95	0.77	0.61	0.52	0.61	1.07	0.85	0.43	0.18
A3	均方根值	0.14	0.22	0.28	0.29	0.26	0.21	0.16	0.17	0.14	0.19	0.16	0.09	0.04
A4	均方根值	0.18	0.38	0.40	0.37	0.30	0.26	0.20	0.17	0.18	0.20	0.18	0.10	0.06
A5	均方根值	0.13	0.17	0.22	0.23	0.19	0.18	0.12	0.13	0.12	0.14	0.11	0.07	0.07
A6	均方根值	0.11	0.09	0.09	0.07	0.07	0.05	0.05	0.07	0.07	0.09	0.08	0.05	0.03
A7	均方根值	0.14	0.12	0.14	0.10	0.09	0.08	0.08	0.09	0.07	0.06	0.05	0.03	0.02

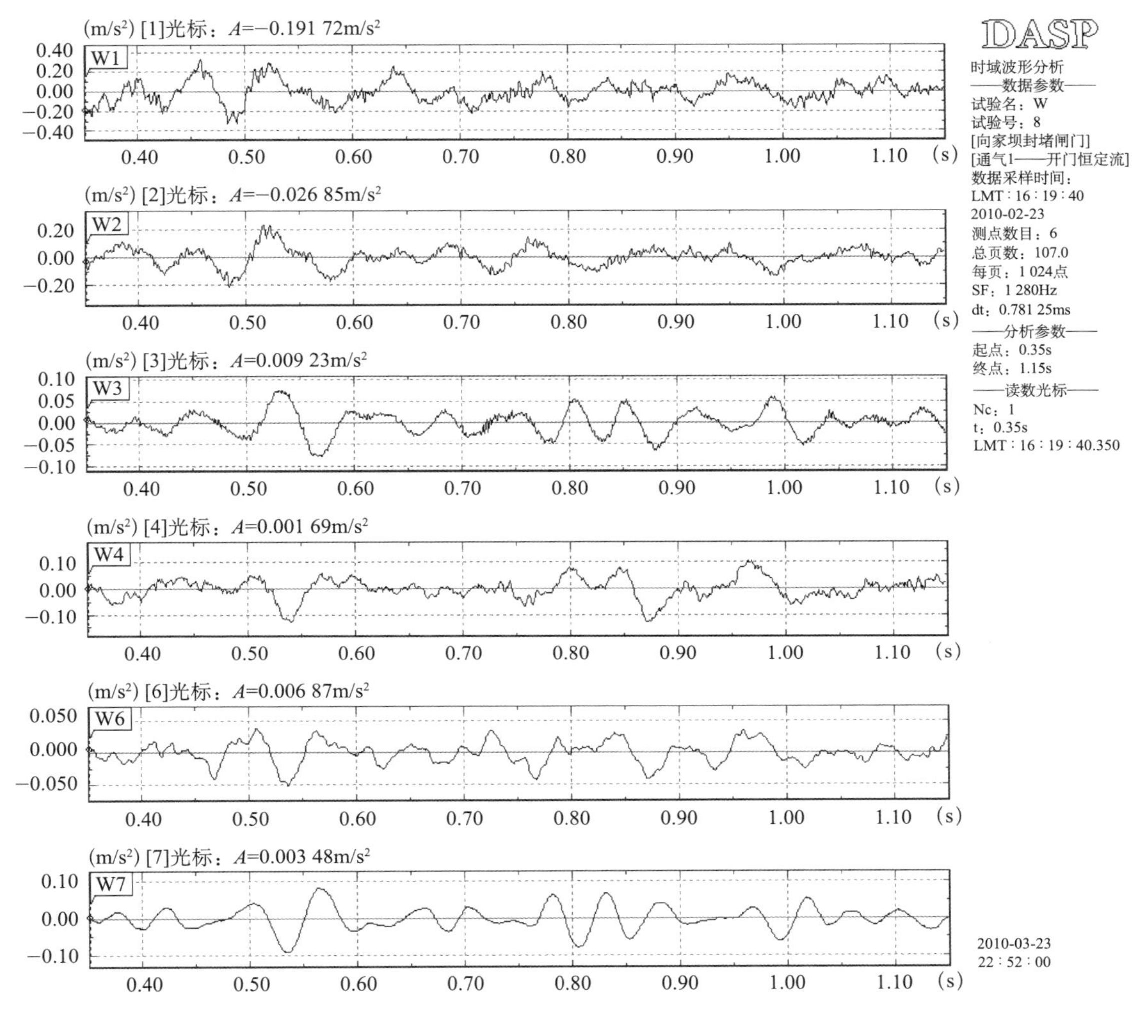

图 3－28　液压启闭门后通气正常运行工况开门恒定流 5m 开度测点动位移波形

注：W3 与 W7 测点传感器本身反相。

闸门加配重整体的竖向自振频率为 1. 82Hz 左右，闸门底部竖向脉动压力的大能量频率在 4. 57Hz 以下，能量最大的频率小于 1Hz，脉动压力能量最大的频率不会与闸门发生共振，但有的频率成分存在共振的可能。由于脉动压力频率丰富，能量分散，而且闸门在启闭过程中由上游水压力产生的摩擦力对闸门的竖向振动起阻滞作用，各频率也难以发生共振；另外，闸门底部竖向脉动压力的各频率分量的合力与门重相差悬殊，不能引起很大振动；闸门的流激振动试验虽发现闸门第 1 节的竖向振动最大，但最大动位移不足 2mm，因此，估计闸门运行中不会发生整体过大竖向振动。

（2）闸门顺流向弯曲振动共振校核。

闸门顺流向弯曲振动是平面闸门最重要的振动形式之一，必须避免共振发生。从图 3－37 可见，在液压启闭门后不通气关门过程中 3～5m 开度区间，第 1 节闸门模型下游面跨中的弯曲动应力的主要能量分布在 1.25 ~ 13.75Hz 的频率区间，闸门模型的弯曲振动频率大于 164Hz，两者相差悬殊，说明闸门顺流向振动是低频强迫振动，由于闸门的弯曲振动频率高，不可能与脉动压力发生共振。从图 3 – 38 可见，在液压启闭门后不通气开门过程中，第 1 节闸门模型下游面跨中的弯曲动应力的主要能量分布在 1.25 ~ 81.25Hz 的频率区间，闸门模型的弯曲振动频率大于 164Hz，两者悬殊仍巨大，说明闸门顺流向振动是低频强迫振动，由于闸门的弯曲振动频率高，不可能与脉动压力发生共振。

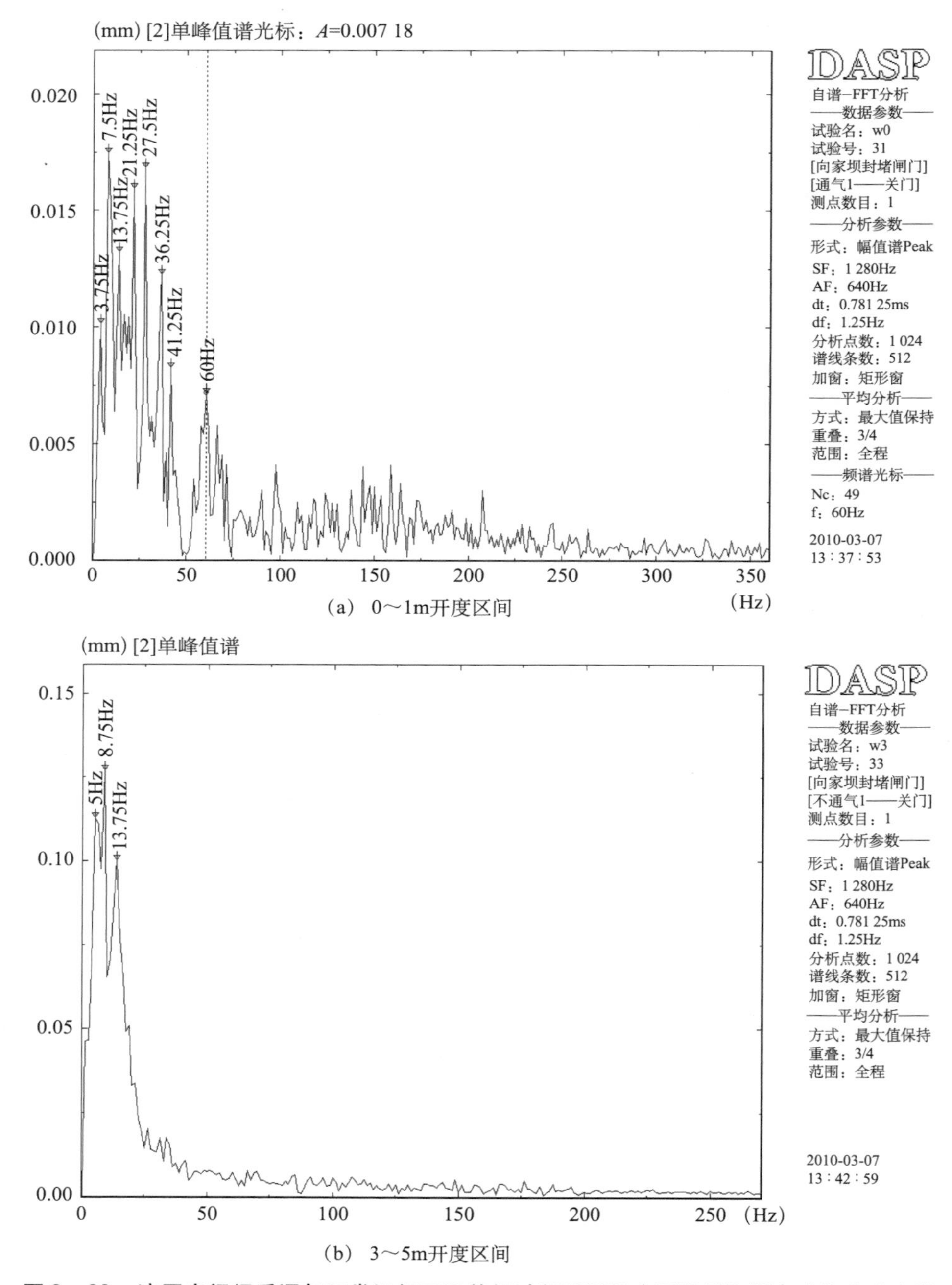

(a) 0～1m开度区间

(b) 3～5m开度区间

图 3 –29　液压启闭门后通气正常运行工况关门过程不同开度区间 W2 测点动位移功率谱

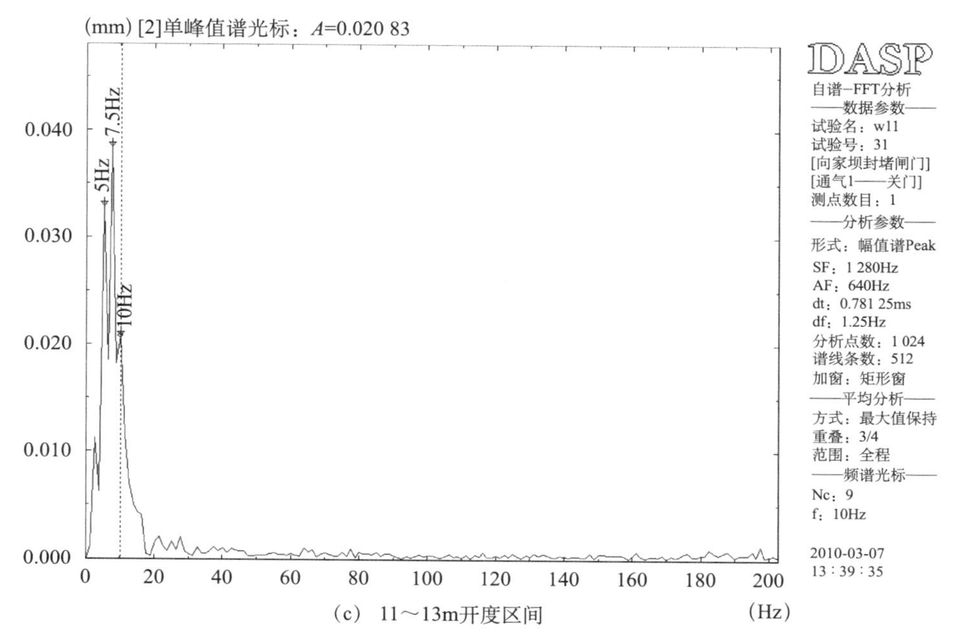

（c）11～13m开度区间

图3－29　液压启闭门后通气正常运行工况关门过程不同开度区间W2测点动位移功率谱（续）

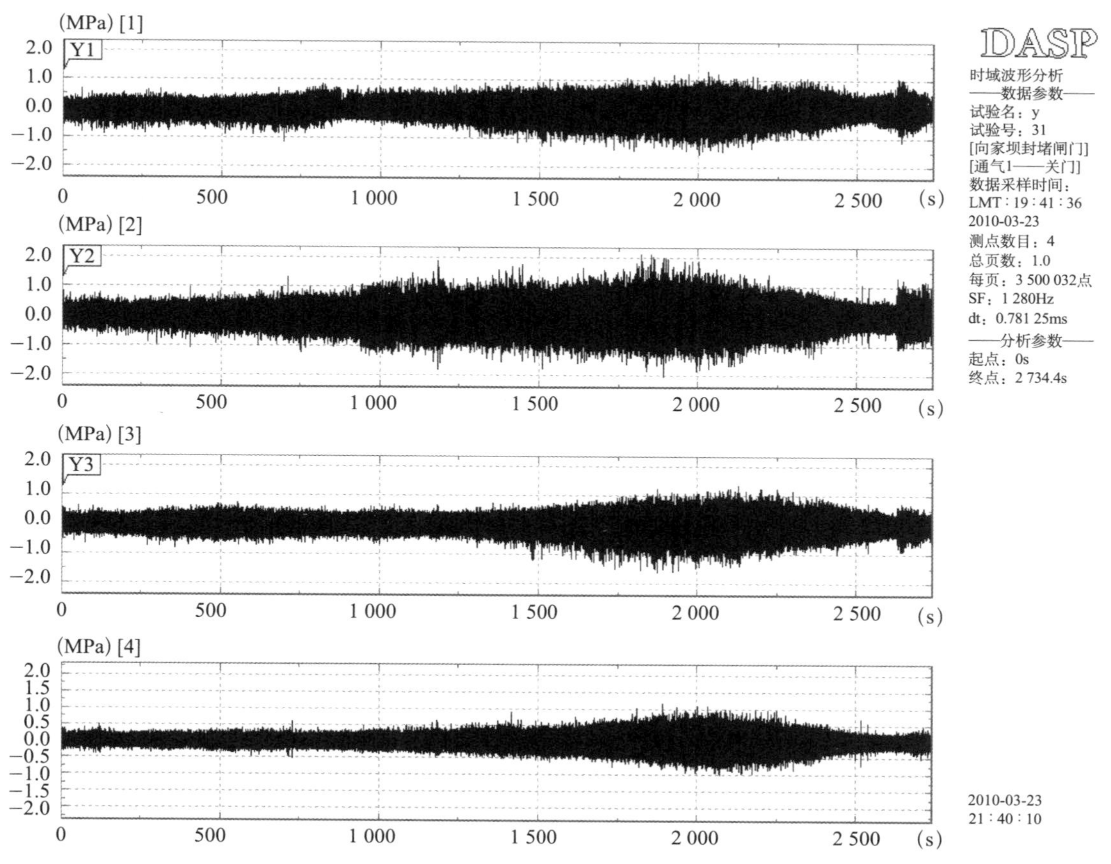

图3－30　液压启闭门后通气正常运行工况关门全过程Y1～Y4测点动应力时间历程波形

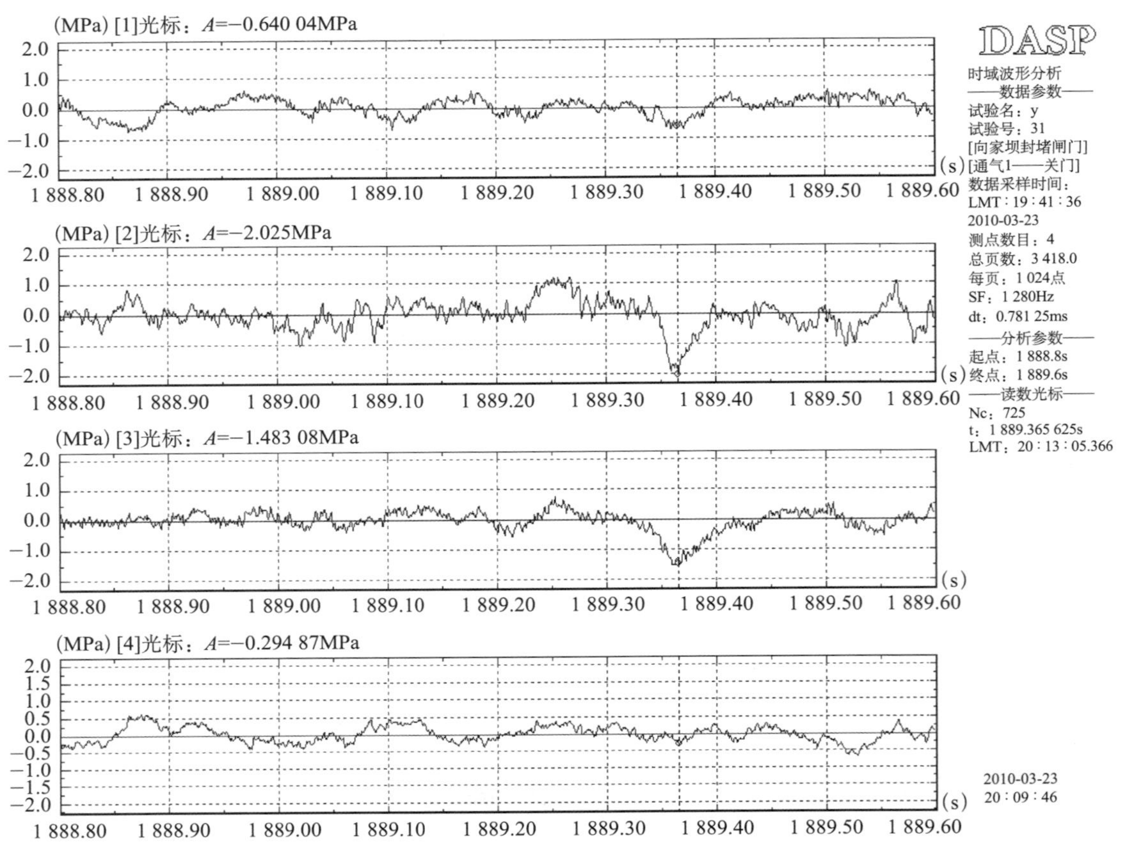

图 3－31　液压启闭门后通气正常运行工况关门过程 5～7m 开度测点动应力时域波形
（从上到下依次为 Y1、Y2、Y3、Y4 测点）

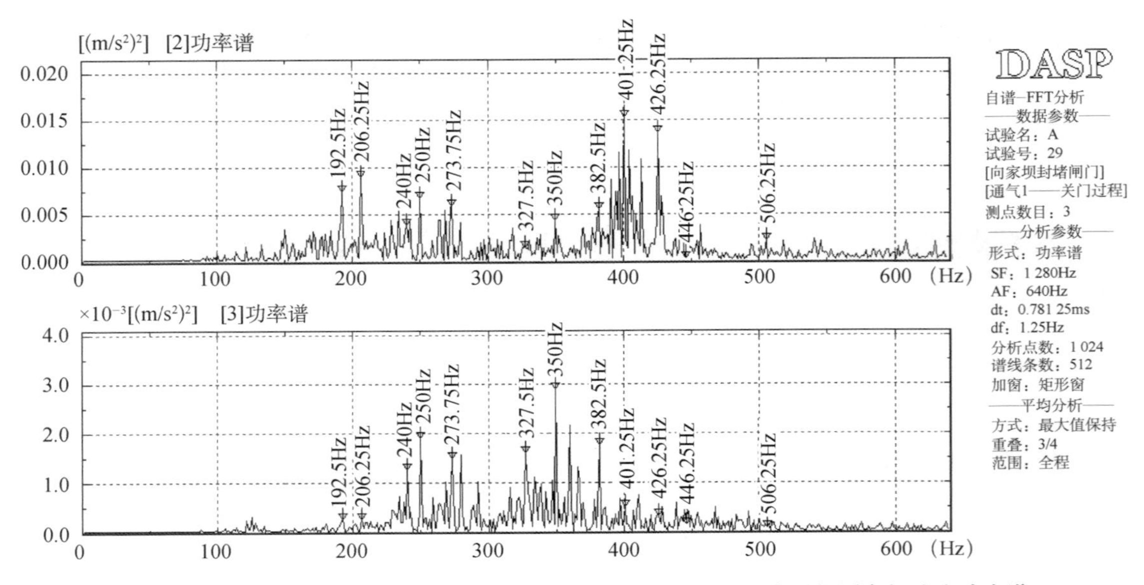

图 3－32　液压启闭门后通气正常运行工况关门过程 3～5m 开度区间测点加速度功率谱

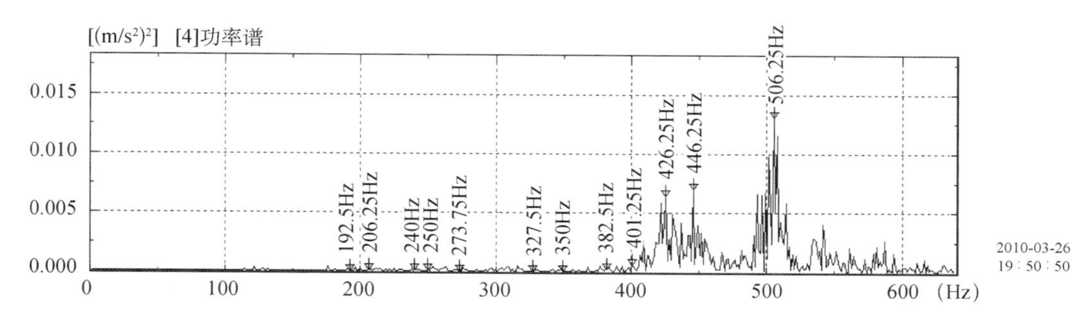

图 3-32　液压启闭门后通气正常运行工况关门过程 3~5m 开度区间测点加速度功率谱（续）
（从上到下依次为 A2、A3、A4 测点）

3.5.3　卷扬机启闭下试验成果及分析

在卷扬机启闭正常运行工况下，对封堵闸门进行了门后不通气（设计方案）及门后设置三个通气孔（3 个孔的直径均为 0.9m）通气（修改方案二）条件下的流激振动试验。

成果包括：①卷扬机启闭正常运行工况门后不通气条件下开关门过程中闸门上的脉动压力、振动加速度、振动位移和动应力。②卷扬机启闭正常运行工况门后通气条件下开关门过程中闸门上的脉动压力、振动加速度、振动位移和动应力。

1. 脉动压力成果及分析

在卷扬机启闭正常运行工况下，闸门脉动压力试验成果：

（1）门后通气与不通气时，关门过程和开门过程中闸门上脉动压力幅值试验成果见表 3-24~表 3-27。

（2）典型测点的脉动压力随闸门开度变化曲线如图 3-33~图 3-36 所示。

（3）典型测点在关门和开门过程中功率谱如图 3-37~图 3-40 所示。

脉动压力试验成果分析表明：

（1）在卷扬机启闭下门后不设通气孔通气，且闸门按正常运行工况运行时，开门过程中与关门过程中的脉动压力幅值相比：门叶上游面、门叶下游面和横梁腹板上脉动压力幅值开门过程中与关门过程中相近，而且都比较小；底缘竖直向脉动压力在开门过程中和关门过程中均在 4~6m 开度区间内最大（见图 3-33~图 3-34），底缘竖直向脉动压力比液压启闭的略大。

（2）当门后通气时，作用于闸门底缘和上游面板的脉动压力幅值开门过程中的与关门过程中的相近，而闸门下游面板及横梁腹板上的脉动压力在关门至 6m 开度以下时快速增大，其均方根值由 2kPa 以下增大至 6kPa 左右。

（3）门后不通气与门后通气情况相比：作用于闸门上的脉动压力幅值通气时的略小于不通气时的；在门后不通气时，关门和开门过程中底缘最大脉动压力分别为 63.45kPa 和 67.41kPa，均方根值分别为 16.02kPa 和 17.76kPa，关门和开门过程最大值均出现在 5~7m 开度区间；在门后通气时，关门和开门过程中底缘最大脉动压力分别为 57.52kPa 和 63.47kPa，均方根值分别为 14.20kPa 和 15.34kPa，最大值出现的开度区间分别为，关门过程中出现在 4~5m 开度区间，开门过程中出现在 4~6m 开度区间。

表 3-24　卷扬机启闭门后不通气正常运行工况关门过程中脉动压力（试验号：61）

（单位：kPa）

测点编号	特征值	开度区间/m										
		0~1	1~3	3~5	5~7	7~9	9~11	11~13	13~15	15~17	17~19	19~21
M1	最小值	3.03	3.99	3.96	5.40	5.19	4.98	4.47	4.47	3.66	3.66	3.90
	均方根值	0.81	0.96	1.08	1.20	1.14	1.26	1.17	1.11	0.96	0.93	0.96
M2	最小值	2.89	3.37	3.85	4.92	4.56	4.32	4.14	3.96	3.03	3.45	4.02
	均方根值	0.72	0.88	1.1	1.22	1.2	1.08	1.05	0.99	0.81	0.84	0.81
M3	最小值	26.68	30.96	32.82	48.72	44.16	32.08	26.10	23.78	21.03	15.56	14.14
	均方根值	7.16	7.66	8.92	12.03	11.02	7.11	5.64	5.05	4.45	3.61	4.21
M4	最小值	25.11	46.02	44.91	63.45	36.93	22.50	19.89	17.16	18.33	13.98	11.58
	均方根值	5.52	8.97	14.49	16.02	7.26	5.94	4.95	4.29	4.14	3.54	3.30
M5	最小值	15.87	10.05	11.19	10.08	8.73	7.59	7.68	4.11	5.22	4.38	4.65
	均方根值	2.49	2.58	2.49	2.40	2.28	1.86	1.77	1.14	1.29	1.23	1.08
M6	最小值	4.38	6.96	7.95	10.35	9.66	8.52	11.88	11.37	11.37	4.32	4.71
	均方根值	1.38	1.74	2.06	2.79	2.73	2.46	2.28	2.28	1.35	0.99	0.99
M7	最小值	6.09	5.97	10.29	11.25	13.14	7.26	7.14	5.88	3.90	2.88	3.51
	均方根值	1.14	1.62	2.16	3.15	3.39	2.16	1.84	1.62	1.08	0.81	0.90
M8	最小值	10.38	9.60	10.41	8.19	7.26	6.15	5.46	4.56	4.83	4.62	5.58
	均方根值	2.37	2.46	2.40	2.76	1.62	1.47	1.35	1.23	1.17	1.14	1.17

表3-25　卷扬机启闭门后不通气正常运行工况开门过程中脉动压力（试验号：62）

（单位：kPa）

测点编号	特征值	开度/m										
		0~1	1~3	3~5	5~7	7~9	9~11	11~13	13~15	15~17	17~19	19~21
M1	最小值	2.85	3.09	3.75	4.53	3.90	3.18	5.76	3.72	5.52	3.84	4.20
	均方根值	0.81	0.87	1.02	1.17	1.08	0.96	1.20	1.08	1.15	0.97	1.05
M2	最小值	2.22	2.94	3.78	4.02	3.63	3.57	4.74	3.60	3.96	3.24	3.51
	均方根值	0.84	0.78	0.93	1.05	0.96	0.87	0.99	0.81	0.87	0.75	0.78
M3	最小值	25.17	28.02	28.77	44.43	46.29	33.15	27.42	22.47	19.91	14.25	13.39
	均方根值	7.32	8.01	9.81	11.88	10.75	7.77	6.99	5.35	4.69	3.73	3.85
M4	最小值	22.62	40.59	42.45	67.41	52.77	34.20	26.16	18.87	22.08	11.16	14.25
	均方根值	6.96	8.76	14.22	17.76	10.35	7.02	6.18	4.41	3.84	3.48	4.02
M5	最小值	14.34	10.59	10.71	10.05	8.52	8.61	5.91	5.40	5.01	7.80	4.92
	均方根值	2.55	2.70	2.82	2.58	2.07	1.86	1.47	1.41	1.35	1.23	1.14
M6	最小值	4.83	6.42	10.08	12.45	12.45	13.89	9.51	10.83	8.73	6.66	6.66
	均方根值	1.20	1.59	2.04	3.00	3.09	2.85	2.55	2.34	1.56	1.14	1.20
M7	最小值	4.02	6.36	8.97	14.58	14.58	10.17	6.39	6.39	5.37	3.21	6.09
	均方根值	1.05	1.47	2.22	3.60	3.75	2.79	2.13	1.59	1.32	0.78	0.87
M8	最小值	10.47	10.29	9.90	9.57	8.04	7.71	6.45	5.16	5.52	6.03	4.68
	均方根值	2.67	2.43	2.31	2.37	1.95	1.92	1.59	1.32	1.26	1.17	1.20

表 3-26　卷扬机启闭门后通气正常运行工况关门过程中脉动压力（试验号：67）

（单位：kPa）

测点编号	特征值	开度区间/m										
		0~1	1~3	3~5	5~7	7~9	9~11	11~13	13~15	15~17	17~19	19~21
M1	最小值	3.00	4.92	7.08	5.79	5.19	4.47	4.47	3.78	3.42	3.72	3.51
	均方根值	0.89	1.17	1.92	1.71	1.29	1.29	1.23	1.14	0.99	0.87	0.87
M2	最小值	3.13	4.25	5.88	5.23	4.58	4.17	3.92	3.54	3.48	3.42	3.16
	均方根值	0.64	0.91	1.68	1.52	1.23	0.12	0.11	0.96	0.72	0.69	0.65
M3	最小值	23.55	26.67	32.07	30.72	29.01	27.45	24.72	20.37	17.61	15.15	15.63
	均方根值	6.09	8.07	9.60	8.85	6.72	5.61	5.16	5.01	4.47	4.14	4.20
M4	最小值	37.44	34.14	57.52	51.36	38.85	22.02	22.38	16.11	15.09	12.21	13.35
	均方根值	6.48	10.44	14.20	7.77	7.26	6.27	4.89	4.38	4.02	3.54	3.33
M5	最小值	13.26	18.72	20.28	7.08	5.37	5.16	3.87	4.14	4.98	4.17	3.45
	均方根值	2.88	5.46	5.55	1.35	1.08	1.02	0.93	0.87	1.29	1.14	0.93
M6	最小值	18.96	15.24	24.42	6.36	6.15	7.23	7.17	5.82	4.35	4.38	4.17
	均方根值	1.89	4.71	5.70	1.56	1.41	1.41	1.47	1.26	1.14	1.17	1.20
M7	最小值	7.59	14.82	22.68	6.45	5.22	5.28	4.17	4.29	3.18	3.12	4.71
	均方根值	2.01	4.92	5.25	1.26	1.23	1.11	1.08	1.11	0.81	0.87	0.87
M8	最小值	12.42	11.28	14.67	7.41	4.62	4.71	4.26	3.93	3.75	2.94	2.79
	均方根值	2.58	4.44	4.89	1.47	1.26	1.11	1.05	0.93	0.96	0.84	0.87

表3-27 卷扬机启闭门后通气正常运行工况开门过程中脉动压力（试验号：66）

（单位：kPa）

测点编号	特征值	开度区间/m										
		0~1	1~3	3~5	5~7	7~9	9~11	11~13	13~15	15~17	17~19	19~21
M1	最小值	3.45	3.24	4.41	5.04	4.77	4.20	5.76	4.86	5.07	4.17	3.96
	均方根值	0.81	0.90	1.05	1.35	1.41	1.05	1.20	1.26	1.20	1.14	0.87
M2	最小值	3.24	3.12	3.90	4.74	4.56	4.31	5.05	4.74	4.35	3.64	3.11
	均方根值	0.75	1.06	1.13	1.30	1.28	1.16	1.03	1.17	1.08	0.92	0.69
M3	最小值	24.81	29.01	29.37	41.55	38.97	27.18	21.54	21.66	17.58	14.52	14.85
	均方根值	6.42	7.35	7.92	10.23	8.67	6.33	5.10	4.38	4.50	4.29	4.26
M4	最小值	21.87	32.88	63.47	50.14	37.35	22.71	19.05	11.73	16.95	14.31	13.56
	均方根值	6.99	8.79	15.34	14.79	7.29	5.76	3.63	3.30	4.08	3.54	4.05
M5	最小值	9.75	9.87	8.28	10.41	9.30	5.31	5.52	5.94	6.06	5.49	6.75
	均方根值	2.67	2.31	2.37	2.85	1.38	1.08	1.17	1.44	1.38	1.50	0.96
M6	最小值	5.73	6.66	11.25	13.14	4.68	5.46	8.25	9.72	11.88	13.11	14.34
	均方根值	1.50	1.77	2.79	2.97	1.56	1.35	1.77	2.22	2.43	2.04	1.35
M7	最小值	5.58	5.07	10.44	7.68	5.40	3.57	4.47	6.78	8.34	9.57	8.91
	均方根值	1.32	1.47	2.49	1.86	1.47	1.14	1.14	1.92	2.25	1.20	1.35
M8	最小值	9.42	9.09	11.13	10.17	7.62	5.79	6.03	5.61	5.22	3.78	5.67
	均方根值	2.40	2.04	2.13	2.55	1.59	1.38	1.20	1.26	1.20	1.05	1.14

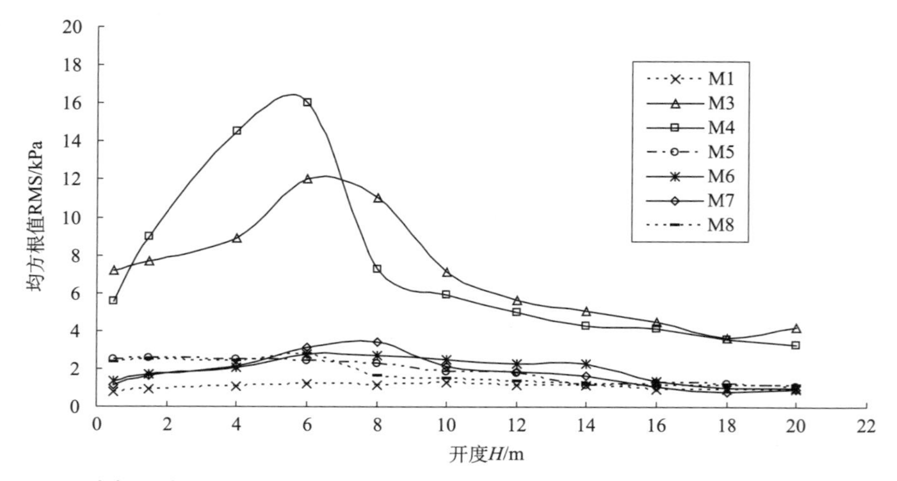

图3－33　卷扬机启闭门后不通气正常运行工况关门过程中闸门上脉动压力随开度变化曲线

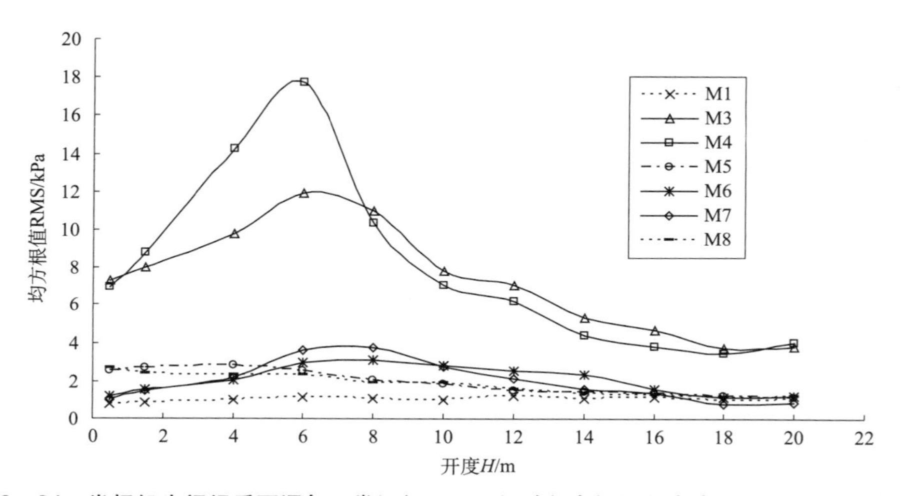

图3－34　卷扬机启闭门后不通气正常运行工况开门过程中闸门上脉动压力随开度变化曲线

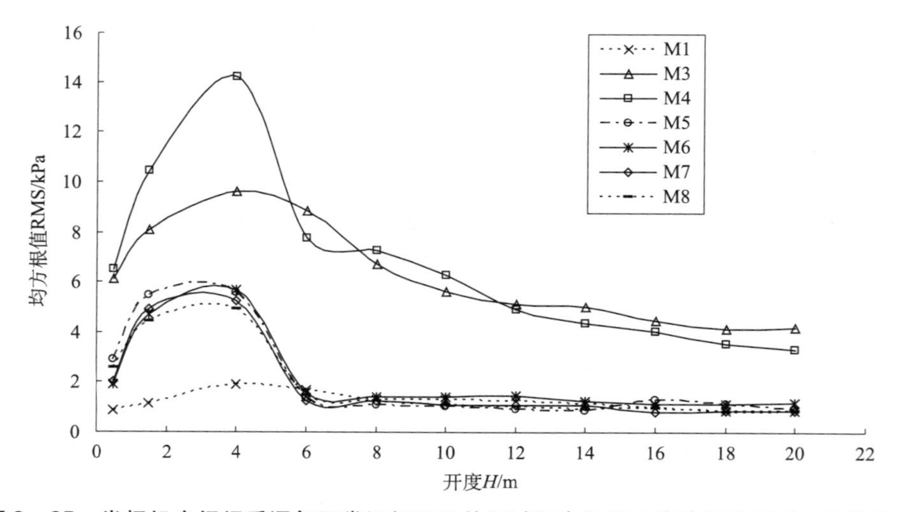

图3－35　卷扬机启闭门后通气正常运行工况关门过程中闸门上脉动压力随开度变化曲线

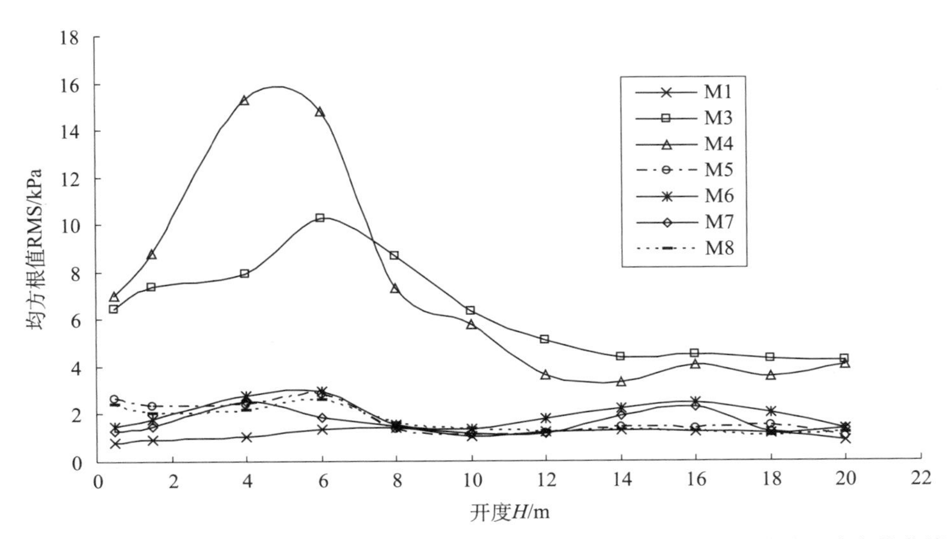

图 3 -36　卷扬机启闭门后通气正常运行工况开门过程中闸门上脉动压力随开度变化曲线

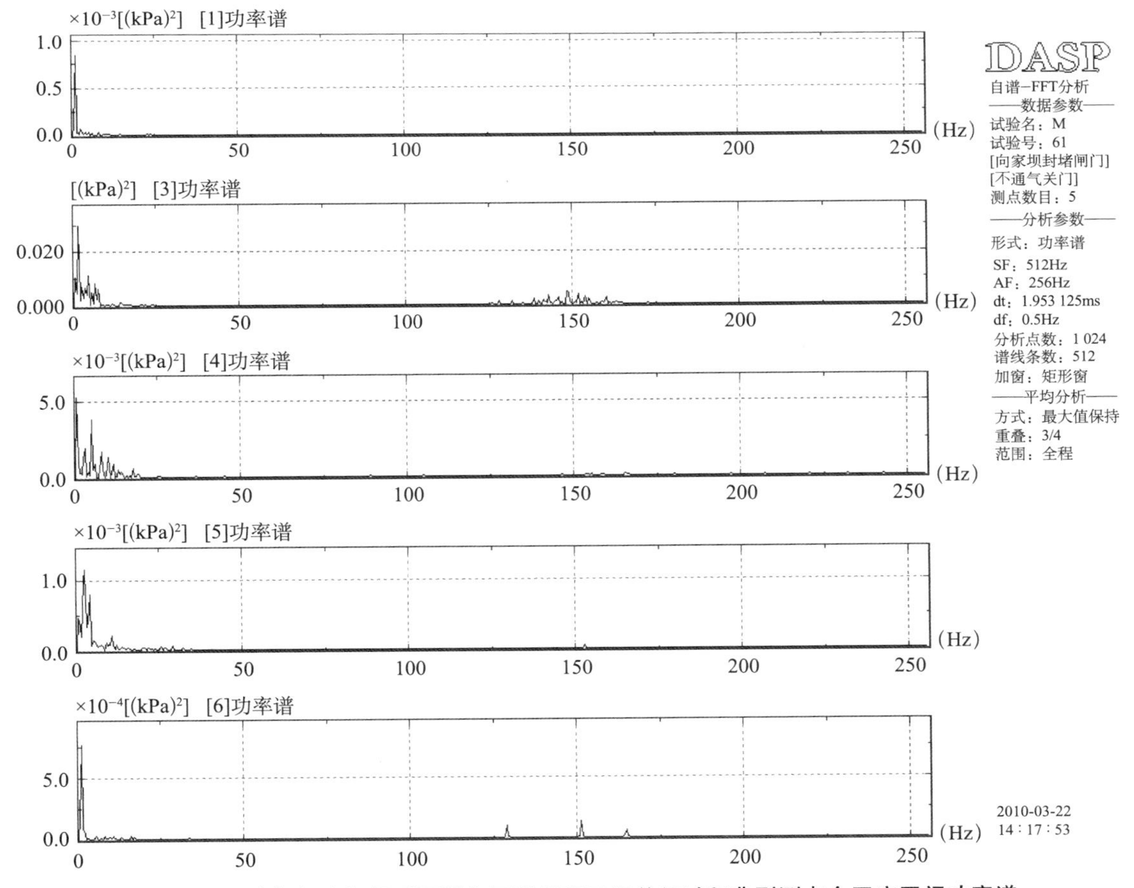

图 3 -37　卷扬机启闭门后不通气正常运行工况关门过程典型测点全开度区间功率谱
（从上到下依次为 M1、M3、M4、M5、M6 测点）

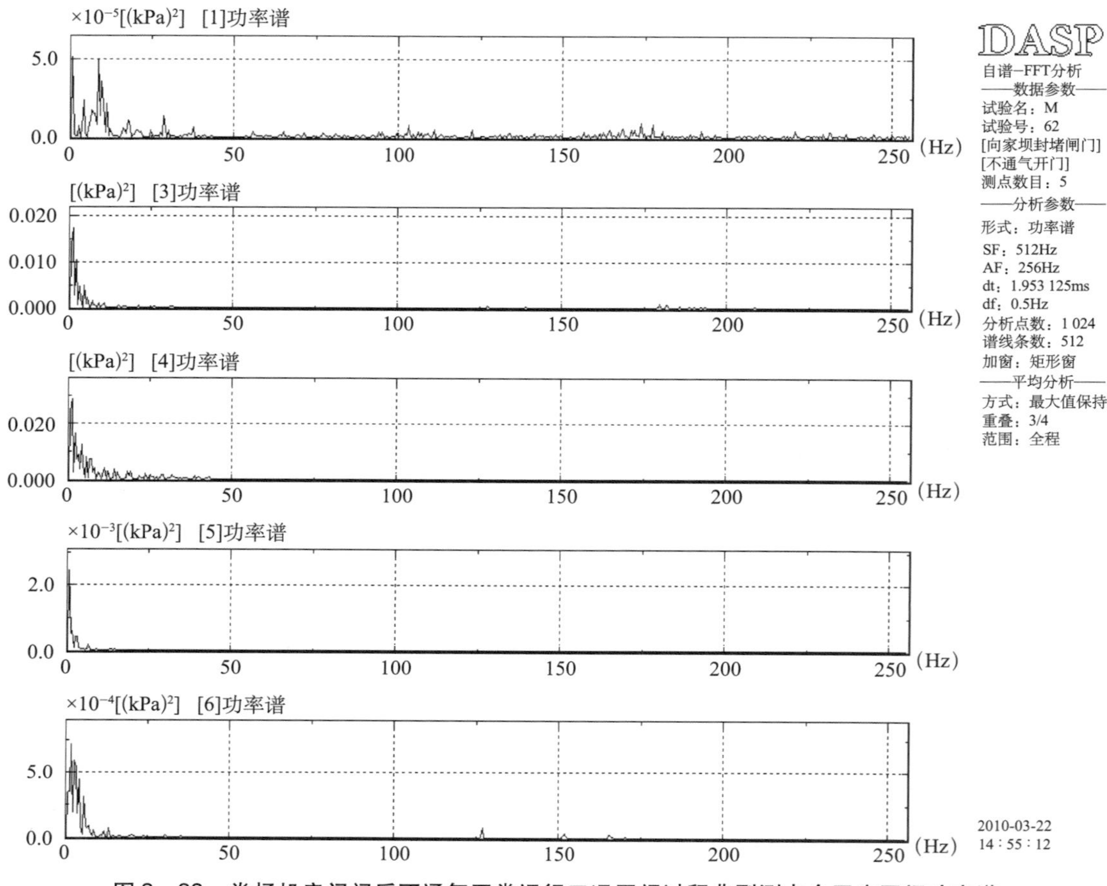

图 3－38 卷扬机启闭门后不通气正常运行工况开门过程典型测点全开度区间功率谱
（从上到下依次为 M1、M3、M4、M5、M6 测点）

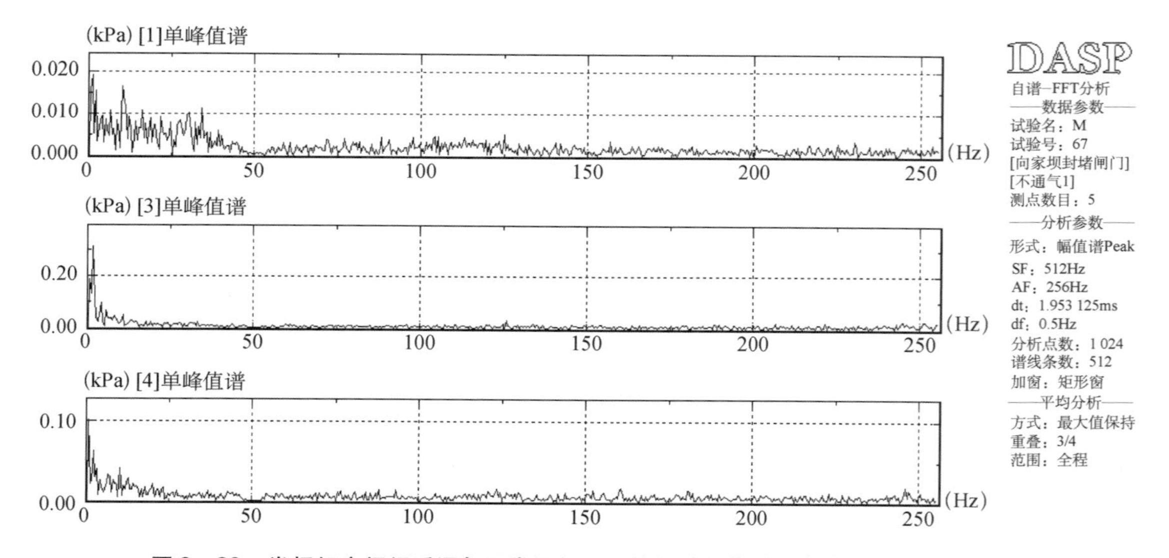

图 3－39 卷扬机启闭门后通气正常运行工况关门过程典型测点全开度区间功率谱

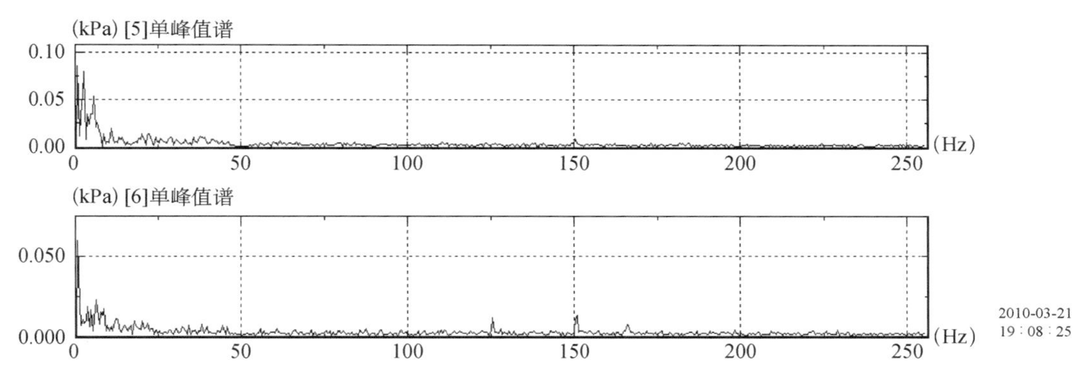

图3-39 卷扬机启闭门后通气正常运行工况关门过程典型测点全开度区间功率谱（续）
（从上到下依次为M1、M3、M4、M5、M6测点）

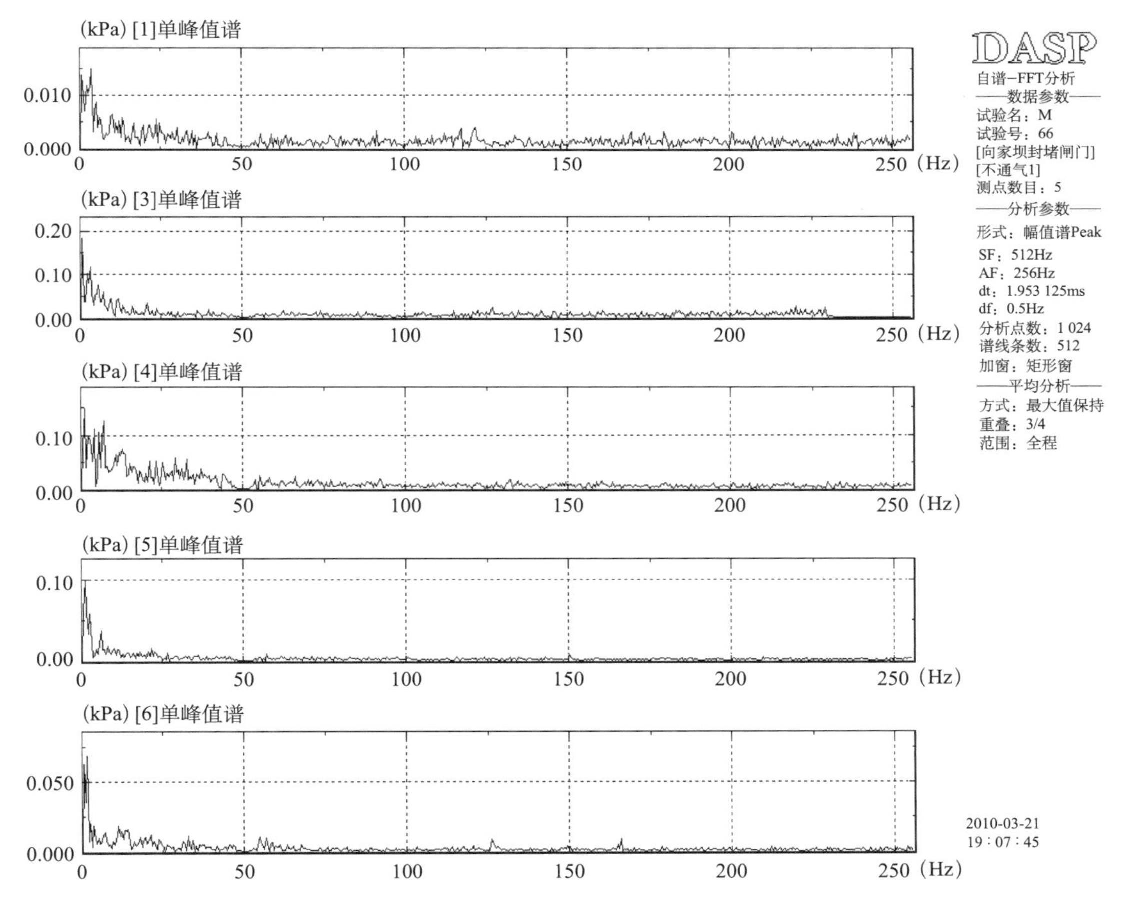

图3-40 卷扬机启闭门后通气正常运行工况开门过程典型测点全开度区间功率谱
（从上到下依次为M1、M3、M4、M5、M6测点）

（4）由图3-37~图3-40可以看出，在不通气关门和开门全过程中闸门底缘脉动压力能量主要集中在10Hz以下，优势频率在2Hz以下，其他测点优势频率也在2Hz以下。门后通气时，各测点脉动压力能量分布与不通气情况相近。

2. 闸门振动响应试验成果及分析

在卷扬机启闭正常运行工况下，闸门流激振动响应试验成果如下：

（1）门后通气与不通气时，关门过程和开门过程中闸门上振动位移试验成果见表3－28～表3－31，典型测点动位移在关门和开门过程中功率谱如图3－41～图3－43所示。

（2）门后通气与不通气时，关门过程和开门过程中闸门动应力试验成果见表3－32～表3－35，典型测点动应力在关门和开门过程中功率谱如图3－44～图3－46所示。

（3）门后通气与不通气时，关门过程和开门过程中闸门振动加速度试验成果见表3－36～表3－39，典型测点振动加速度在关门和开门过程中功率谱如图3－47～图3－48所示。

卷扬启闭闸门振动试验成果分析表明：

（1）闸门的振动位移和最大动应力：不通气时出现于5～7m开度，通气时出现在4m开度左右，与液压启闭具有基本相同的规律。

（2）门后不通气时，闸门主横梁下游面跨中最大弯曲动应力为3.75MPa，通气后降为2.57MPa，结构是动力安全的。

（3）门后通气比不通气闸门底缘的脉动压力有所减小，闸门的竖向振动有所减小，从0.79mm降为0.66mm。

（4）从脉动压力功率谱可知，闸门顺流向脉动压力M1和M5能量大的频率都远小于闸门的自振频率164Hz，不会发生共振，闸门的振动为随机强迫振动。

（5）从图3－44～图3－46可见动应力的频率在低频带，从图3－47～图3－48可见加速度的频率在高频带，说明高频加速度产生的动应力非常小。

3.6 结论与建议

通过对封堵闸门进行水弹性模型动力特性试验、液压启闭门后不通气与通气条件下开关门流激振动试验、卷扬机启闭门后不通气与通气条件下开关门流激振动试验，观测闸门所受的脉动压力、振动加速度、振动位移和动应力，经资料分析可得出如下结论：

（1）在液压启闭与卷扬启闭条件下，闸门所受脉动压力的分布规律是基本相同的，最大值都分布于5m左右开度，闸门底缘的脉动压力远比上下游面的大，顺流向的动位移和闸门主横梁下游面跨中的弯曲动应力的最大值都出现在5m左右开度，振动响应是随机强迫振动。

（2）各种试验条件下闸门上下游面的脉动压力大能量频率都远小于闸门的自振频率，不会发生共振；竖向脉动压力的优势频率小于1Hz，闸门竖向质量振动频率为2Hz左右，也不会发生共振。

（3）液压启闭条件下，门后不通气，第1节闸门主横梁下游面跨中的最大弯曲应力为6.868MPa，仅占静应力的7.9%，通气以后降为2.025MPa，仅占该工况相同点静应力的2.3%，最大的动应力与静应力叠加后最大应力为93.29MPa，小于该处材料的容许应力205MPa，闸门其他节的应力都比第1节的小，闸门结构是动力安全的。

（4）液压启闭门后不通气条件下事故关门过程中闸门的动应力与正常关门过程中的相差很小，闸门结构是动力安全的。

表3－28　卷扬机启闭门后不通气正常运行工况关门过程中闸门动位移

（单位：mm）

测点编号	特征值	开度区间/m												
		0～1	1～2	2～4	4～5	5～7	7～9	9～11	11～12	12～14	14～16	16～18	18～20	20～21
W1	最大值	0.359	0.407	0.422	0.626	0.674	0.633	0.434	0.385	0.404	0.336	0.301	0.284	0.232
	均方根值	0.103	0.124	0.133	0.175	0.198	0.172	0.135	0.121	0.102	0.090	0.064	0.055	0.056
W2	最大值	0.352	0.363	0.484	0.618	0.656	0.721	0.467	0.422	0.398	0.308	0.279	0.250	0.258
	均方根值	0.090	0.108	0.120	0.181	0.208	0.196	0.125	0.100	0.091	0.076	0.068	0.063	0.060
W3	最大值	0.094	0.082	0.098	0.144	0.153	0.120	0.133	0.125	0.106	0.084	0.069	0.064	0.067
	均方根值	0.015	0.016	0.019	0.029	0.027	0.025	0.023	0.019	0.020	0.018	0.014	0.012	0.013
W4	最大值	0.070	0.086	0.117	0.140	0.148	0.125	0.106	0.113	0.094	0.090	0.074	0.071	0.062
	均方根值	0.017	0.018	0.025	0.026	0.029	0.027	0.023	0.024	0.020	0.016	0.014	0.015	0.014
W5	最大值	0.064	0.078	0.091	0.123	0.127	0.101	0.092	0.098	0.085	0.070	0.086	0.068	0.077
	均方根值	0.016	0.015	0.024	0.023	0.025	0.022	0.017	0.020	0.015	0.014	0.012	0.014	0.013
W6	最大值	0.065	0.059	0.075	0.081	0.115	0.099	0.088	0.110	0.078	0.061	0.067	0.074	0.063
	均方根值	0.014	0.016	0.017	0.019	0.021	0.020	0.018	0.019	0.015	0.014	0.015	0.011	0.012
W7	最大值	0.067	0.062	0.075	0.117	0.131	0.120	0.096	0.100	0.079	0.075	0.062	0.068	0.071
	均方根值	0.015	0.016	0.018	0.026	0.028	0.024	0.023	0.020	0.021	0.018	0.015	0.014	0.015

表 3-29　卷扬机启闭门后不通气正常运行工况开门过程中闸门动位移

（单位：mm）

测点编号	特征值	开度区间/m												
		0～1	1～2	2～4	4～5	5～7	7～9	9～11	11～12	12～14	14～16	16～18	18～20	20～21
W1	最大值	0.435	0.430	0.520	0.649	0.732	0.613	0.540	0.443	0.407	0.379	0.340	0.311	0.225
	均方根值	0.118	0.127	0.167	0.184	0.203	0.180	0.131	0.129	0.119	0.115	0.074	0.080	0.056
W2	最大值	0.388	0.385	0.497	0.665	0.793	0.625	0.555	0.438	0.424	0.344	0.325	0.264	0.249
	均方根值	0.095	0.115	0.151	0.185	0.227	0.187	0.138	0.125	0.114	0.095	0.079	0.068	0.062
W3	最大值	0.139	0.086	0.118	0.140	0.165	0.138	0.130	0.136	0.117	0.094	0.075	0.060	0.077
	均方根值	0.018	0.017	0.022	0.025	0.028	0.027	0.024	0.021	0.022	0.019	0.015	0.013	0.014
W4	最大值	0.082	0.097	0.100	0.139	0.157	0.141	0.132	0.121	0.104	0.088	0.079	0.082	0.079
	均方根值	0.016	0.019	0.022	0.027	0.031	0.026	0.024	0.023	0.019	0.017	0.015	0.014	0.015
W5	最大值	0.060	0.090	0.086	0.116	0.138	0.120	0.113	0.095	0.097	0.078	0.081	0.064	0.068
	均方根值	0.016	0.015	0.019	0.022	0.026	0.024	0.021	0.018	0.017	0.015	0.012	0.013	0.015
W6	最大值	0.048	0.072	0.079	0.094	0.121	0.109	0.090	0.076	0.082	0.067	0.068	0.070	0.054
	均方根值	0.013	0.014	0.018	0.021	0.020	0.022	0.019	0.018	0.016	0.014	0.014	0.012	0.013
W7	最大值	0.085	0.097	0.075	0.146	0.122	0.127	0.122	0.106	0.090	0.077	0.065	0.073	0.076
	均方根值	0.017	0.016	0.021	0.027	0.030	0.026	0.024	0.021	0.018	0.016	0.015	0.013	0.014

表3－30　卷扬机启闭门后通气正常运行工况关门过程中闸门动位移

（单位：mm）

测点编号	特征值	开度区间/m												
		0～1	1～2	2～4	4～5	5～7	7～9	9～11	11～12	12～14	14～16	16～18	18～20	20～21
W1	最小值	0.345	0.654	0.583	0.536	0.634	0.562	0.485	0.433	0.404	0.369	0.287	0.224	0.284
	均方根值	0.105	0.208	0.157	0.169	0.175	0.164	0.132	0.101	0.090	0.077	0.060	0.058	63.000
W2	最小值	0.410	0.676	0.619	0.507	0.656	0.585	0.526	0.421	0.397	0.307	0.302	0.248	0.222
	均方根值	0.124	0.218	0.161	0.164	0.210	0.172	0.128	0.086	0.093	0.070	0.063	0.065	0.069
W3	最小值	0.042	0.089	0.094	0.107	0.135	0.120	0.113	0.110	0.087	0.062	0.068	0.074	0.047
	均方根值	0.015	0.190	0.021	0.024	0.026	0.026	0.022	0.018	0.016	0.016	0.014	0.015	0.013
W4	最小值	0.074	0.138	0.101	0.125	0.128	0.113	0.102	0.078	0.069	0.075	0.090	0.076	0.075
	均方根值	0.021	0.027	0.022	0.025	0.026	0.024	0.021	0.020	0.019	0.016	0.015	0.014	0.014
W5	最小值	0.076	0.133	0.102	0.123	0.132	0.116	0.090	0.080	0.076	0.072	0.082	0.076	0.079
	均方根值	0.019	0.026	0.020	0.021	0.024	0.022	0.018	0.018	0.016	0.017	0.014	0.013	0.014
W6	最小值	0.061	0.116	0.082	0.093	0.106	0.092	0.094	0.075	0.064	0.075	0.063	0.067	0.066
	均方根值	0.017	0.022	0.017	0.019	0.020	0.019	0.018	0.019	0.016	0.014	0.015	0.014	0.013
W7	最小值	0.053	0.077	0.103	0.092	0.117	0.140	0.117	0.103	0.075	0.064	0.076	0.070	0.068
	均方根值	0.013	0.016	0.019	0.023	0.026	0.027	0.022	0.018	0.019	0.017	0.015	0.014	0.015

表 3-31 卷扬机启闭门后通气正常运行工况开门过程中闸门动位移

（单位：mm）

测点编号	特征值	开度区间/m												
		0~1	1~2	2~4	4~5	5~7	7~9	9~11	11~12	12~14	14~16	16~18	18~20	20~21
W1	最小值	0.331	0.428	0.445	0.688	0.617	0.629	0.428	0.411	0.391	0.342	0.357	0.295	0.243
	均方根值	0.087	0.123	0.145	0.171	0.198	0.186	0.124	0.116	0.092	0.075	0.063	0.064	0.062
W2	最小值	0.409	0.396	0.456	0.644	0.706	0.656	0.449	0.435	0.419	0.352	0.383	0.278	0.210
	均方根值	0.102	0.108	0.124	0.187	0.201	0.195	0.130	0.108	0.109	0.080	0.072	0.061	0.057
W3	最小值													
	均方根值													
W4	最小值	0.062	0.076	0.108	0.115	0.143	0.122	0.094	0.116	0.090	0.077	0.070	0.067	0.068
	均方根值	0.018	0.016	0.023	0.025	0.028	0.026	0.024	0.022	0.019	0.016	0.017	0.014	0.015
W5	最小值	0.071	0.078	0.084	0.111	0.123	0.093	0.087	0.098	0.082	0.096	0.061	0.078	0.071
	均方根值	0.016	0.015	0.019	0.024	0.026	0.023	0.019	0.017	0.016	0.015	0.014	0.013	0.015
W6	最小值	0.053	0.060	0.072	0.091	0.111	0.101	0.091	0.096	0.083	0.072	0.065	0.062	0.073
	均方根值	0.014	0.015	0.017	0.018	0.022	0.019	0.017	0.018	0.017	0.015	0.014	0.015	0.012
W7	最小值	0.080	0.050	0.083	0.097	0.133	0.130	0.110	0.097	0.069	0.059	0.093	0.072	0.064
	均方根值	0.017	0.015	0.018	0.025	0.028	0.026	0.022	0.020	0.019	0.017	0.014	0.015	0.015

表3-32　卷扬机启闭门后不通气正常运行工况关门过程中闸门动应力

（单位：MPa）

测点编号	特征值	开度区间/m												
		0~1	1~2	2~4	4~5	5~7	7~9	9~11	11~12	12~14	14~16	16~18	18~20	20~21
Y1	最大值	1.493	1.512	1.547	2.152	2.216	1.684	1.946	0.887	1.154	0.856	0.741	0.764	0.745
Y2	最大值	1.212	1.201	1.747	2.252	3.570	2.594	1.894	1.812	1.424	1.215	1.097	1.211	1.165
Y3	最大值	1.187	1.356	2.024	2.023	1.758	1.947	1.785	1.212	0.878	0.778	0.824	0.840	0.711
Y4	最大值	0.578	0.756	1.781	1.989	2.063	1.565	1.640	1.151	0.962	0.859	0.990	0.811	0.683
Y5	最大值	0.591	0.837	1.263	1.157	1.384	1.606	1.393	0.967	1.009	0.626	0.675	0.433	0.635
Y6	最大值	0.607	0.795	0.858	0.940	1.441	1.385	1.064	0.706	0.519	0.510	0.581	0.483	0.710
Y7	最大值	0.791	0.837	1.137	1.157	1.284	0.876	0.793	0.542	0.509	0.416	0.475	0.493	0.435
Y8	最大值	0.657	0.574	1.108	1.047	0.986	0.543	0.570	0.579	0.532	0.529	0.405	0.412	0.487
Y9	最大值	0.676	0.581	0.988	0.982	1.534	0.684	0.544	0.521	0.412	0.357	0.358	0.402	0.436

表3-33　卷扬机启闭门后不通气正常运行工况开门过程中闸门动应力

（单位：MPa）

测点编号	特征值	开度区间/m												
		0~1	1~2	2~4	4~5	5~7	7~9	9~11	11~12	12~14	14~16	16~18	18~20	20~21
Y1	最大值	1.604	1.620	1.698	2.541	2.302	2.678	2.104	1.245	1.247	0.985	0.768	0.779	0.805
Y2	最大值	1.256	1.214	2.754	3.378	3.754	2.257	2.144	1.214	1.348	0.945	0.754	0.662	0.856
Y3	最大值	0.991	1.377	1.432	1.872	2.104	2.211	1.621	1.210	0.914	0.765	0.623	0.502	0.641
Y4	最大值	0.452	0.748	0.895	1.885	2.312	1.947	1.748	1.359	0.751	0.642	0.494	0.457	0.462
Y5	最大值	0.601	0.922	1.232	1.421	1.396	1.478	1.357	0.967	0.875	0.626	0.521	0.374	0.487
Y6	最大值	0.712	0.789	0.992	1.457	1.342	1.376	1.151	1.243	0.612	0.524	0.572	0.465	0.752
Y7	最大值	0.784	0.821	1.201	1.103	1.287	0.862	0.678	0.465	0.512	0.436	0.464	0.472	0.424
Y8	最大值	0.685	0.948	1.118	1.546	1.373	0.655	0.589	0.576	0.467	0.455	0.501	0.486	0.473
Y9	最大值	0.637	0.675	0.997	1.125	1.524	0.741	0.601	0.510	0.482	0.463	0.436	0.391	0.542

表 3－34　卷扬机启闭门后通气正常运行工况关门过程中闸门动应力

（单位：MPa）

测点编号	特征值	开度区间/m												
		0～1	1～2	2～4	4～5	5～7	7～9	9～11	11～12	12～14	14～16	16～18	18～20	20～21
Y1	最大值	1.254	1.352	1.903	1.867	1.793	1.652	1.656	1.241	0.802	0.824	0.658	0.612	0.633
Y2	最大值	2.142	2.347	1.929	2.125	1.924	2.104	1.874	1.799	1.413	1.258	0.995	0.894	0.876
Y3	最大值	1.762	2.113	1.658	2.079	0.183	1.756	1 586	1.572	1.325	1.142	0.821	0.714	0.725
Y4	最大值	1.654	2.023	1.486	1.467	1.875	1.742	1.601	1.128	0.743	0.725	0.689	0.647	0.658
Y5	最大值													
Y6	最大值	1.203	1.225	1.182	1.019	1.006	1.153	1.081	0.657	0.652	0.422	0.482	0.475	0.486
Y7	最大值	0.948	1.296	1.179	1.12	1.178	0.921	0.713	0.542	0.586	0.502	0.435	0.478	0.413
Y8	最大值	1.107	1.115	0.942	1.083	0.956	0.713	0.624	0.533	0.507	0.425	0.405	0.398	0.445
Y9	最大值	2.322	1.534	1.214	1.129	0.946	0.723	0.645	0.417	0.426	0.389	0.378	0.437	0.431

表 3－35　卷扬机启闭门后通气正常运行工况开门过程中闸门动应力

（单位：MPa）

测点编号	特征值	开度区间/m												
		0～1	1～2	2～4	4～5	5～7	7～9	9～11	11～12	12～14	14～16	16～18	18～20	20～21
Y1	最大值	1.32	1.413	1.385	2.089	1.958	1.712	1.743	1.014	0.895	0.824	0.745	0.648	0.694
Y2	最大值	1.185	1.194	1.652	2.567	2.448	2.373	1.954	1.814	1.302	1.315	1.186	1.134	1.257
Y3	最大值	1.246	1.267	1.854	1.935	2.213	1.621	1.617	1.725	1.314	1.056	0.867	0.758	0.682
Y4	最大值	0.665	1.087	1.652	2.151	1.898	1.526	1.547	1.005	0.785	0.778	0.81	0.761	0.714
Y5	最大值	0.647	0.942	1.089	1.462	1.476	1.423	1.255	1.107	0.801	0.785	0.622	0.414	0.536
Y6	最大值	0.651	0.656	1.034	1.250	1.287	1.175	0.978	0.742	0.501	0.489	0.496	0.513	0.524
Y7	最大值	0.687	0.798	0.986	1.079	1.254	0.946	0.752	0.516	0.541	0.483	0.457	0.432	0.418
Y8	最大值	0.558	0.546	0.875	1.158	1.079	0.685	0.601	0.546	0.513	0.498	0.395	0.437	0.541
Y9	最大值	0.472	0.522	0.786	0.903	1.234	0.645	0.624	0.467	0.435	0.408	0.412	0.389	0.385

表 3-36　卷扬机启闭门后不通气正常运行工况关门过程中闸门振动加速度

（单位：m/s^2）

测点编号	特征值	开度区间/m												
		0 ~ 1	1 ~ 2	2 ~ 4	4 ~ 5	5 ~ 7	7 ~ 9	9 ~ 11	11 ~ 12	12 ~ 14	14 ~ 16	16 ~ 18	18 ~ 20	20 ~ 21
A1	均方根值	0.45	0.70	0.72	1.05	0.98	1.01	0.88	0.60	0.92	0.89	0.84	0.73	0.30
A2	均方根值	0.30	0.30	0.70	1.17	1.22	0.92	0.73	0.57	1.10	0.98	0.92	0.70	0.31
A3	均方根值	0.16	0.19	0.27	0.27	0.30	0.17	0.21	0.22	0.16	0.16	0.13	0.10	0.04
A4	均方根值	0.32	0.25	0.27	0.38	0.49	0.21	0.16	0.17	0.16	0.18	0.18	0.13	0.10
A5	均方根值	0.16	0.20	0.19	0.23	0.26	0.22	0.17	0.15	0.11	0.13	0.13	0.11	0.08
A6	均方根值	0.08	0.08	0.14	0.12	0.13	0.11	0.16	0.13	0.14	0.15	0.14	0.12	0.09
A7	均方根值	0.17	0.14	0.18	0.24	0.23	0.15	0.13	0.14	0.11	0.10	0.07	0.06	0.06

表 3-37　卷扬机启闭门后不通气正常运行工况开门过程中闸门振动加速度

（单位：m/s^2）

测点编号	特征值	开度区间/m												
		0 ~ 1	1 ~ 2	2 ~ 4	4 ~ 5	5 ~ 7	7 ~ 9	9 ~ 11	11 ~ 12	12 ~ 14	14 ~ 16	16 ~ 18	18 ~ 20	20 ~ 21
A1	均方根值													
A2	均方根值	0.58	0.67	1.20	0.96	0.97	0.99	0.85	0.71	0.69	0.67	0.72	0.79	0.34
A3	均方根值	0.21	0.17	0.25	0.18	0.25	0.19	0.13	0.12	0.11	0.09	0.10	0.10	0.05
A4	均方根值	0.17	0.20	0.28	0.31	0.36	0.28	0.25	0.19	0.16	0.13	0.15	0.16	0.14
A5	均方根值	0.15	0.19	0.18	0.22	0.24	0.15	0.10	0.08	0.06	0.09	0.08	0.08	0.09
A6	均方根值	0.13	0.14	0.13	0.11	0.10	0.09	0.07	0.07	0.07	0.07	0.08	0.09	0.07
A7	均方根值	0.14	0.15	0.17	0.13	0.10	0.10	0.09	0.09	0.09	0.11	0.08	0.07	0.06

表 3-38　卷扬机启闭门后通气正常运行工况关门过程中闸门振动加速度

（单位：m/s^2）

测点编号	特征值	开度区间/m												
		0~1	1~2	2~4	4~5	5~7	7~9	9~11	11~12	12~14	14~16	16~18	18~20	20~21
A1	均方根值													
A2	均方根值	0.45	0.85	0.91	1.10	1.16	1.11	0.81	0.59	0.59	0.90	0.96	0.76	0.53
A3	均方根值	0.14	0.18	0.19	0.21	0.17	0.16	0.15	0.11	0.11	0.12	0.13	0.11	0.07
A4	均方根值	0.25	0.31	0.25	0.43	0.41	0.19	0.21	0.20	0.19	0.17	0.18	0.15	0.11
A5	均方根值	0.17	0.18	0.17	0.27	0.23	0.15	0.15	0.13	0.14	0.11	0.12	0.10	0.09
A6	均方根值	0.11	0.13	0.13	0.15	0.14	0.12	0.11	0.10	0.10	0.09	0.07	0.06	0.05
A7	均方根值	0.21	0.17	0.23	0.18	0.19	0.19	0.13	0.12	0.11	0.07	0.05	0.05	0.04

表 3-39　卷扬机启闭门后通气正常运行工况开门过程中闸门振动加速度

（单位：m/s^2）

测点编号	特征值	开度区间/m												
		0~1	1~2	2~4	4~5	5~7	7~9	9~11	11~12	12~14	14~16	16~18	18~20	20~21
A1	均方根值													
A2	均方根值	0.37	0.53	0.55	0.87	1.25	1.07	0.89	0.82	0.74	0.75	0.83	0.64	0.51
A3	均方根值	0.15	0.13	0.15	0.13	0.21	0.19	0.15	0.13	0.09	0.09	0.11	0.08	0.07
A4	均方根值	0.18	0.17	0.27	0.33	0.29	0.28	0.22	0.17	0.16	0.16	0.16	0.15	0.13
A5	均方根值	0.13	0.14	0.19	0.20	0.23	0.18	0.14	0.15	0.11	0.12	0.09	0.10	0.10
A6	均方根值	0.14	0.12	0.13	0.11	0.11	0.10	0.09	0.08	0.08	0.08	0.08	0.07	0.06
A7	均方根值	0.17	0.14	0.16	0.12	0.13	0.12	0.11	0.11	0.12	0.14	0.10	0.08	0.07

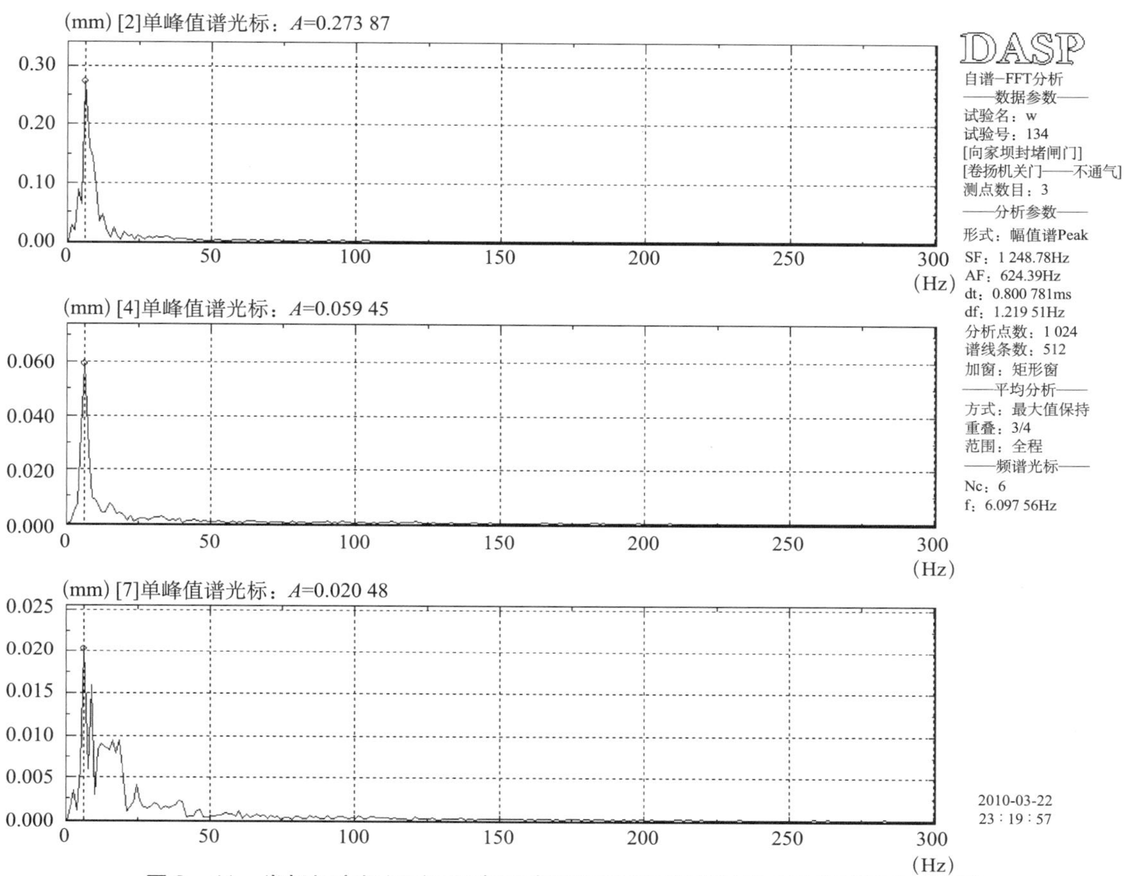

图 3－41　卷扬机启闭门后不通气正常运行工况下关门过程中动位移测点功率谱
（从上到下依次为 W2、W4、W7 测点）

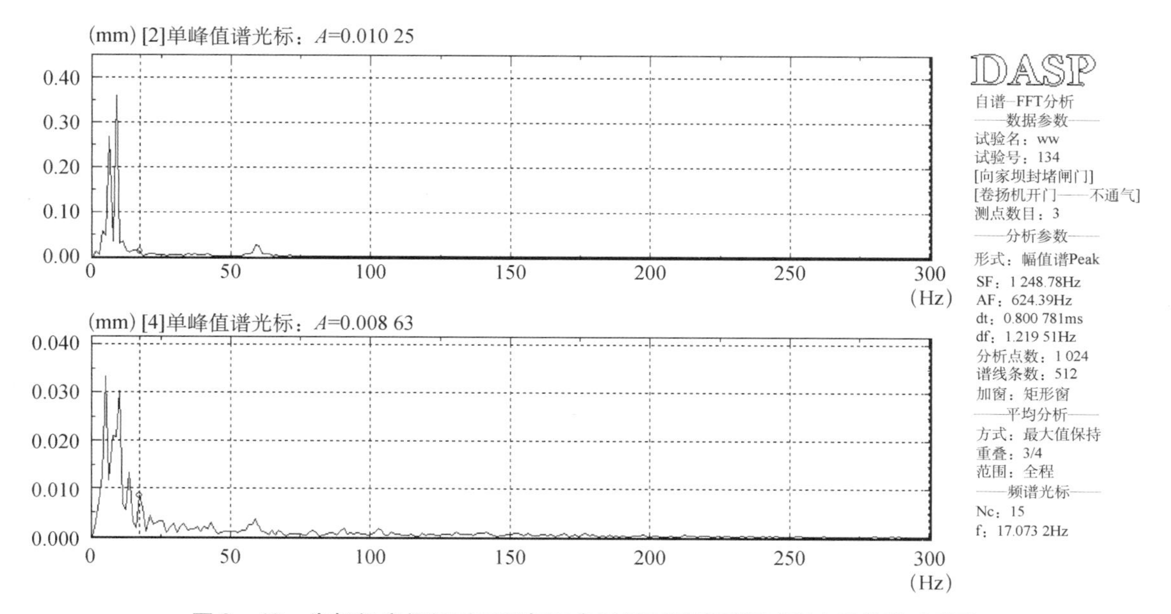

图 3－42　卷扬机启闭门后不通气正常运行工况下开门过程中动位移功率谱

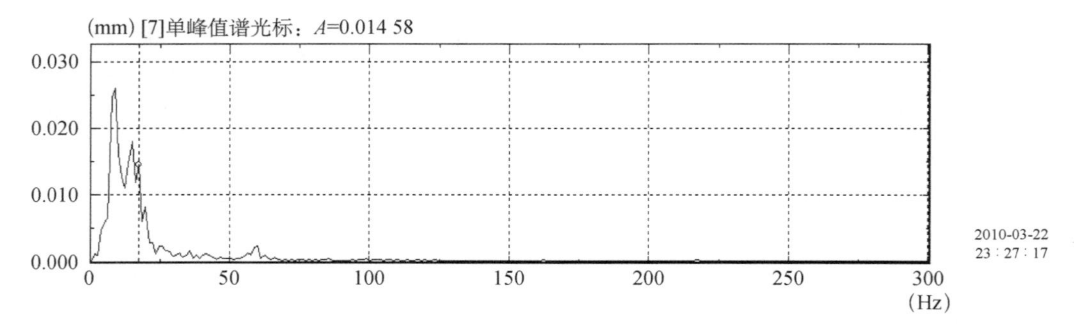

图3－42　卷扬机启闭门后不通气正常运行工况下开门过程中动位移功率谱（续）
（从上到下依次为W2、W4、W7测点）

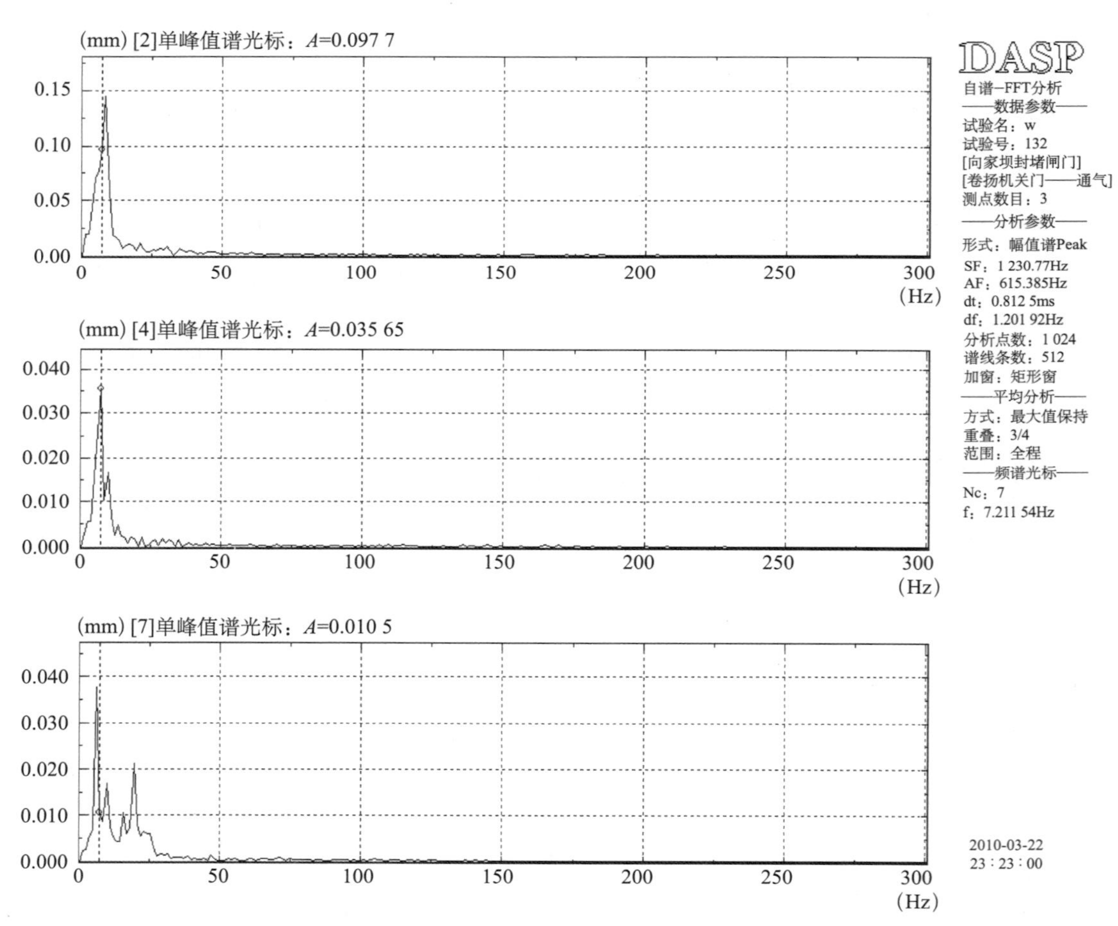

图3－43　卷扬机启闭门后通气正常运行工况下关门过程中动位移功率谱
（从上到下依次为W2、W4、W7测点）

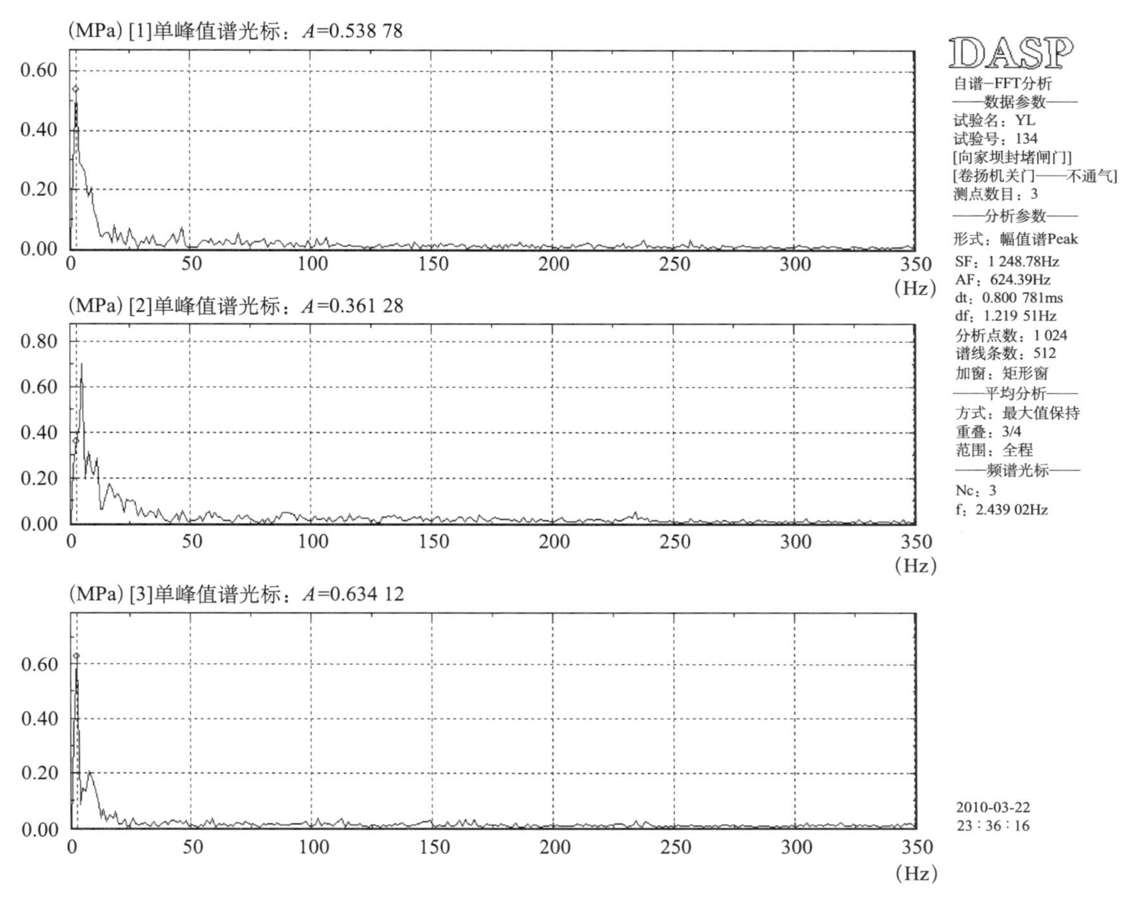

图 3－44　卷扬机启闭门后不通气正常运行工况下关门过程中动应力功率谱
（从上到下依次为 Y1、Y2、Y3 测点）

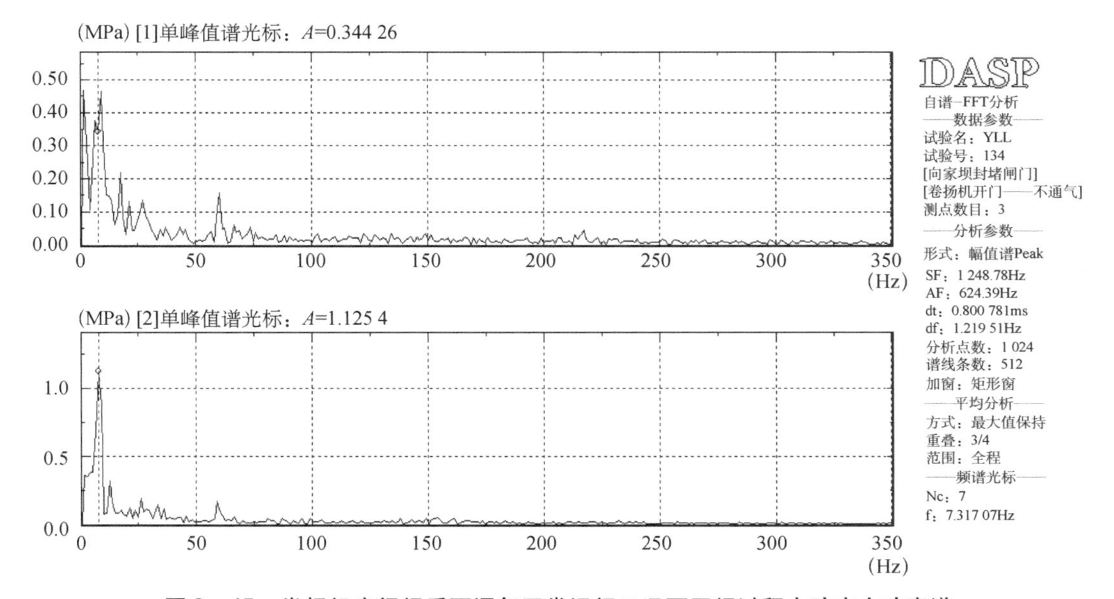

图 3－45　卷扬机启闭门后不通气正常运行工况下开门过程中动应力功率谱

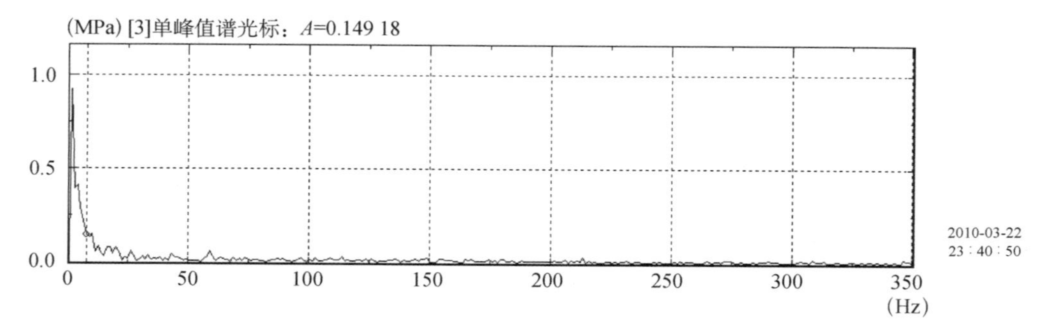

图3－45 卷扬机启闭门后不通气正常运行工况下开门过程中动应力功率谱（续）
（从上到下依次为Y1、Y2、Y3测点）

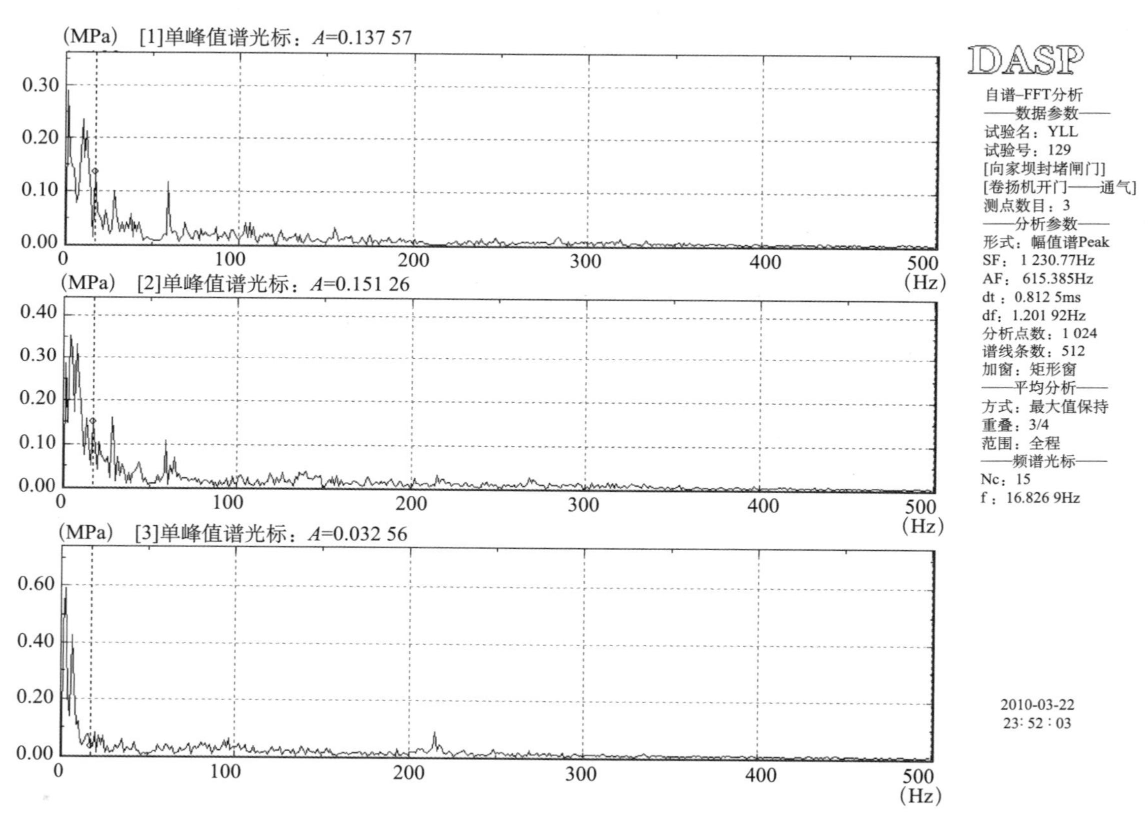

图3－46 卷扬机启闭门后通气正常运行工况下开门过程中动应力功率谱
（从上到下依次为Y1、Y2、Y3测点）

（5）卷扬启闭条件下，门后不通气，第1节闸门主横梁下游面跨中的最大弯曲应力为3.754MPa，通气后降为2.567MPa，闸门其他节的应力都比第1节的小，闸门结构也是动力安全的。

（6）闸门模型振动加速度的大能量频率都在200Hz以上，而动应力的大能量频率都在100Hz以下，振动加速度产生的动应力非常小，但长期作用会造成螺栓松动。

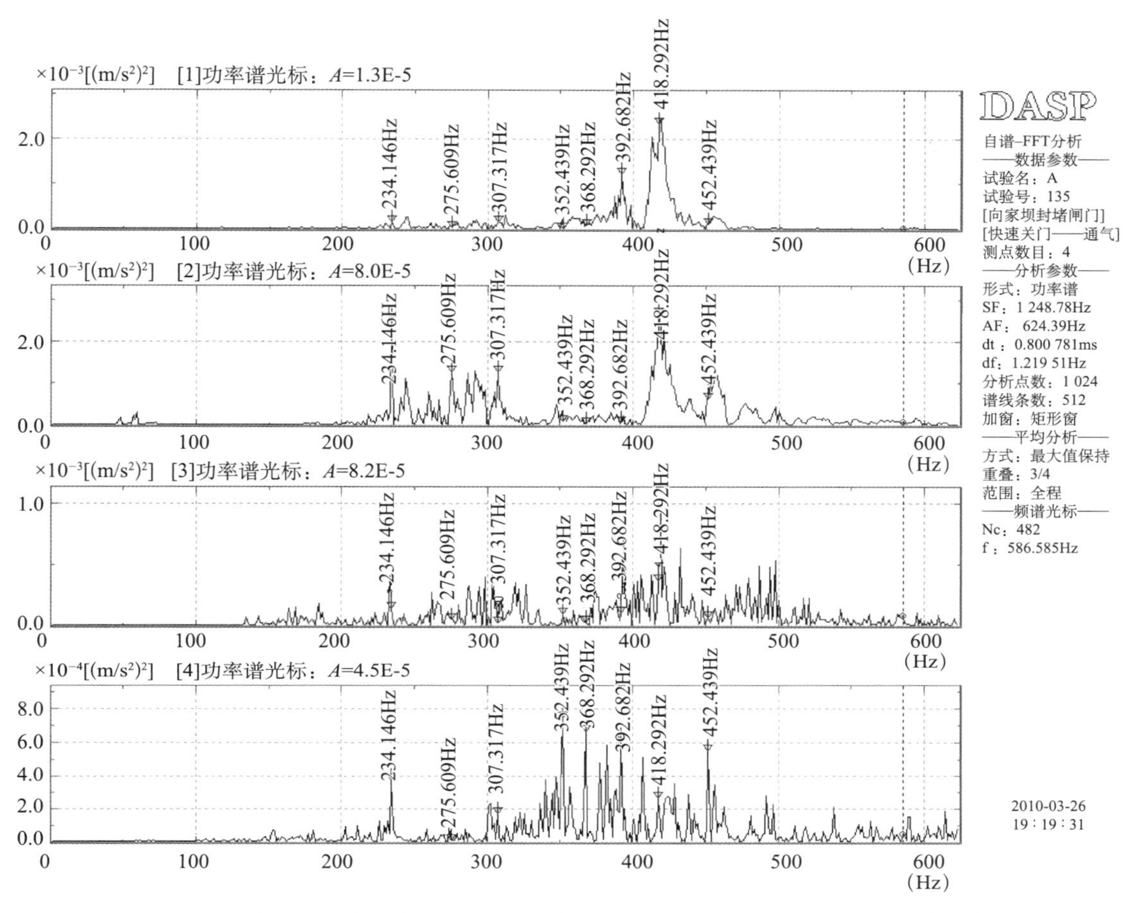

图 3－47　卷扬机启闭门后不通气正常运行工况下关门过程中测点振动加速度功率谱

（从上到下依次为 A1、A2、A3、A4 测点，图中标识应为不通气）

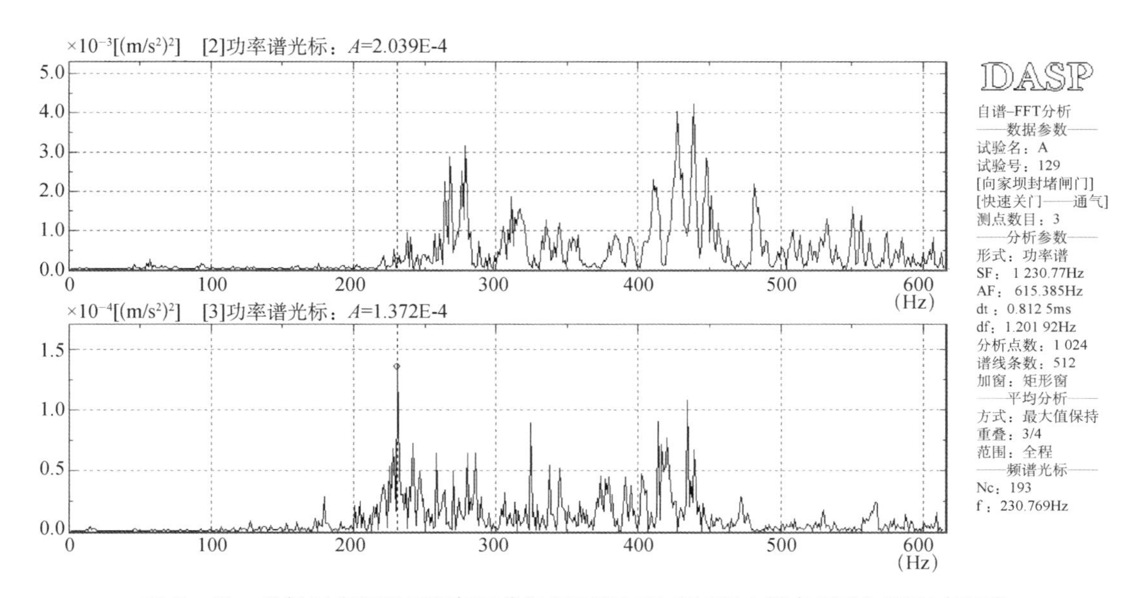

图 3－48　卷扬机启闭门后通气正常运行工况下关门过程中测点振动加速度功率谱

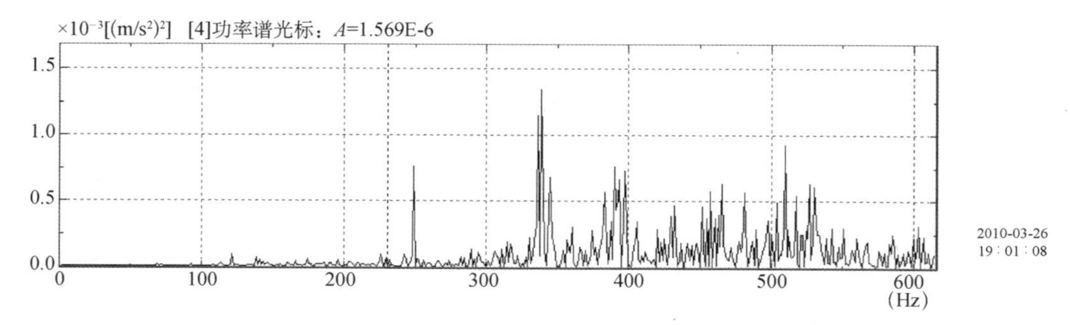

图3-48　卷扬机启闭门后通气正常运行工况下关门过程中测点振动加速度功率谱（续）
（从上到下依次为A2、A3、A4测点）

（7）在液压启闭门后不通气条件下，闸门的竖向振动位移只有1.04mm，其他工况的更小。闸门整体的竖向动位移不仅取决于底缘脉动压力的大小，还受到闸门滑道摩擦力和止水摩擦力的制约，闸门的竖向振动位移很小，与总摩擦力大有关。

第 4 章　钢绞线液压提升装置设计及安全性研究

4.1　方案概述

经过多次会议研讨之后，初步拟定 1 ~5 号导流底孔封堵闸门采用液压提升装置下放方案，在 1 ~5 号导流底孔封堵闸门启闭时，采用液压提升装置下放施工。

4.2　研究内容

4.2.1　研究的必要性

钢绞线液压提升装置在建筑工程、桥梁工程和大型机电设备安装工程中有着广泛的应用，如：通过液压提升装置的有序组合使用，成功地将首都 A380 等万吨结构整体同步提升到位，创下了很多项提升之最；苏通大桥建设工程中，使用多门朗液压提升系统，实现了 5 800t 钢吊箱吊装下放及精确定位；魏桥一电 4 ×330MW 燃煤机组亚临界自然循环锅炉汽包安装工程中，采用在锅炉炉顶布置 2 台 200t 钢索式液压提升装置，实现了 173t 汽包的吊装；福建漳州后石电厂 6 ×600MW 机组安装工程中，采用钢索液压提升装置将 412t 发电机定子吊装超过 14. 2m 平台后平移就位；山西神头二电站 2 ×500MW 机组安装工程中，采用钢索液压提升装置将 1 650t/h 塔式炉钢顶棚（重 630t）及炉顶吊组合件分 3 次从 0m 提升到 42. 5m、66. 77m、115m 标高位置，就位前加接安装端梁，重达 710t，一次就位；上海证券大厦钢结构天桥长 63m、高 27. 65m、宽 13. 65m，总重 1 248t，通过使用钢索液压提升装置，将钢结构天桥整体连续提升 77m 后，8 个点空中对接就位，就位误差仅为 ±3mm。

综合诸多工程应用，钢绞线液压提升装置应用有如下特点：

（1）钢绞线液压提升载荷几乎为恒载，提升过程中没有载荷的剧烈变化。液压提升技术主要用于大型结构整体同步提升，在提升的过程中，提升载荷恒定不变，即使考虑动载，也因其提升加速度缓慢而忽略不计。

（2）钢绞线液压提升施工多为陆上施工，很少涉及水上施工。即使在水上施工，也因其水流速度缓慢，对下放过程影响小而予以忽略。苏通大桥 5 800t 钢吊箱下放工程就是一个比较典型的水上施工的实例。

（3）液压提升钢绞线在施工工程中经常是一次性使用，重复使用时应根据相关规范试验后使用。

综上所述，闸门水上下放为恒载下放，与陆上施工无异；水中下放，载荷变化缓慢，与桥梁转体施工的载荷变化一样；而闭门下放与调整，因其载荷变化剧烈，对钢绞线液压提升装置的适应性能提出了很高的要求，有必要对其安全性与可靠性作深入研究。

4.2.2 研究的边界条件

1. 导流底孔闸门操作技术特性

采用液压提升系统进行下闸时，按5m/h计算，封堵闸门从高程305m下降至高程260m历时约9h。当闸门下降至高程280m时，开始进行闸门封堵，水库开始蓄水。正常情况下，1～5号底孔封堵闸门的封堵时间为4h，其闸门操作技术特性参数见表4－1。

表4－1 导流底孔闸门操作技术特性参数 （单位：m）

序号	孔口尺寸（宽×高）	底板高程	下闸前水头	下闸9h后最高水头	最大挡水水头	下闸时间
1～5号底孔封堵闸门	10.0×21.0	260.00	35.59	46.43	100.00	2012年10月上旬
6号底孔工作闸门	10.0×14.0	260.00	67.78	72.93		1～5号底孔封堵完毕，库水位上升至310.00m以上时
6号底孔事故挡水闸门	10.0×21.0	260.00		72.93	100.00	6号底孔工作闸门下闸完成后

2. 导流底孔封堵闸门不同工况、操作水头和开度所对应的荷载

根据设计和规范要求，闸门支撑滑块与门槽埋件上的1Cr18Ni9Ti不锈钢轨头的摩擦系数取值为0.12。1～5号底孔封堵闸门的启闭力与闸门底缘位置、水库上游蓄水位的关系见表4－2、表4－3。

表4－2计算数据表明，当上游蓄水位达到310m，且闸门底缘达到底槛高程260.00m时，启门力达到2 188t，当启闭机容量为4×560t＝2 240t，上游水位在高程310m以下时，1～5号导流底孔能满足单孔复提要求。同时表4－3中数据表明，启闭力随着闸门底缘位置而变化，闸门底缘位置上升时启闭力下降。表4－3数据表明，上游水位在高程325m以下时，1～5号导流底孔能满足单孔闭门要求。

3. 闸门动水力学特性

闸门底缘在门楣、底槛之间，启闭荷载变化很大。水力学试验表明：各种试验条件下闸门上下游面的脉动压力大能量频率都远小于闸门的自振频率，不会发生共振；竖向脉动压力的优势频率小于1Hz，闸门竖向质量振动频率为2Hz左右，也不会发生共振。在液压启闭门后不通气条件下，闸门的竖向振动位移只有1.04mm，其他工况的更小。闸门整体的竖向动位移不仅取决于底缘脉动压力的大小，还受到闸门滑道摩擦力和止水摩擦力的制约，闸门的竖向振动位移很小，与总摩擦力大有关。

4. 导流底孔闸门施工要求

6个导流底孔下闸封堵的操作程序与卷扬机方案基本相同。在1~5号导流底孔下闸封堵后，6号导流底孔还要承担继续向下游控制流量供水的任务，在水库水位达到310.50m时，下闸封堵6号导流底孔，闸门最大动水操作水头达到50.50m。

由于孔口尺寸大、操作水头高，总水压力大，可研究在招标阶段，从降低工程风险，保证导流封堵的可靠性考虑，6号导流底孔采用两道闸门联合完成封堵及挡水任务的方案：在进口和出口部位各设置一道闸门，出口闸门按工作闸门工况设计，承担封堵水头下的动水闭门工作。进口闸门按事故挡水闸门工况设计，承担最大挡水水头。

封堵时，先操作出口工作闸门动水闭门，完成后紧接着操作进口事故挡水闸门下闸封堵孔口，接替出口工作闸门挡水。当出口工作闸门一次下闸成功，进口事故挡水闸门则实施静水下闸；如遇意外情况工作闸门没有顺利封闭孔口，进口事故挡水闸门则按事故工况动水下闸。

4.2.3　研究的具体内容

1. 钢绞线液压提升装置布置与钢架支撑系统力学分析

根据6个导流底孔下闸封堵过程中的受力大小，来选择不同型号的钢绞线液压提升装置。选择时，充分考虑钢绞线液压提升装置的特性，合理储备一定的安全系数。采用液压提升系统进行下闸时，按5m/h计算，选择好配套的液压泵站。

根据提升装置及泵站大小，在塔顶上合理放置。提升装置的位置是塔架整体受力的依据，因而布置还要考虑塔架受力的合理性。

塔架是整个体系的受力支撑系统，设计时不仅要考虑受力的安全性，还要考虑塔架安装和拆卸的方便性，使整个受力体系既安全又方便。根据施工工况，对塔架进行力学分析是确保受力体系安全的关键。

钢绞线是承重的关键，钢绞线在施工过程中的保护至关重要，如何解决较长钢绞线无损缠绕，也是这一部分的研究工作。

除此之外，还要认真解决好钢绞线与闸门之间的连接问题，确保连接结构在载荷剧烈变化的过程中安全可靠。

2. 钢绞线液压提升装置安全性能分析与试验

钢绞线液压提升装置是一套计算机控制的液压同步系统，涉及电控、机械和液压三个方面的技术，相对比较复杂，其安全性能取决于很多环节。为了确保钢绞线液压提升装置在封堵门闸门启闭工程中的可靠使用，需按表4-4进行全方位的试验。

表 4－2　导流底孔封堵闸门启门力

（单位：t）

上游水位高程/m		闸门底缘高程/m																						
		260	261	262	263	264	265	266	267	268	269	270	271	272	273	274	275	276	277	278	279	280	281	282
门楣以上	335	3 459	3 408	3 358	3 307	3 256	3 205	3 154	3 103	3 053	3 002	2 951	2 900	2 849	2 798	2 748	2 697	2 646	2 595	2 544	2 493	2 443	2 392	2 341
	330	3 205	3 154	3 103	3 053	3 002	2 951	2 900	2 849	2 798	2 748	2 697	2 646	2 595	2 544	2 493	2 443	2 392	2 341	2 290	2 239	2 188	2 138	2 087
	325	2 951	2 900	2 849	2 798	2 748	2 697	2 646	2 595	2 544	2 493	2 443	2 392	2 341	2 290	2 239	2 188	2 138	2 087	2 036	1 985	1 934	1 883	1 833
	320	2 697	2 646	2 595	2 544	2 493	2 443	2 392	2 341	2 290	2 239	2 188	2 138	2 087	2 036	1 985	1 934	1 883	1 833	1 782	1 731	1 680	1 629	1 578
	315	2 443	2 392	2 341	2 290	2 239	2 188	2 138	2 087	2 036	1 985	1 934	1 883	1 833	1 782	1 731	1 680	1 629	1 578	1 528	1 477	1 426	1 375	1 324
	310	2 188	2 138	2 087	2 036	1 985	1 934	1 883	1 833	1 782	1 731	1 680	1 629	1 578	1 528	1 477	1 426	1 375	1 324	1 273	1 223	1 172	1 121	1 070
	305	1 934	1 883	1 833	1 782	1 731	1 680	1 629	1 578	1 528	1 477	1 426	1 375	1 324	1 273	1 223	1 172	1 121	1 070	1 019	968	918	867	816
	300	1 680	1 629	1 578	1 528	1 477	1 426	1 375	1 324	1 273	1 223	1 172	1 121	1 070	1 019	968	918	867	816	765	723	698	673	650
	295	1 426	1 375	1 324	1 273	1 223	1 172	1 121	1 070	1 019	968	918	867	816	765	723	698	673	650	628	608	588	570	553
	290	1 172	1 121	1 070	1 019	968	918	867	816	765	714	698	673	650	628	608	588	570	553	538	524	510	499	488
门楣以下	280	698	673	650	628	608	588	570	553	538	524	510	499	488	479	470	464	458	454	450	449			
	278	536	536	536	536	536	536	536	536	536	536	536	536	536	536	536	536	536	536					
	276	535	535	535	535	535	535	535	535	535	535	535	535	535	535	535	535							
	274	534	534	534	534	534	534	534	534	534	534	534	534	534	534									
	272	533	533	533	533	533	533	533	533	533	533	533	533											
	270	532	532	532	532	532	532	532	532	532	532	532												
	268	531	531	531	531	531	531	531	531	531														

表 4 -3　导流底孔封堵闸门闭门持住力

（单位：t）

上游水位高程/m		闸门底缘高程/m																						
		260	261	262	263	264	265	266	267	268	269	270	271	272	273	274	275	276	277	278	279	280	281	282
门楣以上	335	-3.8	-1.2	1.36	3.94	6.52	9.1	11.7	14.3	16.8	19.4	22	24.6	27.2	29.7	32.3	34.9	37.5	40	42.6	45.2	47.8	50.4	52.9
	330	9.1	11.7	14.3	16.8	19.4	22	24.6	27.2	29.7	32.3	34.9	37.5	40	42.6	45.2	47.8	50.4	52.9	55.5	58.1	60.7	63.3	65.8
	325	22	24.6	27.2	29.7	32.3	34.9	37.5	40	42.6	45.2	47.8	50.4	52.9	55.5	58.1	60.7	63.3	65.8	68.4	71	73.6	76.2	78.7
	320	34.9	37.5	40	42.6	45.2	47.8	50.4	52.9	55.5	58.1	60.7	63.3	65.8	68.4	71	73.6	76.2	78.7	81.3	83.9	86.5	89.1	91.6
	315	47.8	50.4	52.9	55.5	58.1	60.7	63.3	65.8	68.4	71	73.6	76.2	78.7	81.3	83.9	86.5	89.1	91.6	94.2	96.8	99.4	102	105
	310	60.7	63.3	65.8	68.4	71	73.6	76.2	78.7	81.3	83.9	86.5	89.1	91.6	94.2	96.8	99.4	102	105	107	110	112	115	117
	305	73.6	76.2	78.7	81.3	83.9	86.5	89.1	91.6	94.2	96.8	99.4	102	105	107	110	112	115	117	120	123	125	128	130
	300	86.5	89.1	91.6	94.2	96.8	99.4	102	105	107	110	112	115	117	120	123	125	128	130	133	145	170	195	218
	295	99.4	102	105	107	110	112	115	117	120	123	125	128	130	133	145	170	195	218	240	260	280	298	315
	290	112	115	117	120	123	125	128	130	133	135	170	195	218	240	260	280	298	315	330	344	358	369	380
	285	125	128	130	133	145	170	195	218	240	260	280	298	315	330	344	358	369	380	389	398	404	410	414
门楣以下	280	170	195	218	240	260	280	298	315	330	344	358	369	380	389	398	404	410	414	418	419			
	278	218	240	260	280	298	315	330	344	358	369	380	389	398	404	410	414	418	419					
	276	260	280	298	315	330	344	358	369	380	389	398	404	410	414	418	419							
	274	298	315	330	344	358	369	380	389	398	404	410	414	418	419									
	272	330	344	358	369	380	389	398	404	410	414	418	419											
	270	358	369	380	389	398	404	410	414	418	419	420												
	268	380	389	398	404	410	414	418	419	420														

表 4－4　钢绞线液压提升装置安全性能试验项目

序号	试验项目	试验目的	备注
1	钢绞线抗拉试验	钢绞线极限强度	
2	钢绞线损伤试验	钢绞线重复使用（闸门复提）	
3	锚夹片角度试验	脱锚性能	
4	锚夹片齿形试验	夹紧性能	
5	钢绞线与锚夹片承载试验	轻载夹紧性能	
6	上下锚具锚夹片均载试验	群锚载荷均衡性能	
7	上下锚具耐污试验	铁锈等异物对锚固性能的影响	
8	P 型锚承载试验	解决与闸门的连接问题	
9	提升油缸对拉试验	提升油缸整体承载能力	
10	提升油缸保压试验	检查油缸内泄漏	
11	提升油缸液压保护功能试验	检查超载和油管破裂保护功能	
12	泵站下降保护专用模块试验	增强下降保护	
13	泵站下降散热试验	解决下降散热问题	
14	网络通信容错试验	解决工地可能碰到的问题	
15	主控系统热备份试验	提高主控系统的可靠性	

3. 钢绞线液压提升装置抗振性能分析与试验

1～5 号导流底孔闸门下闸封堵分为几个阶段：第一阶段闸门底缘在水面以上，启闭机主要承受闸门自重荷载，此时荷载几乎固定不变；第二阶段闸门底缘在水面以下、门楣以上，启闭机荷载主要为闸门自重减去闸门所受浮力，基本处在静水中，荷载变化缓慢；第三阶段闸门底缘在门楣、底槛之间，启闭机荷载变化剧烈。若闸门底部存在异物及其他异常情况致使任一扇闸门不能到位时，需 5 扇闸门同时提升，处理情况后再同时下闸，此时荷载较大，约为 2 000t。

钢绞线液压提升装置在恒载提升或载荷缓慢变化的工程中有很多的成功案例，获得了不少的应用经验，而在载荷剧烈变化过程中，锚夹具锚固性能则少有工程检验，为此我们搭建了一个振动试验台架，用以检验锚夹具的抗振性能。

4.3　钢绞线液压提升装置

4.3.1　装置原理

计算机控制液压同步提升技术是一项成熟的构件提升（下降）安装施工技术，它采用柔性钢绞线承重、提升油缸集群、计算机控制、液压同步提升的原理，结合现代化施工工艺，将成千上万吨的构件在地面拼装后，整体提升（下降）到预定位置安装就位，实现大吨位、大跨度、大面积的超大型构件超高空整体同步提升（下降）。

1. 系统组成

计算机控制液压同步提升系统由钢绞线及提升油缸集群（承重部件）、液压泵站（驱动部件）、传感检测及计算机控制（控制部件）和远程监视系统等几个部分组成。液压提升系统总体框图如图 4－1 所示。

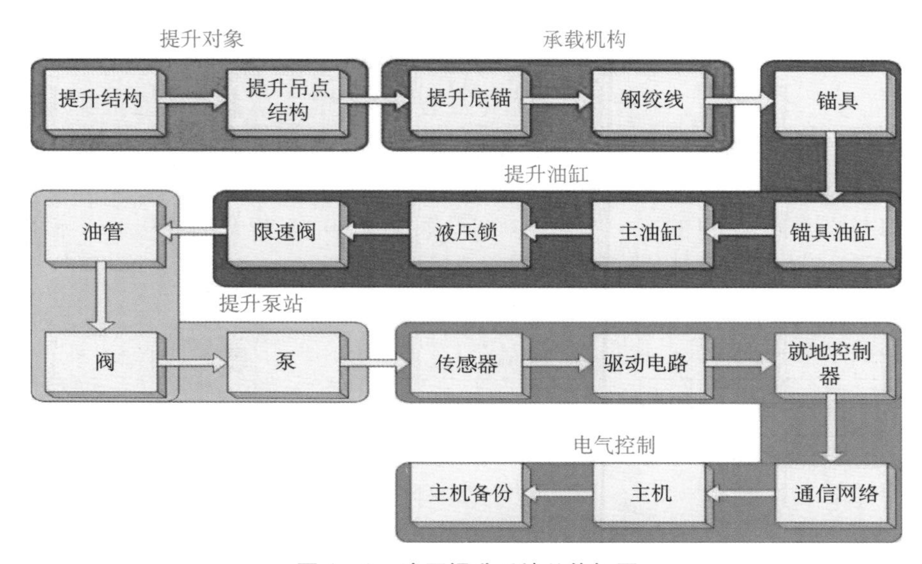

图 4－1　液压提升系统总体框图

钢绞线及提升油缸是系统的承重部件，用来承受提升构件的重量。用户可以根据提升重量（提升载荷）的大小来配置提升油缸的数量，每个提升吊点中油缸可以并联使用。钢绞线符合国际标准 ASTM A416，其抗拉强度、几何尺寸和表面质量都得到严格保证。

液压提升泵站是提升系统的动力驱动部分，它的性能及可靠性对整个提升系统稳定可靠工作影响最大。在液压系统中，采用比例同步技术，这样可以有效地提高整个系统的同步调节性能。

传感检测主要用来获得提升油缸的位置信息、载荷信息和整个被提升构件空中姿态信息，并将这些信息通过现场实时网络传输给主控计算机。这样主控计算机可以根据当前网络传来的油缸位置信息决定提升油缸的下一步动作，同时，主控计算机也可以根据网络传来的提升载荷信息和构件姿态信息决定整个系统的同步调节量。

2. 同步提升控制原理

主控计算机除了控制所有提升油缸的统一动作之外，还必须保证各个提升吊点的位置同步。在提升体系中，设定主令提升吊点，其他提升吊点均以主令吊点的位置作为参考来进行调节，主令提升吊点决定整个提升系统的提升速度，操作人员可以根据泵站的流量分配和其他因素来设定提升速度。根据现有的提升系统设计，最大提升速度不小于 5m/h。主令提升速度的设定是通过比例液压系统中的比例阀来实现的。

在提升系统中，每个提升吊点下面均布置一台长距离传感器，这样，在提升过程中这些长距离传感器可以随时测量当前的构件高度，并通过现场实时网络传送给主控计算机。每个跟随提升吊点与主令提升吊点的跟随情况可以用长距离传感器测量的高度差反映出来。主控计算机可以根据跟随提升吊点当前的高度差，依照一定的控制算法，来决定相应比例阀的控制量大小，从而实现每一跟随提升吊点与主令提升吊点的位置同步。为了提高构件的安全性，在每个提升吊点都布置了油压传感器，主控计算机可以通过现场实时网络监测每个提升吊点的载荷变化情况。如提升吊点的载荷有异常的突变，则计算机会自动停机，并报警示意。

3. 提升动作原理

提升油缸数量确定之后，每台提升油缸上安装一套位置传感器，传感器可以反映主油缸的位置情况、上下锚具的松紧情况。通过现场实时网络，主控计算机可以获取所有提升油缸的当前状态。根据提升油缸的当前状态，主控计算机综合用户的控制要求（例如手动、顺控、自动）以决定提升油缸的下一步动作。提升系统上升时，提升油缸的工作流程如图 4－2 所示；提升系统下降时，提升油缸的工作流程如图 4－3 所示。

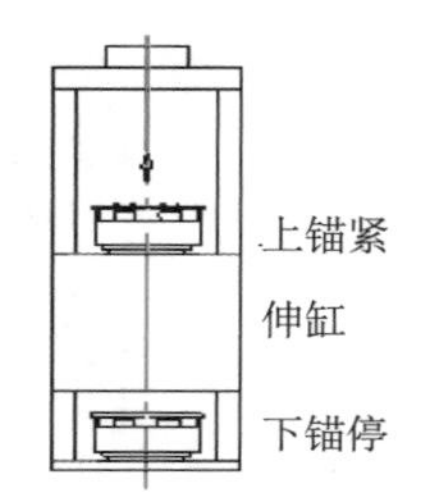

第一步 荷重伸缸：上锚紧、下锚停、主油缸伸缸，被提构件可提升一段距离。

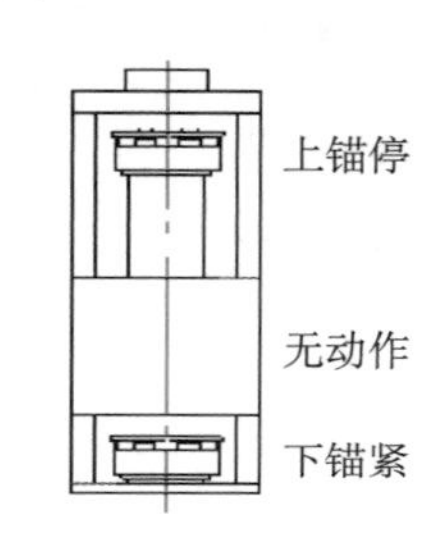

第二步 锚具切换：主油缸伸到底，停止伸缸，下锚紧，上锚停。

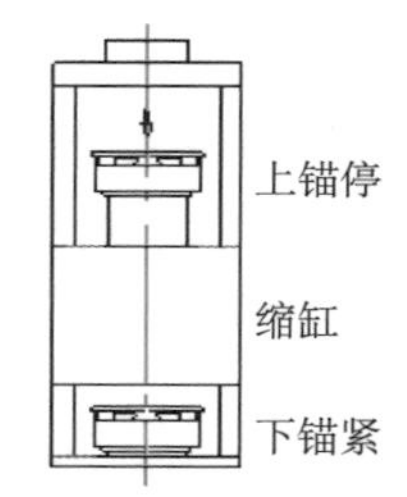

第三步 空载伸缸：上锚停 、下锚紧、主油缸缩缸，一小段距离，上锚松，再缩缸到底，被提构件在空中停滞一段时间。

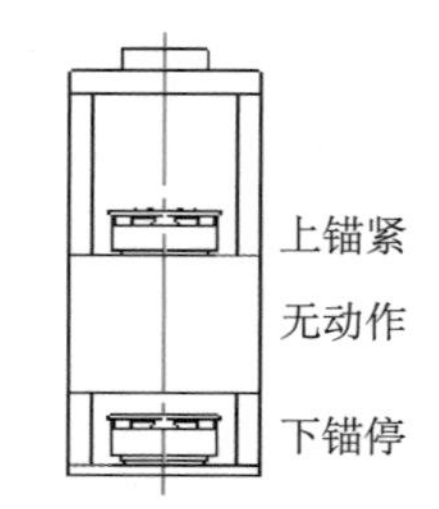

第四步 锚具切换：主油缸缩到底，停止缩缸，上锚紧，下锚停，重复第一步。

图 4－2 上升流程

4.3.2 封堵门闸门下放液压提升装置配置

1. 提升系统原理

穿芯式提升油缸是液压提升系统的执行机构，提升主油缸两端装有可控的上下锚具油缸，以配合主油缸对提升过程进行控制。提升油缸内部结构示意图如图 4－4 所示。构件上升时，上锚利用锚片的机械自锁紧紧夹住钢绞线，主油缸伸缸，张拉钢绞线一次，使被提升

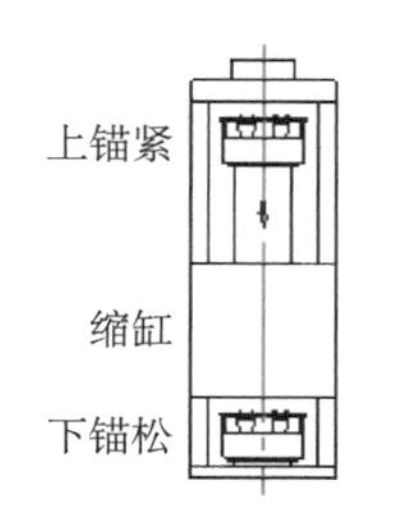

第一步　荷重缩缸：上锚紧、下锚松、主油缸开始缩缸，这样，被提升构件可下降一段距离。

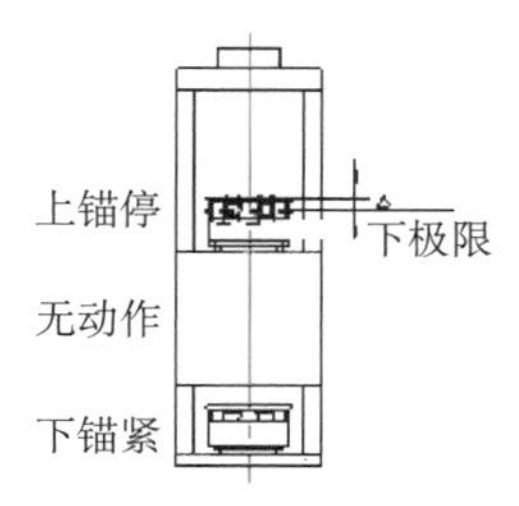

第二步　锚具切换：主油缸缩缸至距下极限还有一小段距离，停止缩缸，下锚紧，上锚停。

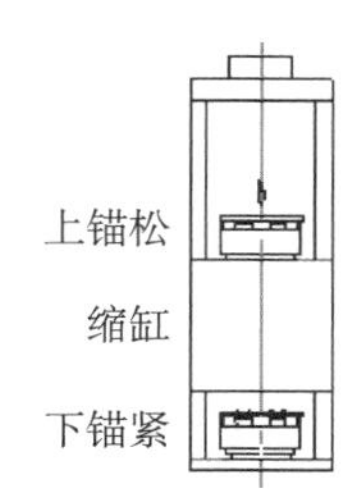

第三步　缩缸拔上锚：主油缸再缩缸一小段距离，可松开上锚。

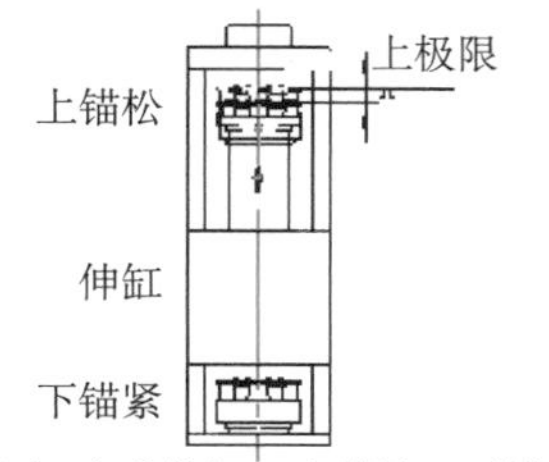

第四步　空载伸缸：上锚松、下锚紧、主油缸伸缸至距上极限还有一小段距离，停止伸缸。

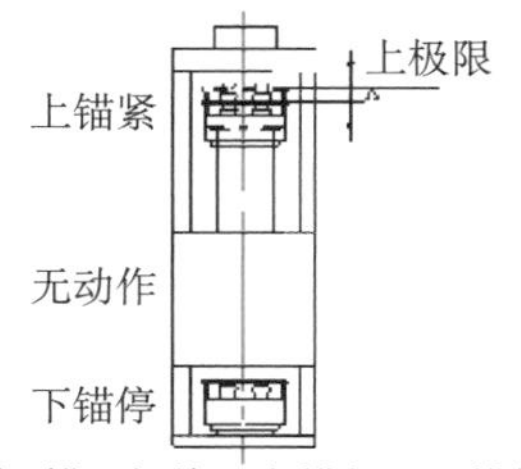

第五步　锚具切换：上锚紧、下锚停、主油缸无动作。

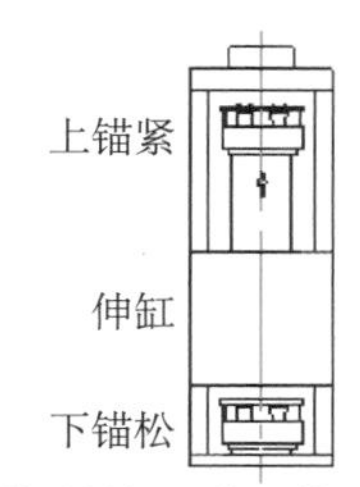

第六步　荷重伸缸，拔下锚：上锚紧、主油缸再伸缸小段距离，松下锚，重复第一步。

图 4－3　下降流程

构件提升一个行程；主油缸满行程后缩缸，使载荷转换到下锚上，而上锚松开。如此反复，可使被提升构件提升至预定位置。构件下降时，将有一个上锚或下锚的自锁解脱过程。主油缸、上下锚具缸的动作协调控制均由计算机通过液压系统来实现。该套技术已经成功应用于国内外三十几个重大工程施工中，并且获得了国家科学技术进步奖二等奖、上海市科学技术进步奖二等奖等多项奖励。

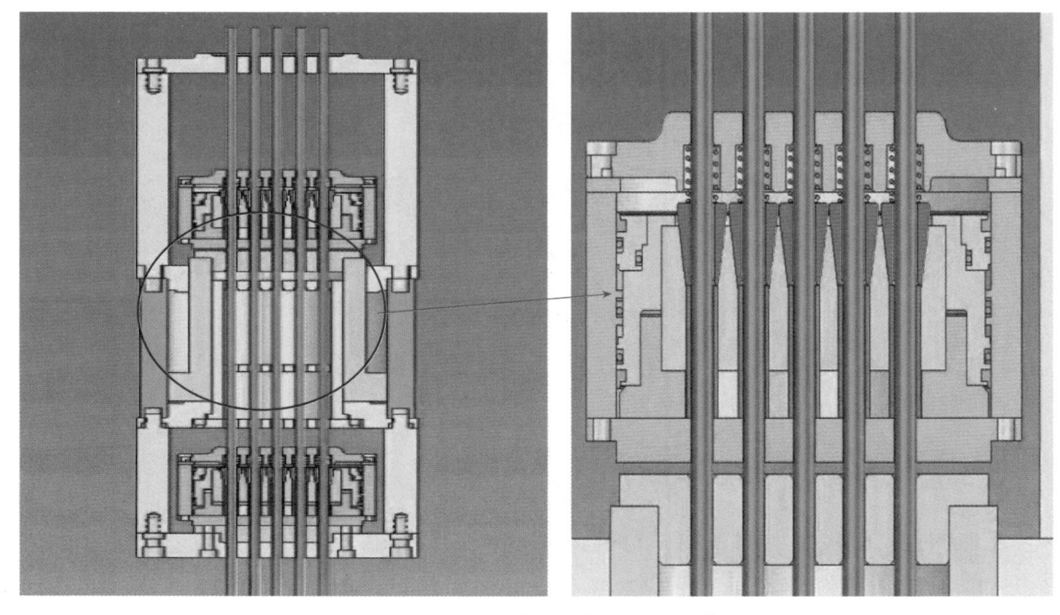

图 4－4　液压提升油缸内部结构示意图

2. 提升系统配置

根据设备启闭容量为2×11 000kN，采用6台560t型提升器同步提升门体，提升容量为6×560t≈33 600kN。每个提升器有37根ϕ17.8mm钢绞线，每根钢绞线破断力为353.2kN，1%伸长时的最小载荷为318kN。闸门启闭力约为20 000kN，因此提升系统提升容量储备系数为33 600kN/20 000kN = 1.68，钢绞线安全系数为6×37×318kN/20 000kN = 3.52。根据上海市工程建设规范DG/T J08—2056《重型结构（设备）整体提升技术规程》规定，总提升能力（所有提升油缸总额定载荷）应不小于总提升荷载标准值的1.25倍，且不大于2倍，还规定提升油缸中单根钢绞线的拉力设计值不得超过其破断拉力的50%，因此此提升容量储备系数及钢绞线安全系数完全满足大型构件提升工况的要求，排架采用钢格架。

1）选配计算

（1）液压泵站系统参数。

泵站流量

$$Q_n = qn\eta = 98\text{mL/r} \times 1\ 450\text{r/min} \times 0.98 = 140\text{L/min}$$

选取的电机功率为45kW。

（2）560t提升油缸参数。

油缸大腔容积

$$Q_1 = \frac{\pi}{4}(D^2 - d^2)l = 53.8\text{L}$$

油缸小腔容积

$$Q_2 = 25\text{L}$$

式中：油缸活塞外径$D = 650\text{mm}$；油缸活塞内径$d = 385\text{mm}$；油缸活塞杆径$d_1 = 550\text{mm}$；油缸单个行程$l = 250\text{mm}$。

提升油缸结构如图4-5所示。

2）上升速度计算

（1）单个行程伸缸时间

$$t_1 = \frac{Q_1}{Q_n} = \frac{54\text{L}}{140\text{L/min}} = 0.39\text{min} = 23\text{s}$$

（2）单个行程缩缸时间

$$t_2 = \frac{Q_2}{Q_n} = \frac{25\text{L}}{140\text{L/min}} = 0.18\text{min} = 11\text{s}$$

上下锚具切换的时间根据实际的施工经验和计算机程序设定，上锚具的切换时间约为10s，下锚具的切换时间约为10s，共计$t_3 = 17\text{s}$。

（3）一个行程总需时间

$$t = t_1 + t_2 + t_3 = 23\text{s} + 11\text{s} + 17\text{s} = 50\text{s}$$

（4）总的提升速度（油缸的有效行程为220mm）

$$v = \frac{l}{t} = \frac{220\text{mm}}{50\text{s}} = 4.4\text{mm/s} = 15.84\text{m/h}$$

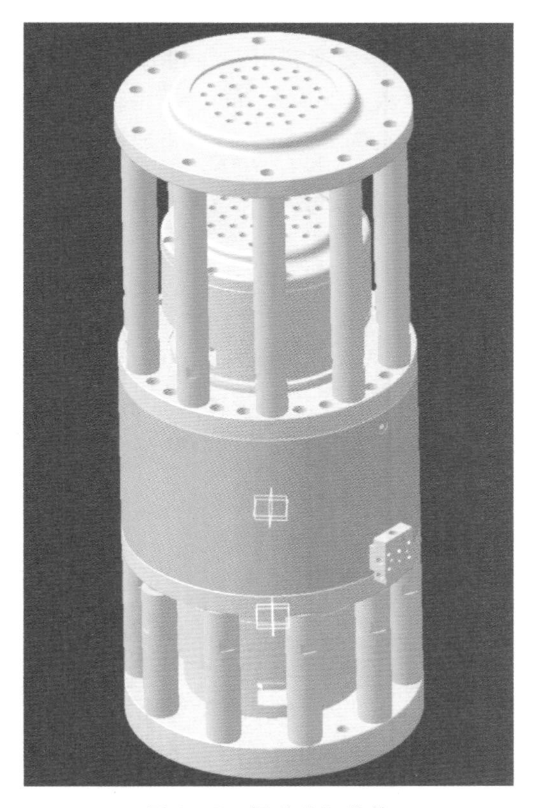

图 4－5　提升油缸结构

3）下降速度计算

（1）单个行程伸缸时间

$$t_1 = \frac{Q_1}{Q_n} = \frac{54\text{L}}{140\text{L/min}} = 23\text{s}$$

（2）单个行程缩缸时间

$$t_2 = \frac{Q_2}{Q_n} = 10.5\text{s}$$

考虑到 4 个点的油缸必须同步，且 1 号点比例阀设置为 120，并且有节流阀进行节流，速度约为原来的 50%，则需要的时间为：

$$t_2' = \frac{t_2}{0.5} = \frac{10.5\text{s}}{0.5} = 21\text{s}$$

（3）上下锚具切换的时间：

根据实际的施工经验和计算机程序设定，上锚具的切换时间约为 20s，下锚具的切换时间约为 12.5s，共计 $t_3 = 25\text{s}$。

（4）一个行程总需时间

$$t = t_1 + t_2' + t_3 = 23\text{s} + 21\text{s} + 25\text{s} \approx 69\text{s}$$

（5）总的下放速度

$$v = \frac{l}{t} = \frac{220\text{mm}}{69\text{s}} = 11.5\text{m/h}$$

根据上述计算，一台流量为 140L/min 的液压泵站驱动 1 台 560t 型提升油缸时，提升速度为 15.84m/h，下放速度为 11.5m/h。本方案利用一台 140L/min 的液压泵站驱动 2 台 560t 型提升油缸，则提升速度为 7.92m/h，下放速度为 5.75m/h。根据 5.75m/h 的下放速度，当封堵门从底孔上端下放到门槛底部时的高度约为 22.5m，该段下放用时为 3.91h，符合原设计要求。

4.4 支撑结构设计及分析计算

4.4.1 总体设计

向家坝闸门总重 2 400t，由 6 个吊点进行提升，单吊点提升 400t。吊点等间距分布于塔架顶端，间距 900mm。布置 6 个 560t 的液压同步提升油缸，油缸布置于 29m 标高的工作垫梁上。闸门总体提升结构布置如图 4－6 所示。

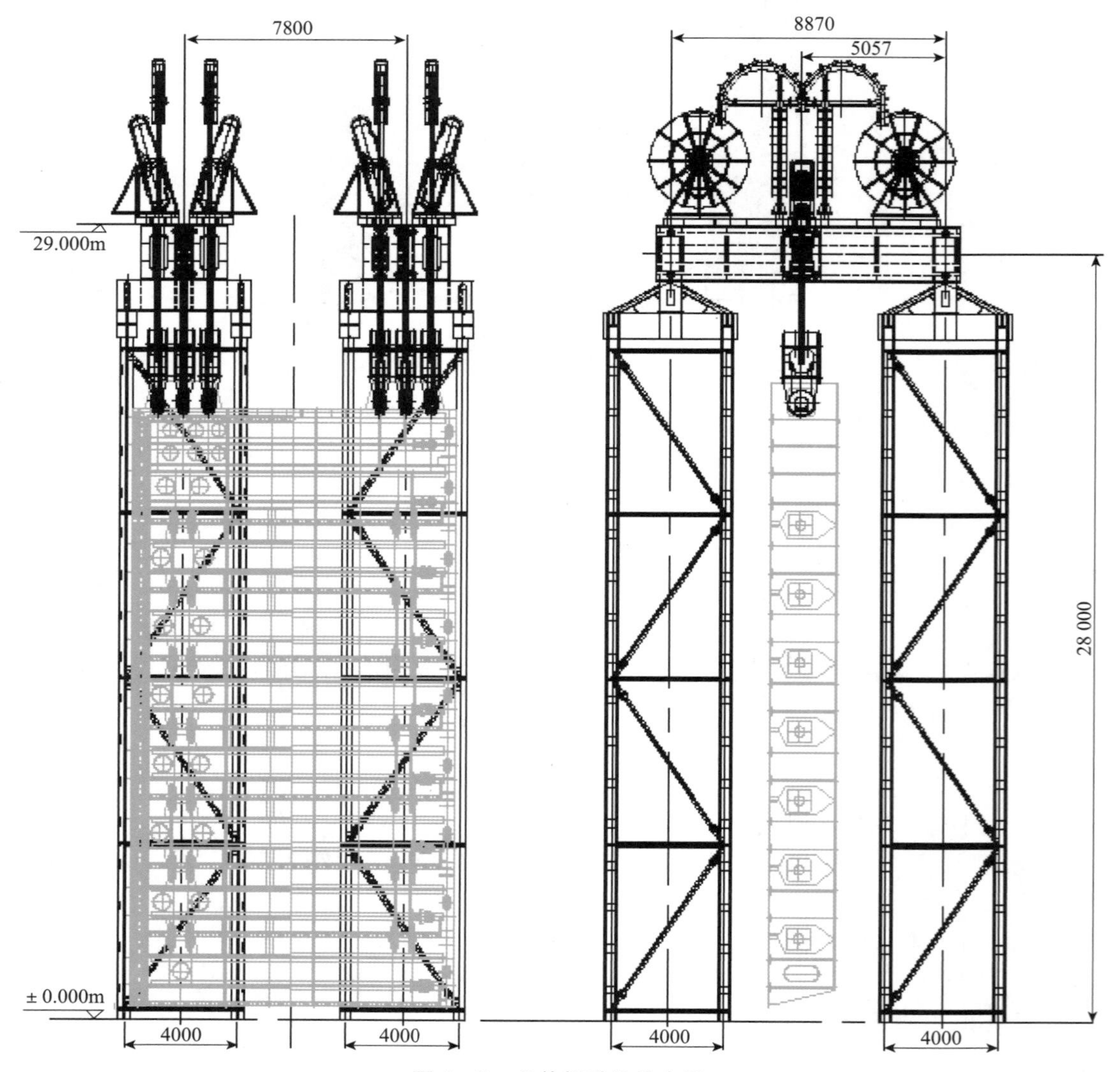

图 4－6　总体提升结构布置

4.4.2　提升塔架结构布置

提升塔架主体由 4m × 4m × 6m 的标准节段拼接组成，共分 4 个标准节段，计 24m 高。塔架的主立柱由 407mm × 428mm × 35mm × 20mm 的 H 型钢组成，斜撑为 ϕ159mm × 8mm 的圆管，水平联系杆为 L63mm × 63mm × 7mm 的双角钢。塔架顶部为提升梁，塔架总高 29m。提升塔架结构布置如图 4 –7 所示。

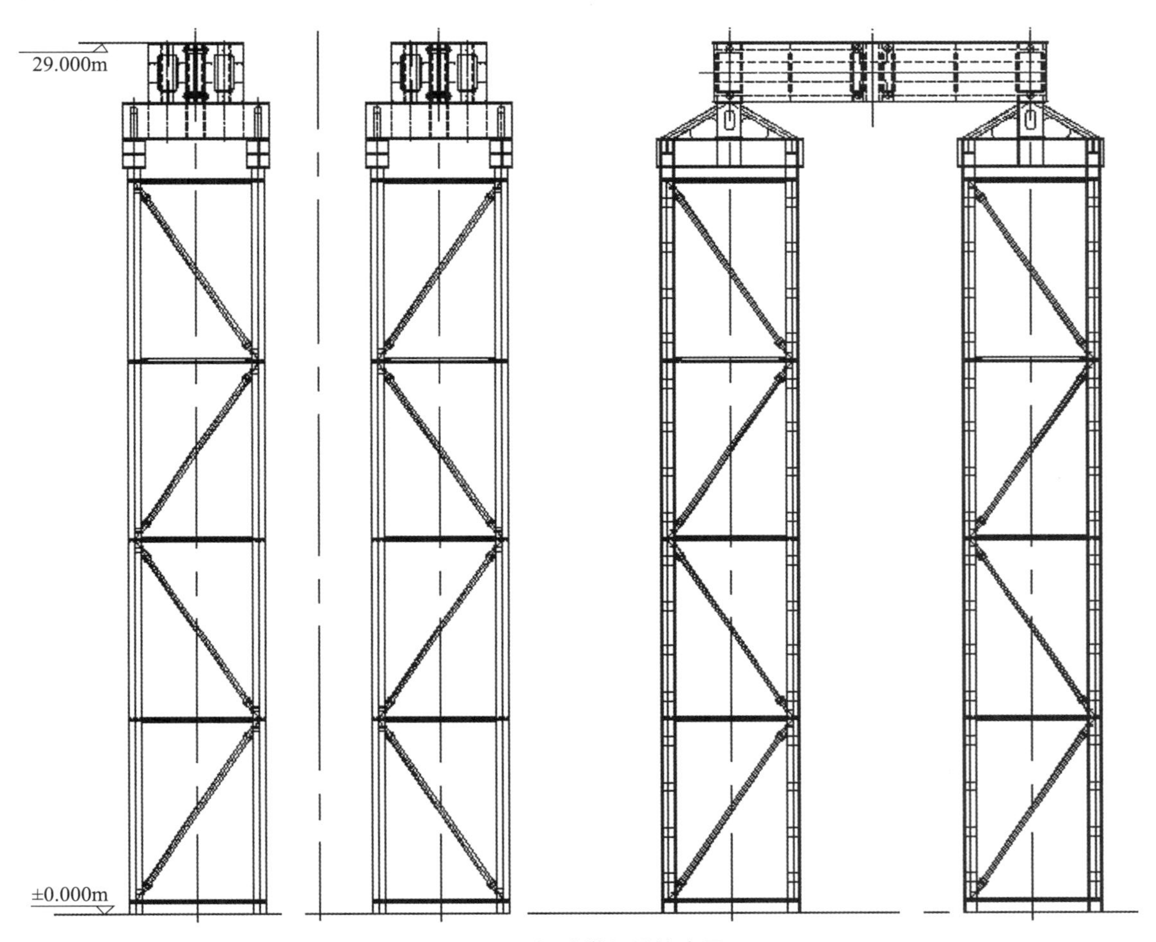

图 4 –7　提升塔架结构布置

闸门共计 2 400t，采用 6 个 560t 的液压同步提升油缸进行提升，单侧布置 3 个提升点，提升点间距 900mm，吊点布置于提升梁中部。单侧油缸提升点布置如图 4 –8 所示。

4.4.3　塔架结构计算

1. 计算依据

（1）GB 50017《钢结构设计规范》。

（2）GB 50009《建筑结构荷载规范》。

（3）相关结构设计图纸。

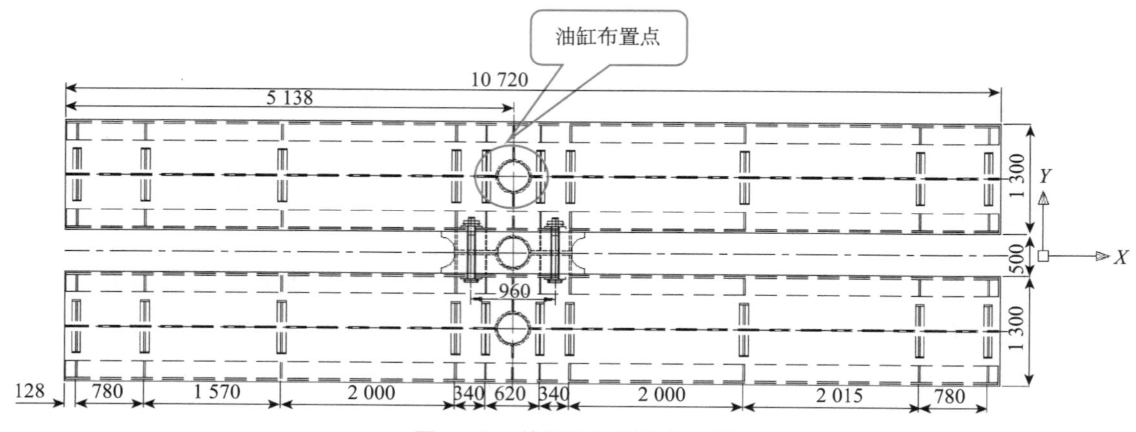

图4－8　单侧油缸提升点布置

2. 荷载工况

1）计算荷载

（1）闸门总重2 400t，由6个提升点进行提升，单点提升力为400t，提升荷载为2 400t。

（2）风荷载计算：

根据GB 50009《建筑结构荷载规范》，风荷载计算公式为：

$$w = w_k A = \beta_z \mu_s \mu_z w_0 A$$

式中：风载按十年一遇计，即8级风，故基本风压 $w_0 = 0.2\text{kN/m}^2$；μ_z 为风压高度变化系数，取A类风场，塔架顶部标高为29m，根据GB 50009—2001表7.2.1查得：$\mu_z = 1.42$；μ_s 为风荷载体型系数，塔架为桁架结构，根据GB 50009—2001表7.3.1查得：$\mu_s = 1.3$；β_z 为高度 z 处的风振系数，取 $\beta_z = 1.5$。

故风荷载标准值为：$w_k = \beta_z \mu_s \mu_z w_0 = 1.5 \times 1.3 \times 1.42 \times 0.2\text{kN/m}^2 = 0.553\ 8\text{kN/m}^2$。

塔架迎风面积：塔架标准节：6.62m^2；塔顶结构：x 方向为 13.1m^2，y 方向为 34.9m^2。

故塔架迎风面积为：$A_x = 13.1\text{m}^2 + 6.62\text{m}^2 \times 4 = 39.58\text{m}^2$，$A_y = 34.9\text{m}^2 + 6.62\text{m}^2 \times 4 = 61.38\text{m}^2$

提升闸门迎风面积：$A_x = 251.60\text{m}^2$，$A_y = 53.34\text{m}^2$

故风荷载为：

塔架风荷载：$w_x = 0.553\ 8\text{kN/m}^2 \times 39.58\text{m}^2 = 21.92\text{kN}$，$w_y = 0.553\ 8\text{kN/m}^2 \times 61.38\text{kN/m}^2 = 33.99\text{kN}$

闸门风荷载：$w_x = 0.553\ 8\text{kN/m}^2 \times 251.60\text{m}^2 = 139.34\text{kN}$，$w_y = 0.553\ 8\text{kN/m}^2 \times 53.35\text{kN/m}^2 = 30.65\text{kN}$

注：x 方向为沿上吊点提升梁轴线方向，y 方向为垂直于上吊点提升梁方向，如图4－8所示。

（3）塔架自重：塔架自重约224t。

2）计算工况

标准组合：

dead + live;

dead + live + w_x;

dead + live + w_y。

设计组合：

1.2dead + 1.4live;

1.2dead + 1.4 (live + w_x);

1.2dead + 1.4 (live + w_y)。

其中：

dead 为提升塔架自重；live 为提升荷载；w_x为 x 向风荷载；w_y为 y 向风荷载。

计算工况列表：

计算工况列表见表 4－5。

表 4－5　计算工况列表

施工工况	计算工况	统计资料
闸门整体提升	dead + live; dead + live + w_x; dead + live + w_y	提升塔架约束点反力，提升塔架的变形
	1.2dead + 1.4live; 1.2dead + 1.4 (live + w_x); 1.2dead + 1.4 (live + w_y)	提升塔架的应力比

4.4.4　计算模型与结果

计算程序：SAP2000 (v14.1.0)。

支座条件：铰接（约束 DX/DY/DZ）。

建模方式：按照图纸建模。

计算方式：线性弹性。

1. 计算模型

计算模型如图 4－9 所示。

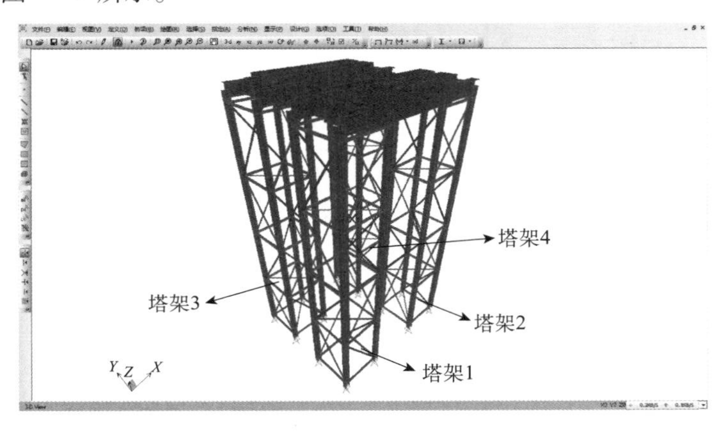

图 4－9　计算模型

2. 塔架结构模态

1）方案一

计算结构的前12阶模态，由于塔架1、2和塔架3、4结构完全相同，且相互之间没有联系，因此此处取塔架1、2进行计算，模态分析结果见表4－6和图4－10。

表4－6　提升塔架结构的前12阶模态（方案一）

阶次	固有频率/Hz
1	2.52
2	2.70
3	3.26
4	9.14
5	9.43
6	9.62
7	9.74
8	10.67
9	10.70
10	17.57
11	17.59
12	18.62

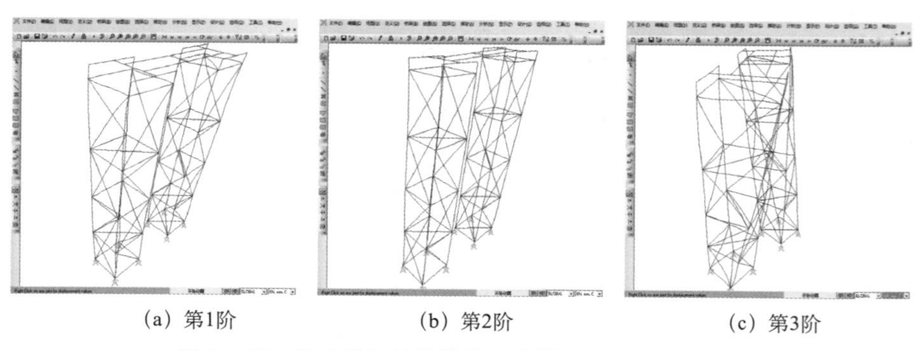

(a) 第1阶　(b) 第2阶　(c) 第3阶

图4－10　提升塔架结构的前3阶模态阵型（方案一）

方案一结构前12阶的最大频率为18.62Hz，远大于水流的激励频率（2.5Hz），且前12阶阵型中均无 Z 向的振动，故水流激励无法使结构发生沿 Z 向的共振。

2）方案二

方案二在塔顶增加水平联系横梁，与大坝混凝土梁连接。计算结构的前 12 阶模态，由于塔架 1、2 和塔架 3、4 结构完全相同，且相互之间没有联系，因此此处取塔架 1、2 进行计算，模态分析结果见表 4－7 和图 4－11。

表 4－7　提升塔架结构的前 12 阶模态（方案二）

阶次	固有频率/Hz
1	4. 32
2	8. 48
3	9. 40
4	9. 55
5	9. 56
6	10. 01
7	10. 30
8	12. 63
9	17. 71
10	17. 86
11	18. 65
12	19. 00

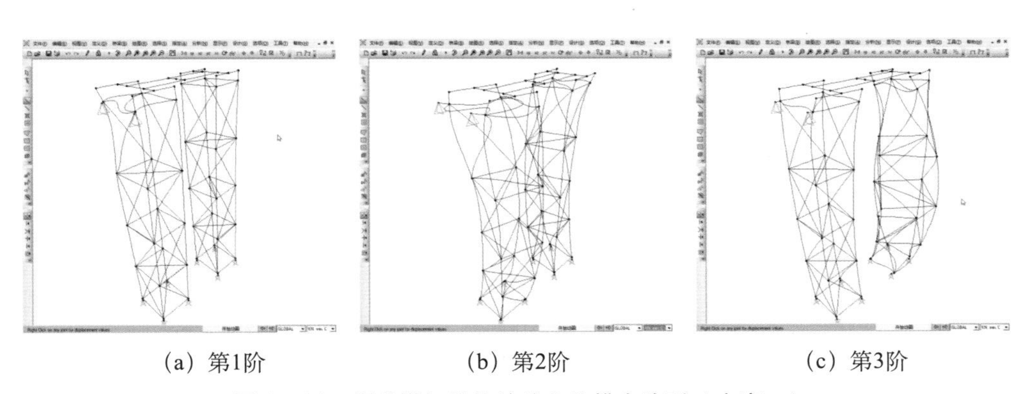

（a）第1阶　　（b）第2阶　　（c）第3阶

图 4－11　提升塔架结构的前 3 阶模态阵型（方案二）

方案二结构前 12 阶的最大频率为 19. 0Hz，远大于水流的激励频率（2. 5Hz），且前 12 阶阵型中均无 Z 向的振动，故水流激励无法使结构发生沿 Z 向的共振。

3. 约束反力

节点约束编号如图 4－12 所示，节点约束反力见表 4－8。

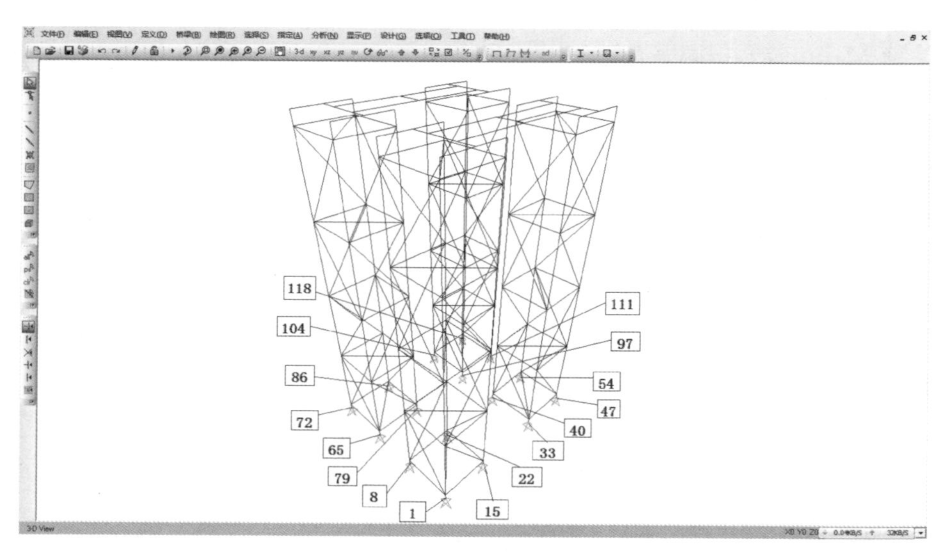

图4－12　节点约束编号

表4－8　节点约束反力

节点编号	荷载工况	竖向反力 F_z/kN
1	dead + live	1 583
	dead + live + w_x	1 473
	dead + live + w_y	1 542
8	dead + live	1 615
	dead + live + w_x	1 506
	dead + live + w_y	1 655
15	dead + live	1 811
	dead + live + w_x	1 906
	dead + live + w_y	1 711
22	dead + live	1 810
	dead + live + w_x	1 905
	dead + live + w_y	1 850
33	dead + live	1 701
	dead + live + w_x	1 605
	dead + live + w_y	1 662
40	dead + live	1 700
	dead + live + w_x	1 605
	dead + live + w_y	1 739

续表

节点编号	荷载工况	竖向反力 F_z/kN
47	dead + live	1 465
	dead + live + w_x	1 574
	dead + live + w_y	1 426
54	dead + live	1 434
	dead + live + w_x	1 543
	dead + live + w_y	1 472
65	dead + live	1 583
	dead + live + w_x	1 473
	dead + live + w_y	1 543
72	dead + live	1 615
	dead + live + w_x	1 506
	dead + live + w_y	1 655
79	dead + live	1 811
	dead + live + w_x	1 906
	dead + live + w_y	1 771
86	dead + live	1 810
	dead + live + w_x	1 905
	dead + live + w_y	1 850
97	dead + live	1 701
	dead + live + w_x	1 605
	dead + live + w_y	1 661
104	dead + live	1 700
	dead + live + w_x	1 605
	dead + live + w_y	1 738
111	dead + live	1 465
	dead + live + w_x	1 574
	dead + live + w_y	1 426
118	dead + live	1 434
	dead + live + w_x	1 543
	dead + live + w_y	1 472

4. 塔架结构变形

位移最大点位置如图 4－13 所示。提升塔架最大变形见表 4－9。

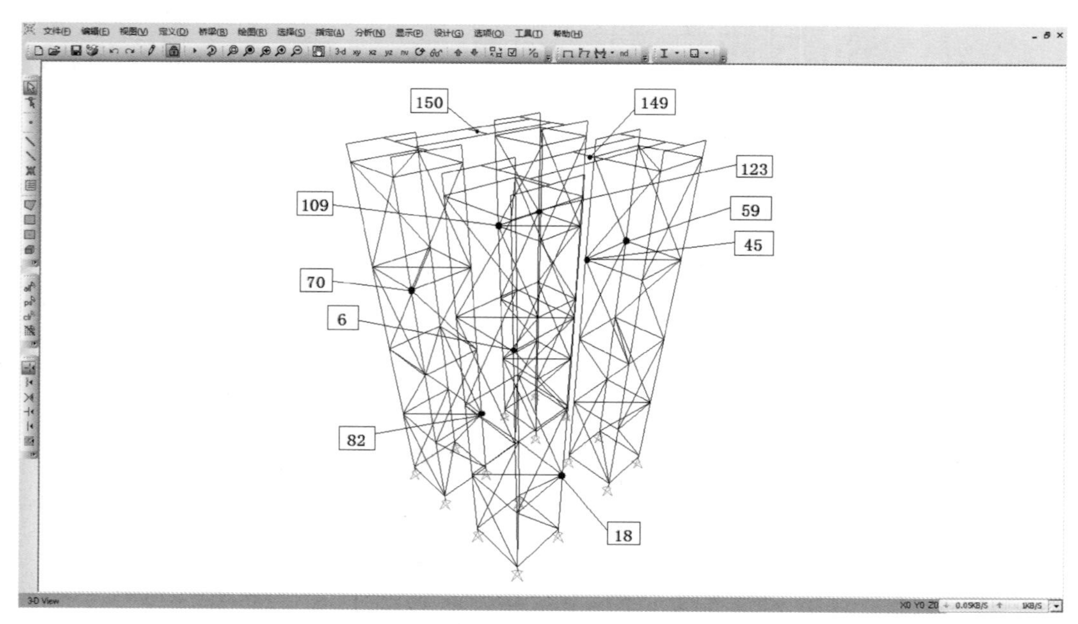

图 4－13　位移最大点位置

表 4－9　提升塔架最大变形

节点编号	荷载工况	U_{x_max}/mm	U_{y_max}/mm	U_{z_max}/mm	位置
6、70		－3.1			塔架 3 中间桁架节点
18、82	dead + live		－2.1		塔架 1、3 的下部节点
149、150				－17.53	油缸支架的中心点
59、123		5.53			塔架 2、4 的中间节点
18、82	dead + live + w_x		－2.18		塔架 1、3 的下部节点
149、150				－17.53	油缸支架的中心点
6、70		－3.09			塔架 3 中间桁架节点
45、109	dead + live + w_y		2.86		塔架 2、4 的中间节点
149、150				－17.53	油缸支架的中心点

5. 提升塔架应力比

各工况下塔架结构应力比如图 4－14 ~ 图 4－16 所示，结构最大应力比见表 4－10。

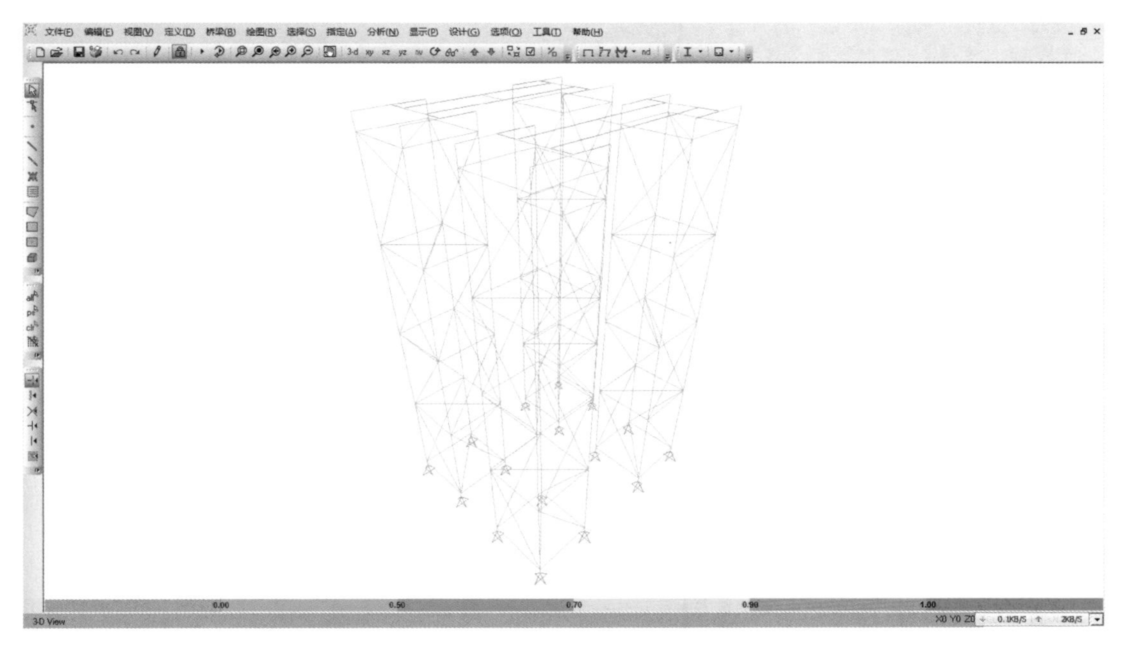

图 4－14　1. 2dead＋1. 4live 工况下塔架结构应力比

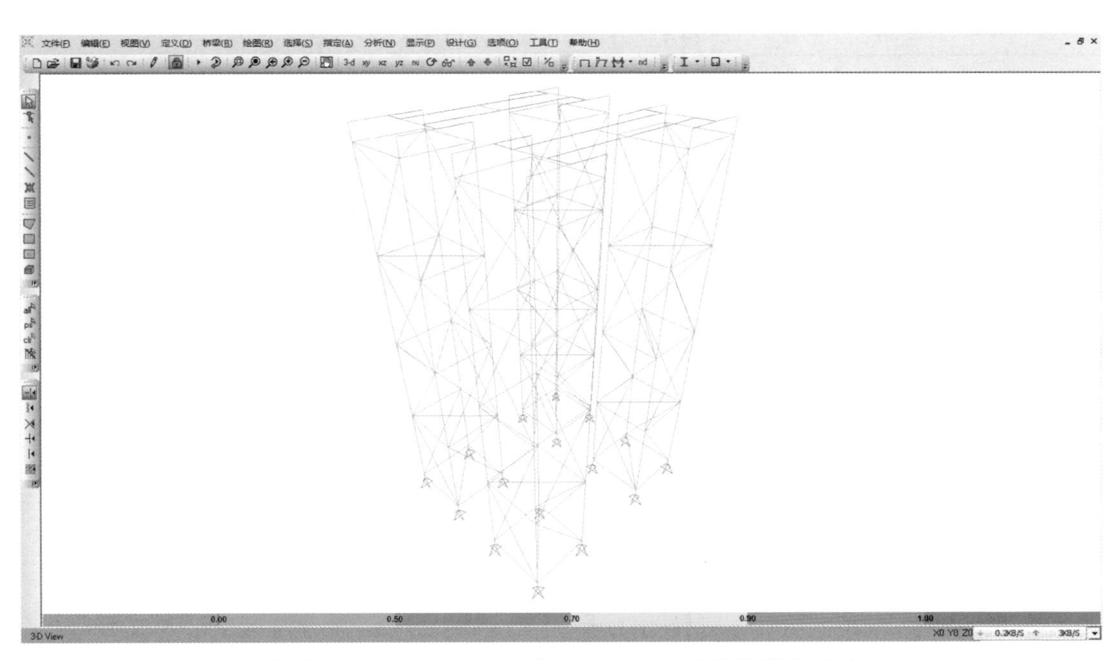

图 4－15　1. 2dead＋1. 4（live＋w_x）工况下塔架结构应力比

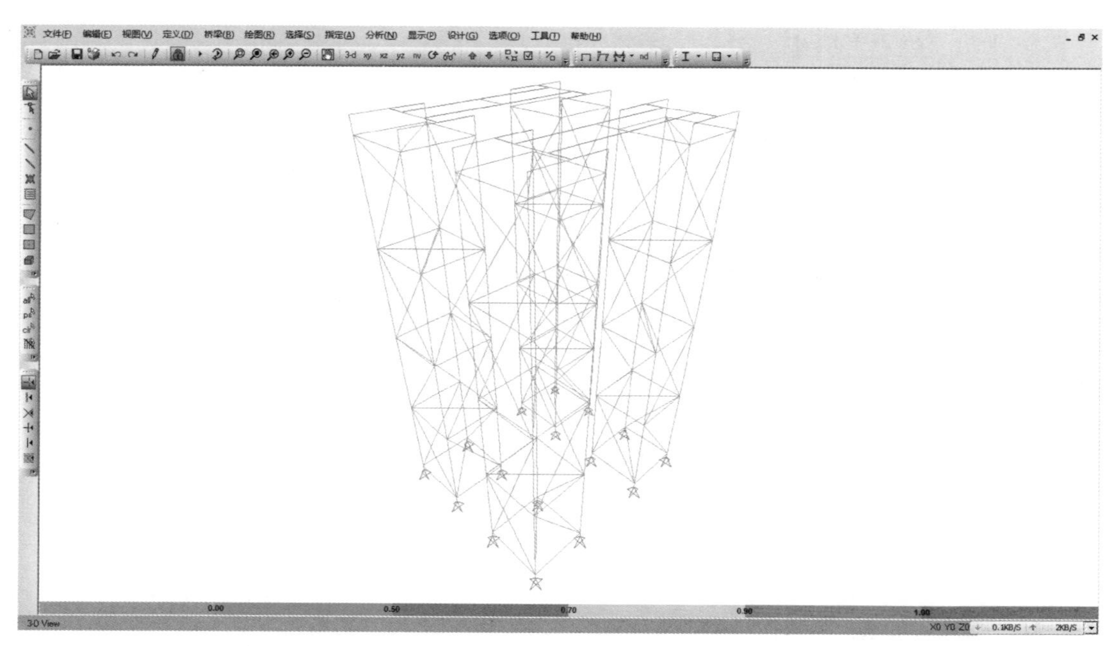

图 4-16　1.2dead+1.4（live+w_y）工况下塔架结构应力比

表 4-10　结构最大应力比

荷载工况	杆件截面尺寸/(mm×mm×mm)	应力比	结构应力/MPa	位置
1.2dead+1.4live	箱型梁：2 000×1 300×20×30	0.634	196.5	塔架1、2之间的外侧联系横梁和3、4之间的内侧联系横梁，框架编号347、349
1.2dead+1.4live+1.4w_x	箱型梁：2 000×1 300×20×30	0.634	196.5	塔架1、2之间的外侧联系横梁和3、4之间的内侧联系横梁，框架编号347、349
1.2dead+1.4live+1.4w_y	箱型梁：2 000×1 300×20×30	0.635	196.9	塔架1、2之间的内侧联系横梁和3、4之间的外侧联系横梁，框架编号342、343

4.4.5　总结

通过计算可知，闸门提升塔架的最大应力为 197MPa，结构强度满足要求。结构 x 和 y 向的位移均很小，U_x为 5.53mm，U_y为 2.86mm，z 向最大位移 U_z为 17.53mm，出现在油缸支架的中心处，支架跨度 9 670mm，变形约为支架跨度的 1/500，该位移满足条件，因此支架结构的刚度也满足要求。经过计算校核，闸门提升塔架总体结构的强度和刚度均满足要求。

4.5　上吊点提升梁结构局部计算

4.5.1　上吊点提升梁结构概况

上吊点提升梁结构由两个三角支撑结构、纵向大梁和横向连接梁三部分组成，主结构均为箱型梁结构，其结构如图 4 – 17 所示。

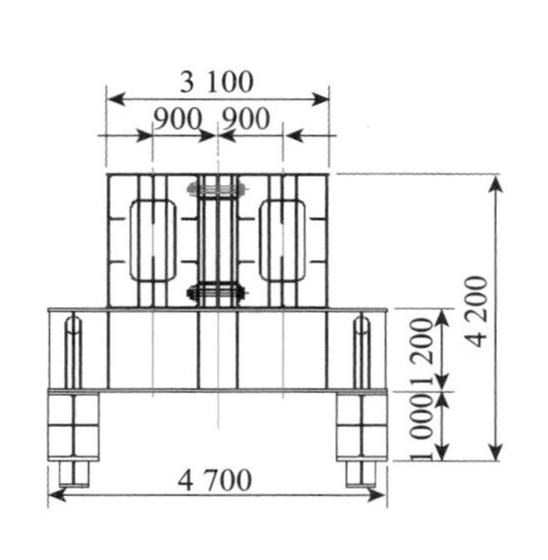

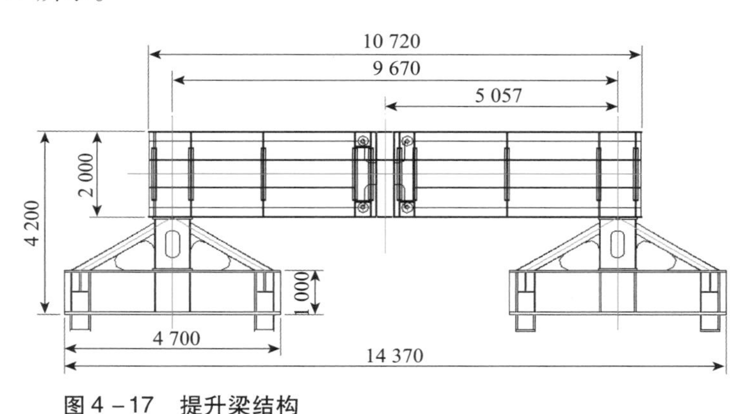

图 4 – 17　提升梁结构

4.5.2　上吊点提升梁结构有限元模型

1. 结构有限元模型

塔顶提升梁结构的验算运用 ANSYS 软件对其结构进行分析，根据其实际受力情况，单元类型选用 shell63 单元，根据设计图纸提供的几何参数建立提升梁结构的三维数字化有限元模型，模型的主要参数如下：

单元类型：shell63。

拉压弹性模量：$E = 2.1 \times 10^5$ MPa。

泊松比：PRXY =0.3。

密度：$\rho = 7.85 \times 10^{-6}$ kg/mm^3 。

通过 ANSYS 建立的上吊点提升梁结构有限元模型如图 4 – 18 所示。

2. 荷载和约束

模型约束下面 8 个方形面 3 个方向上的平动自由度 $U_X/U_Y/U_Z$和两大梁中的螺栓连接处的 z 向平动自由度。

荷载施加在中间横梁上，每个油缸位置均作用 400t 的竖直向下的面力，共计 1 200t。

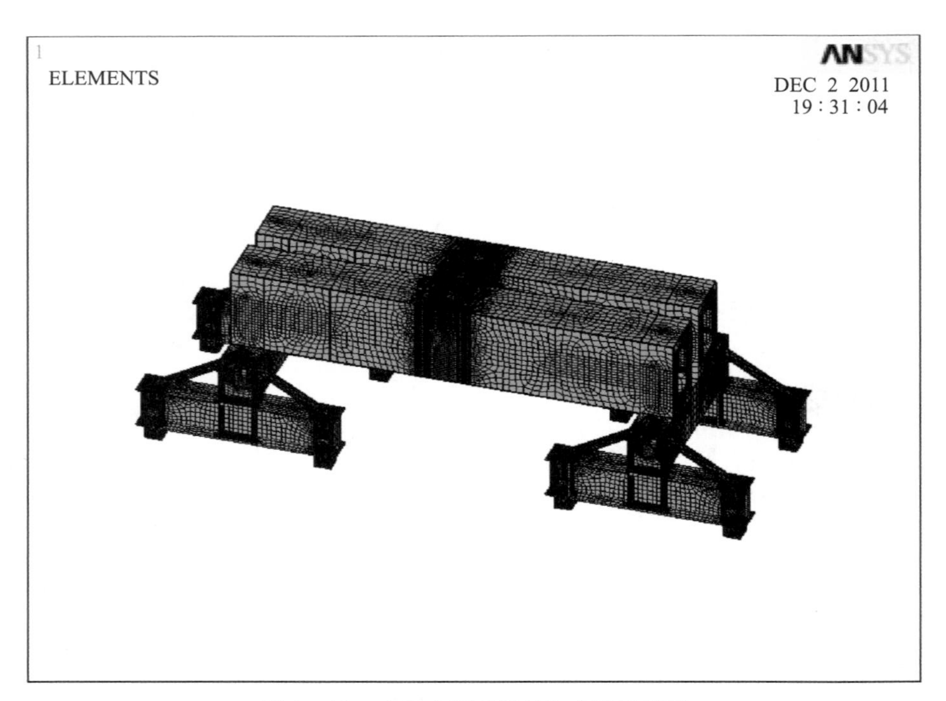

图 4－18　上吊点提升梁结构有限元模型

施加荷载和约束边界后的提升梁结构有限元模型如图 4－19 所示。

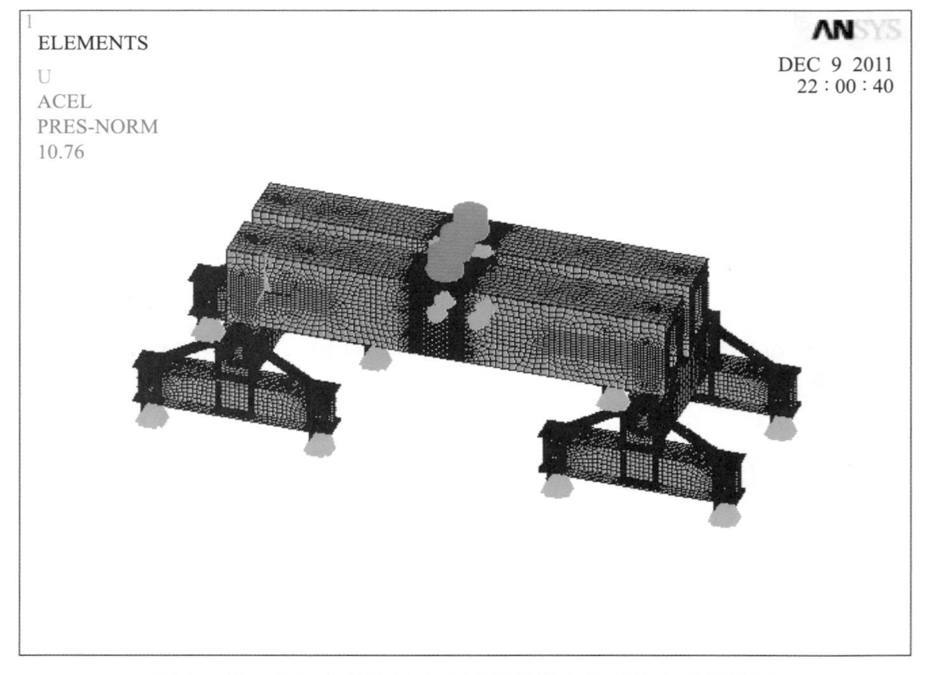

图 4－19　施加荷载和约束边界后的提升梁结构有限元模型

4.5.3　计算结果

结构的应力云图如图 4－20 所示。结构的最大应力为 361.4MPa，出现在圆管斜撑与箱型梁连接处，如图 4－21 所示。考虑到局部网格处理问题，剔除该处的最大应力集中，结构的最大应力为 290MPa，平均应力为 100MPa 左右。

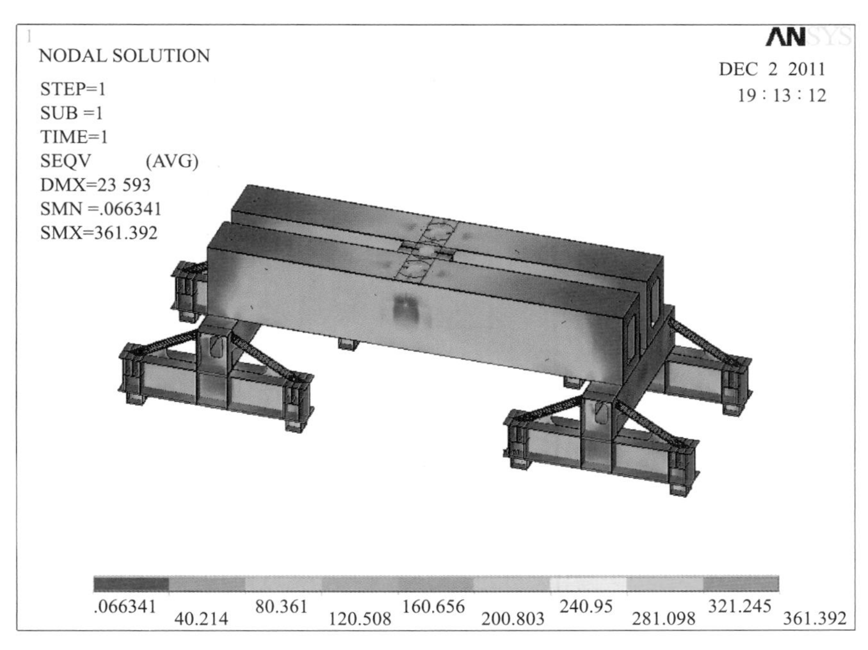

图 4－20　提升梁应力云图（应力单位：MPa）

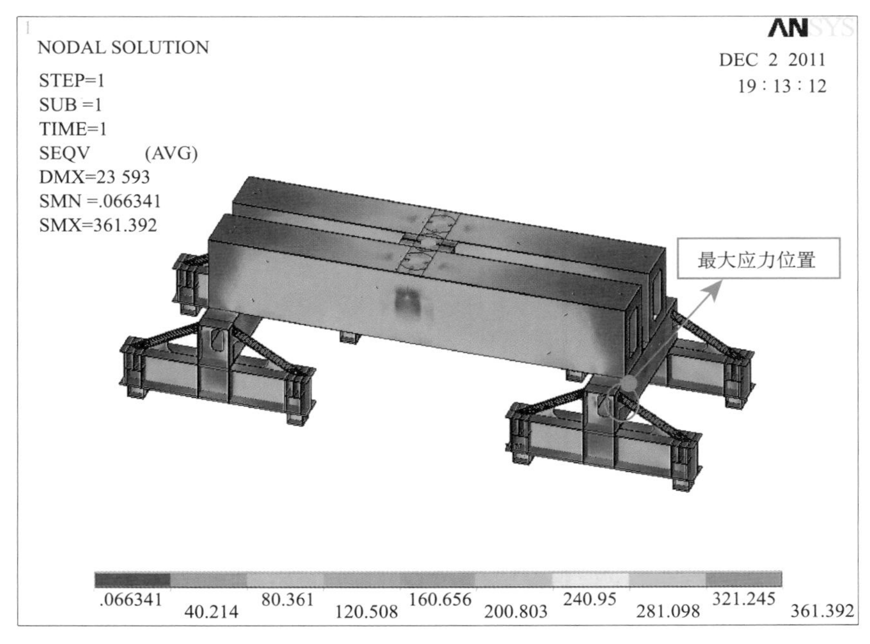

图 4－21　最大应力位置（应力单位：MPa）

结构各部件梁的应力云图如图 4－22～图 4－25 所示。

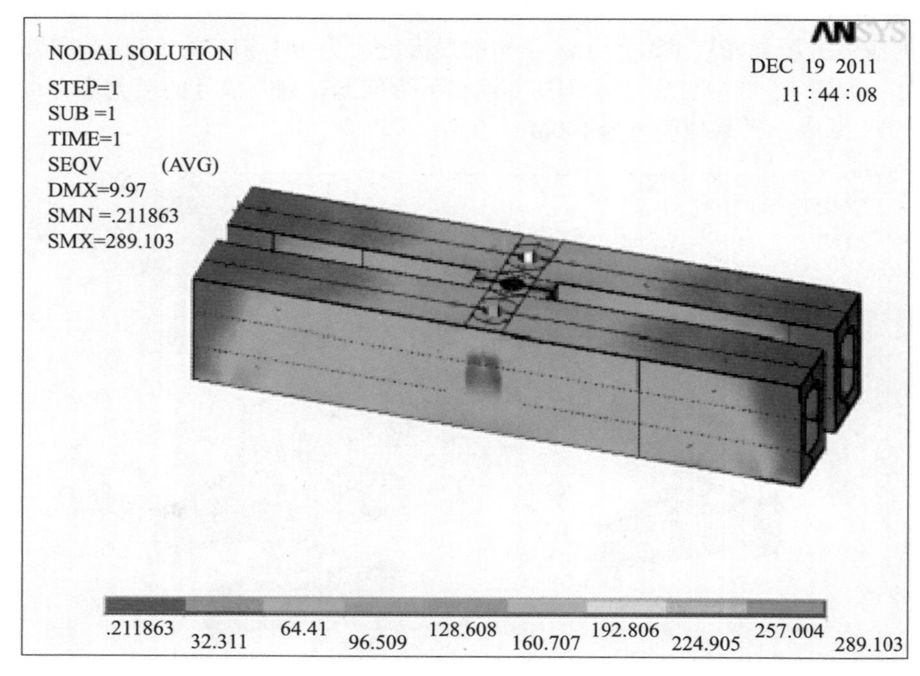

图 4－22　提升大梁应力云图（应力单位：MPa）

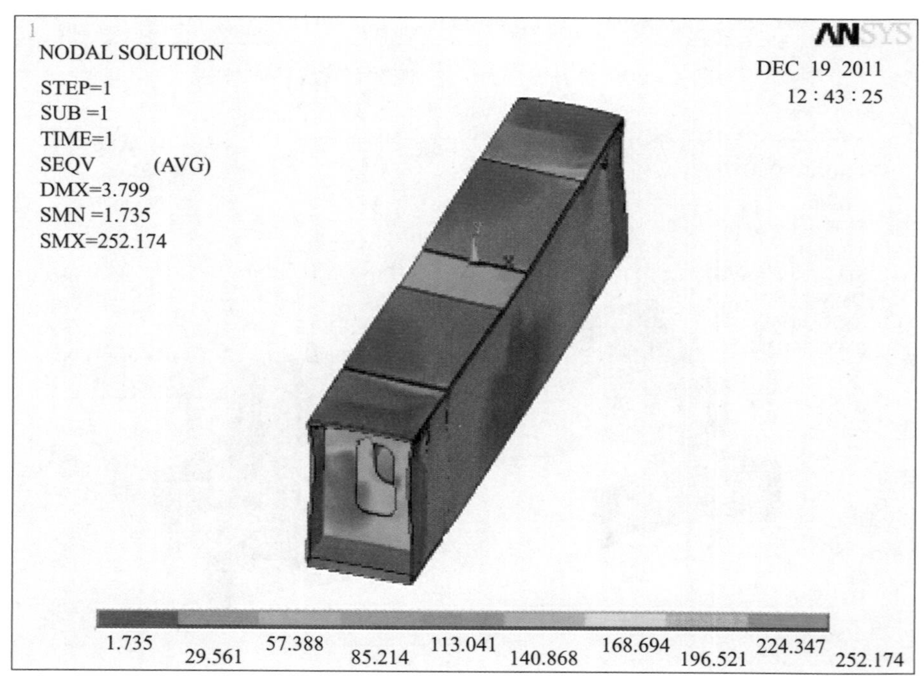

图 4－23　分配梁应力云图（应力单位：MPa）

结构 X、Y 和 Z 向的变形云图如图 4－26～图 4－28 所示。

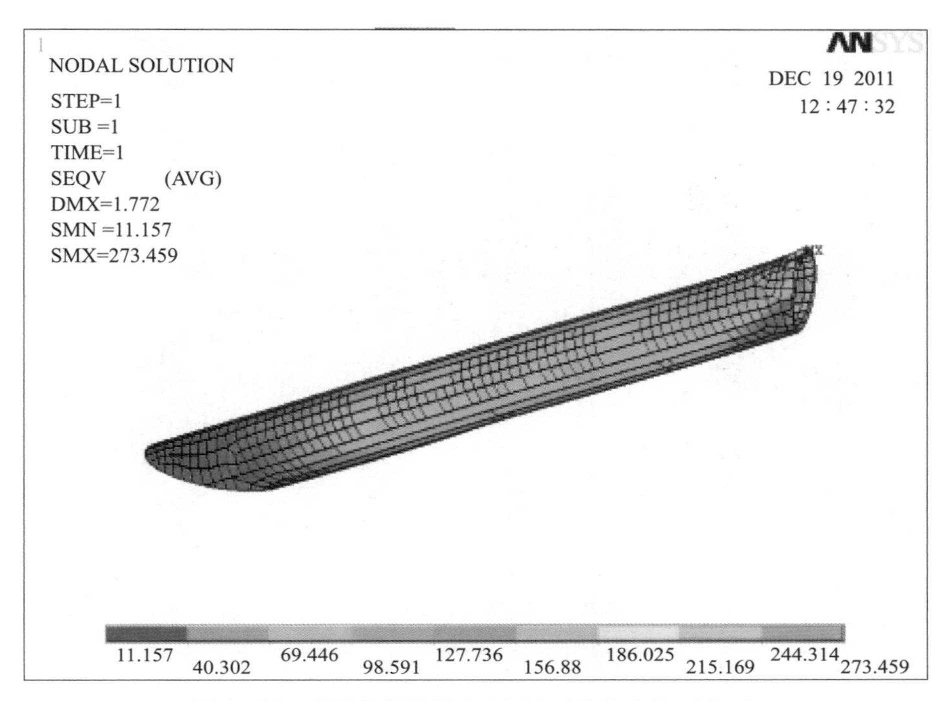

图 4－24　分配梁斜撑管应力云图（应力单位：MPa）

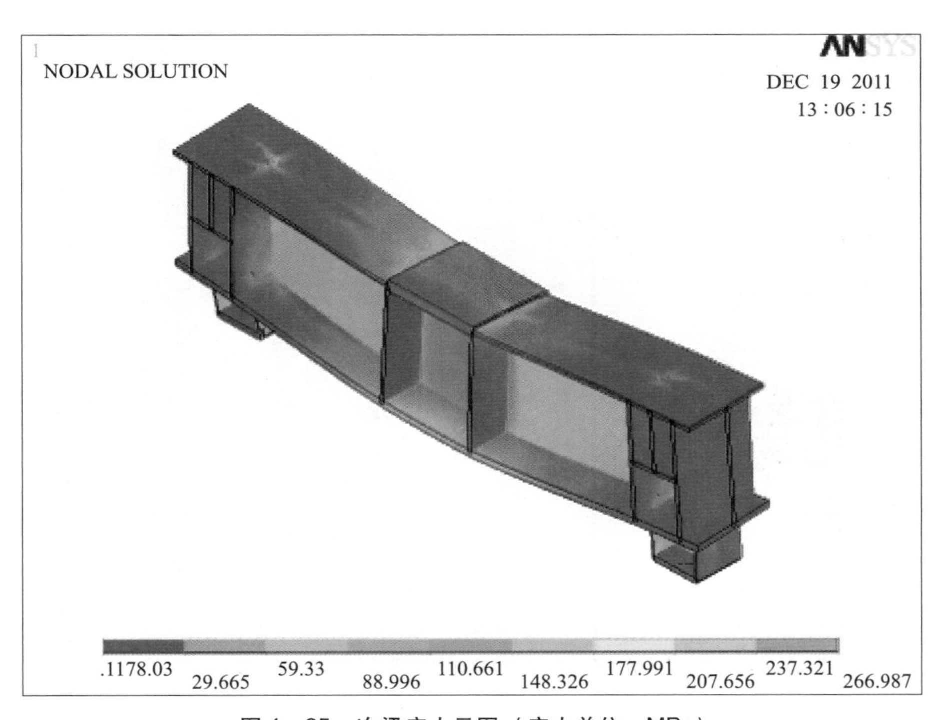

图 4－25　次梁应力云图（应力单位：MPa）

结构最大变形出现在 *Y* 方向，最大变形量为 9. 97mm。最大变形出现在油缸作用位置，结构中间受压弯曲变形。主梁跨距 9 670mm，*Y* 向最大变形量约为跨距的 1/1 000，变形量小

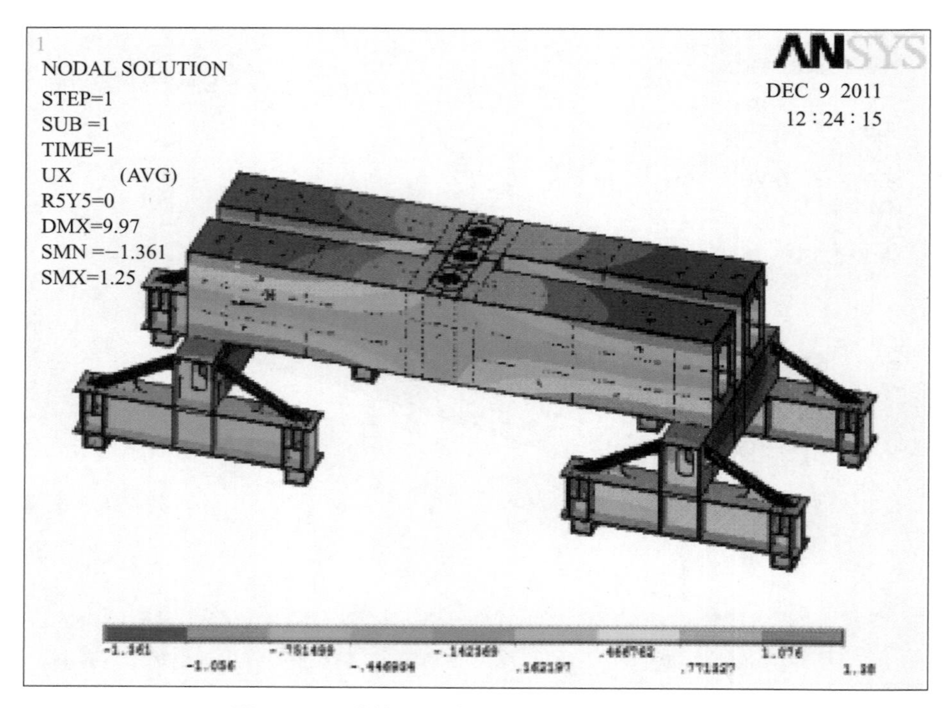

图 4 −26 结构 X 向变形图（变形单位：mm）

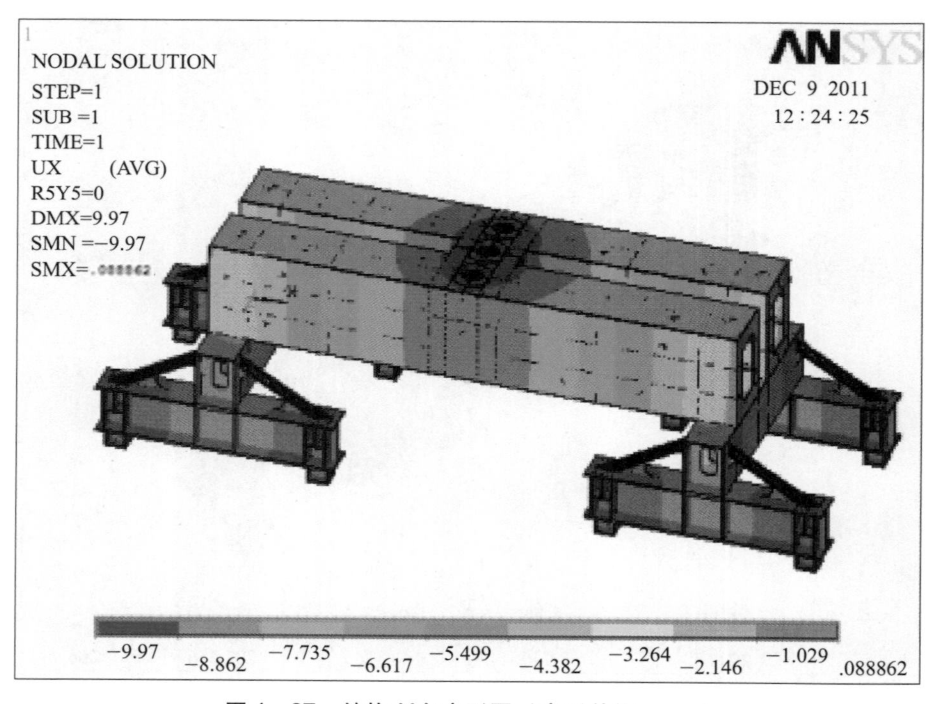

图 4 −27 结构 Y 向变形图（变形单位：mm）

于结构的允许变形量，结构刚度满足要求。

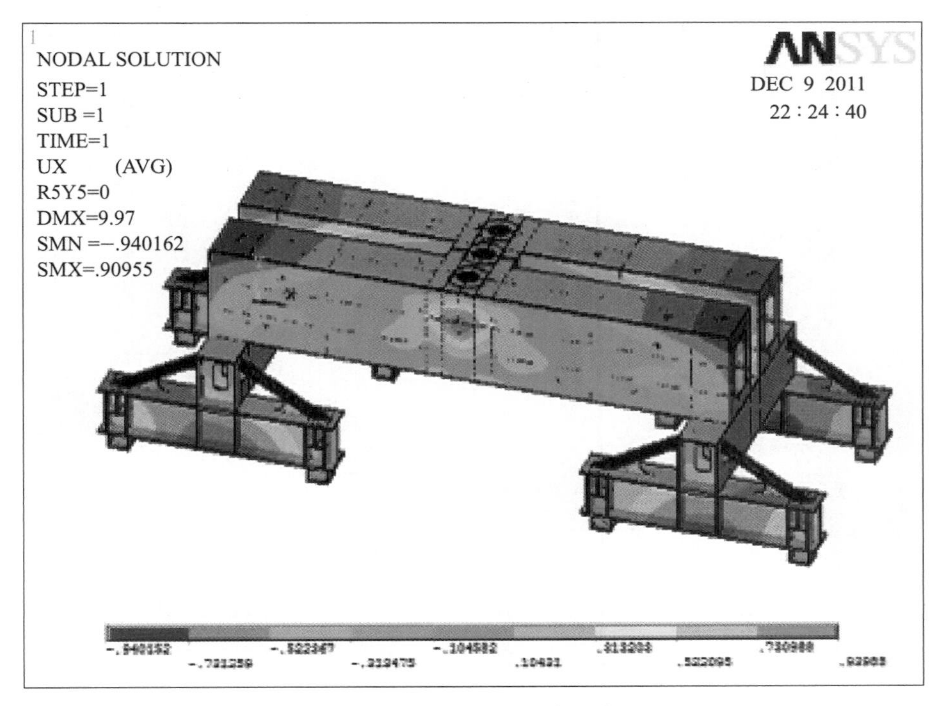

图 4-28　结构 Z 向变形图（变形单位：mm）

4.5.4　总结

通过计算可知，上吊点提升梁结构的强度和刚度均满足要求。

4.6　下吊点结构局部计算

4.6.1　下吊点结构概况

下吊点下部通过销轴与闸门耳板连接，上部通过锚盘与起升钢绞线连接，其结构如图 4-29 所示。

4.6.2　下吊点结构有限元模型

1. 结构有限元模型

下吊点结构的验算运用 ANSYS 软件对其结构进行分析，根据其实际受力情况，单元类型选用 shell63 单元，根据设计图纸提供的几何参数建立下吊点结构的三维数字化有限元模型，模型的主要参数如下：

单元类型：shell63。

拉压弹性模量：$E = 2.1 \times 10^5$ MPa。

泊松比：PRXY = 0.3。

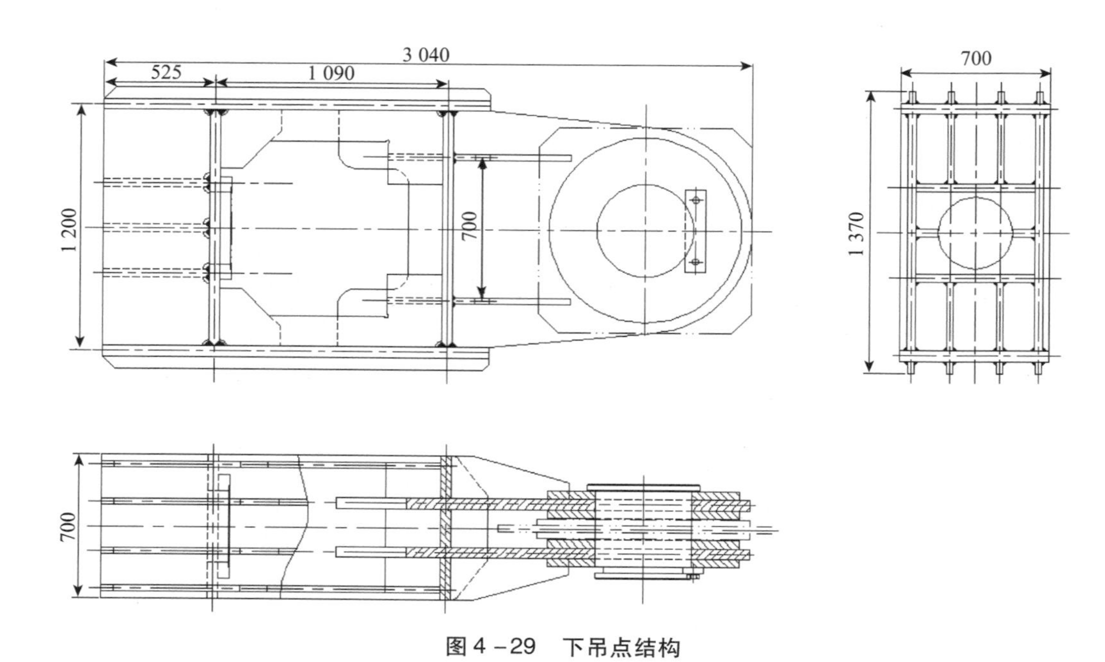

图 4 -29　下吊点结构

密度：$\rho = 7.85 \times 10^{-6}\ kg/mm^3$。

通过 ANSYS 建立的下吊点结构有限元模型如图 4 - 30 所示。

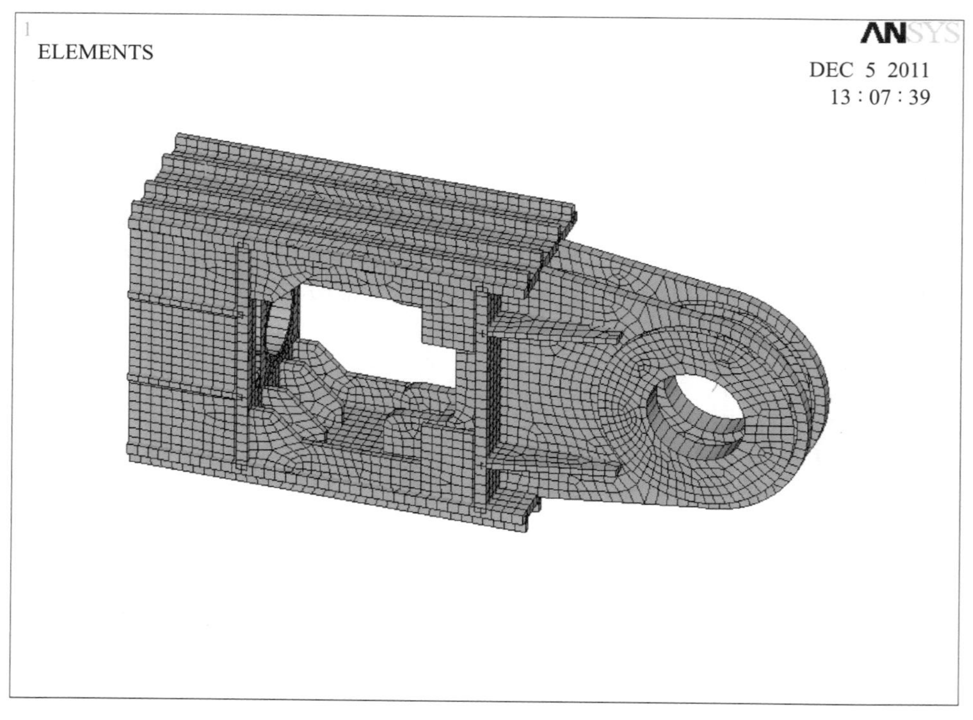

图 4 -30　下吊点结构有限元模型

2. 荷载和约束

模型约束施加于吊耳销轴孔的下半圈，约束其径向位移。

荷载施加在锚盘垫板上，荷载形式为面力，单个吊点的荷载为 400t。

施加了荷载和约束边界后的下吊点结构有限元模型如图 4－31 所示。

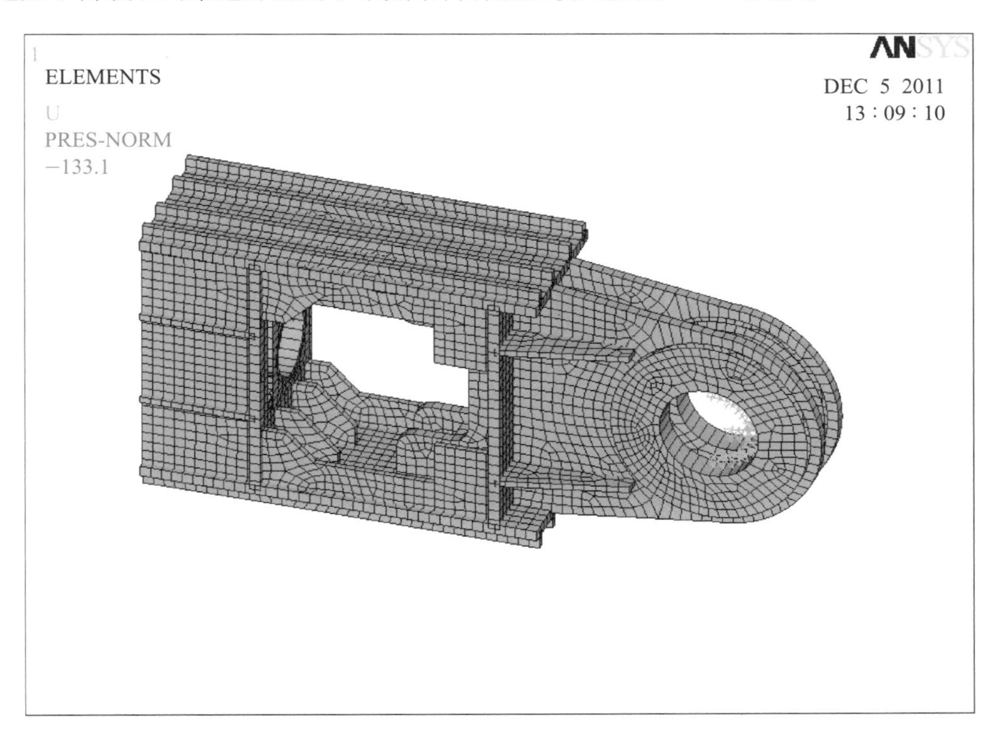

图 4－31　施加荷载和约束边界条件后的下吊点结构有限元模型

4.6.3　计算结果

结构的应力云图如图 4－32 所示。结构的最大应力为 282.5MPa，出现在锚盘垫板与顶部中间筋板连接处，如图 4－33 所示。

结构局部应力云图如图 4－34～图 4－36 所示。

结构 *X*、*Y* 和 *Z* 向的变形云图如图 4－37～图 4－39 所示。

最大变形出现在 *X* 方向，位置为锚盘垫板处，即钢绞线锚盘与下吊点的作用位置，最大变形为 1.23mm，变形量小于允许变形量，结构刚度满足要求。

4.6.4　总结

通过计算可知，下吊点结构的最大应力为 282.5MPa，最大应力小于结构许用应力，结构强度满足要求。结构最大变形 $U_x = 1.23$mm，变形量小于结构运行变形量，故结构刚度也满足要求，综上所述，下吊点结构安全。

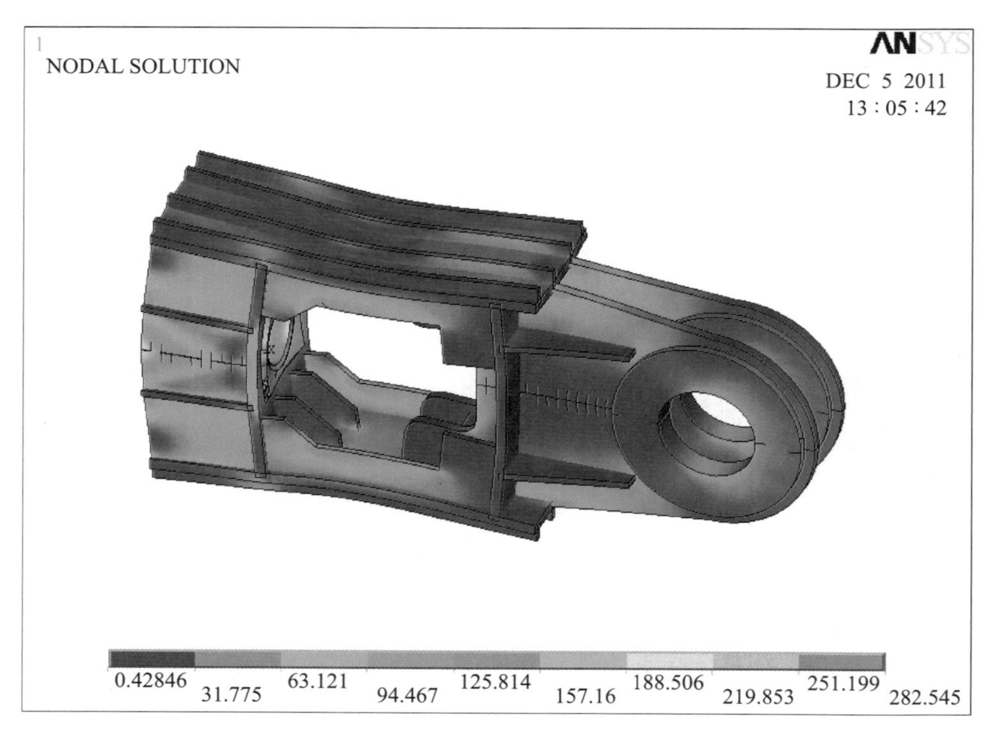

图 4-32 下吊点应力云图（应力单位：MPa）

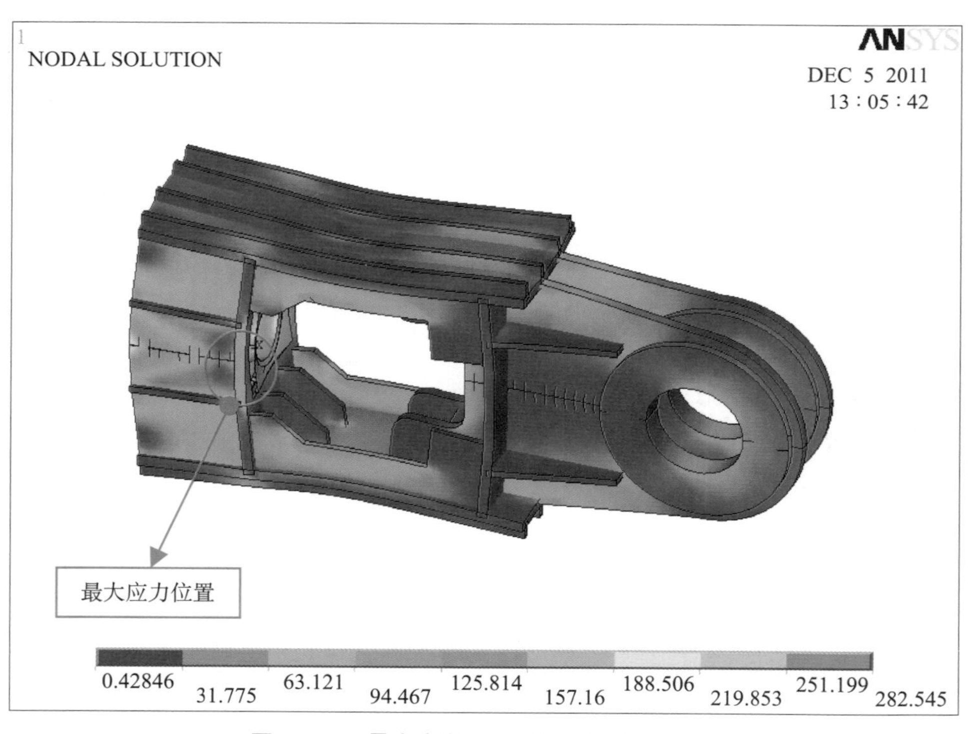

图 4-33 最大应力位置（应力单位：MPa）

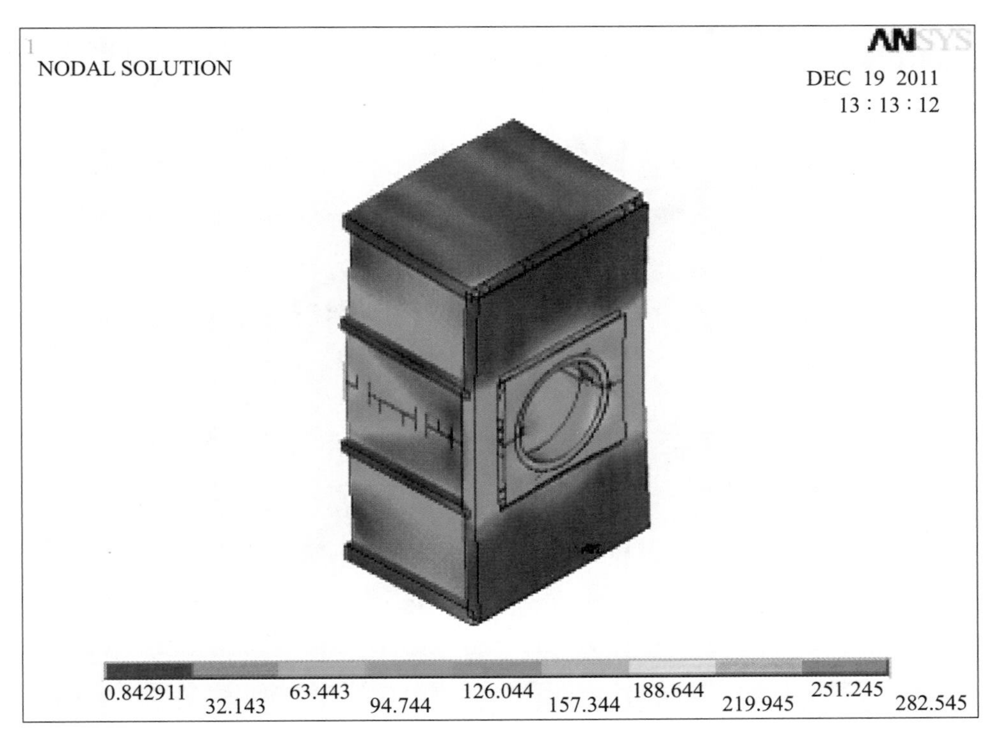

图 4－34　局部应力云图一（应力单位：MPa）

4.7　钢绞线液压提升装置安全性能分析与试验

主要分析各个模块的故障形式、故障发生率及其对安全性能的影响。

4.7.1　提升对象（闸门）

钢绞线与闸门采用销轴方式连接，承受整个下闸过程的全部载荷。闸门及连接部分的力学分析会影响整个系统安全，闸门设计单位及施工单位应积极配合做好这部分的力学分析工作，并请监造单位把握好吊耳的焊接质量，确保闸门下放安全。

主要失效形式：力学分析偏差。

失效率：0%（必须保证）。

4.7.2　钢绞线

钢绞线作为提升系统的承载机构至关重要。钢绞线与锚夹具的啮合，保证被提升对象与提升油缸之间无相对滑移，使得提升油缸带动被提升对象安全上升或者下降，钢绞线与锚夹具配合关系如图 4－40 所示。

1. 钢绞线的标准

采用美国钢结构预应力混凝土用钢绞线标准 ASTMA416。

级别：270KSi；公称抗拉强度：1 860MPa；公称直径：17.8mm；最小破断载荷：353.2kN；

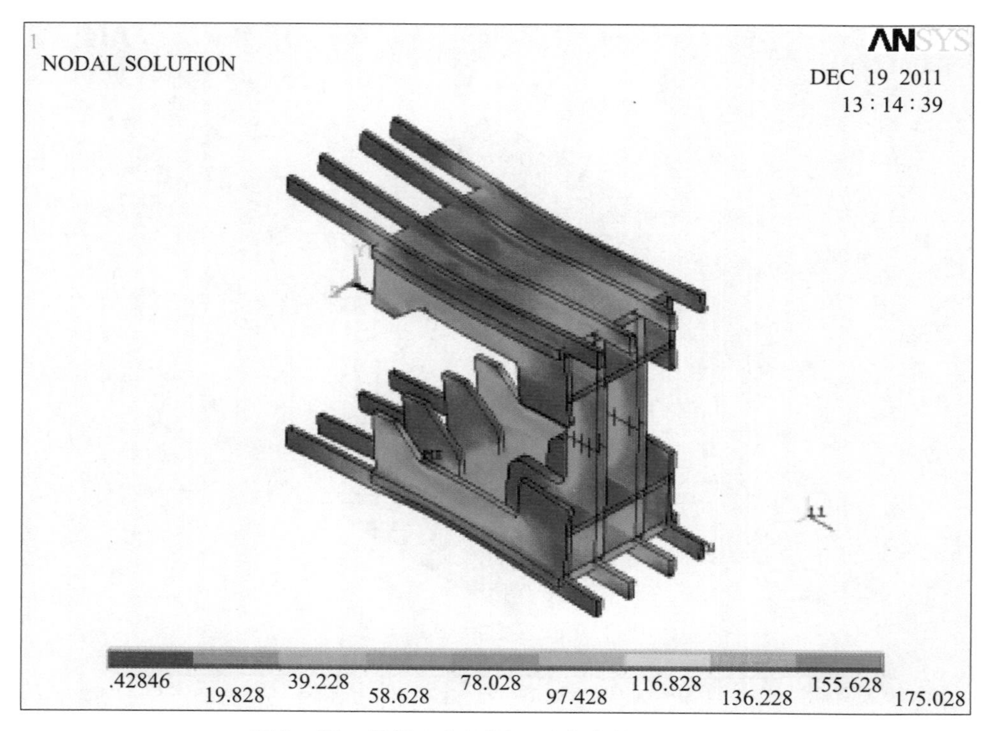

图 4－35　局部应力云图二（应力单位：MPa）

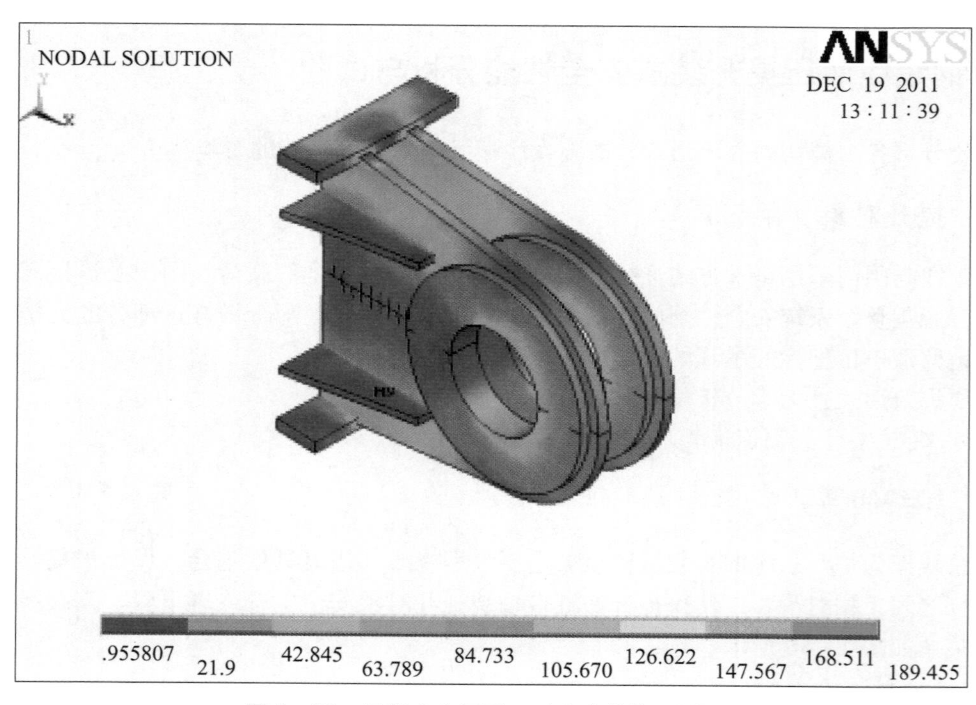

图 4－36　局部应力云图三（应力单位：MPa）

1% 伸长时的最小载荷：318kN。

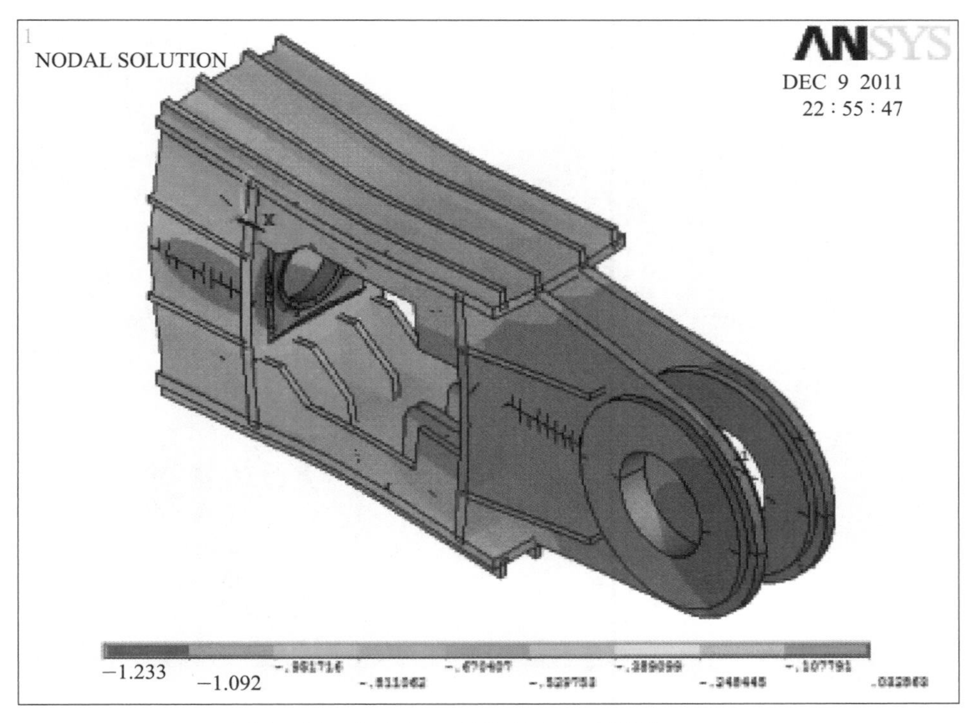

图 4 －37　结构 *X* 向变形云图（变形单位：mm）

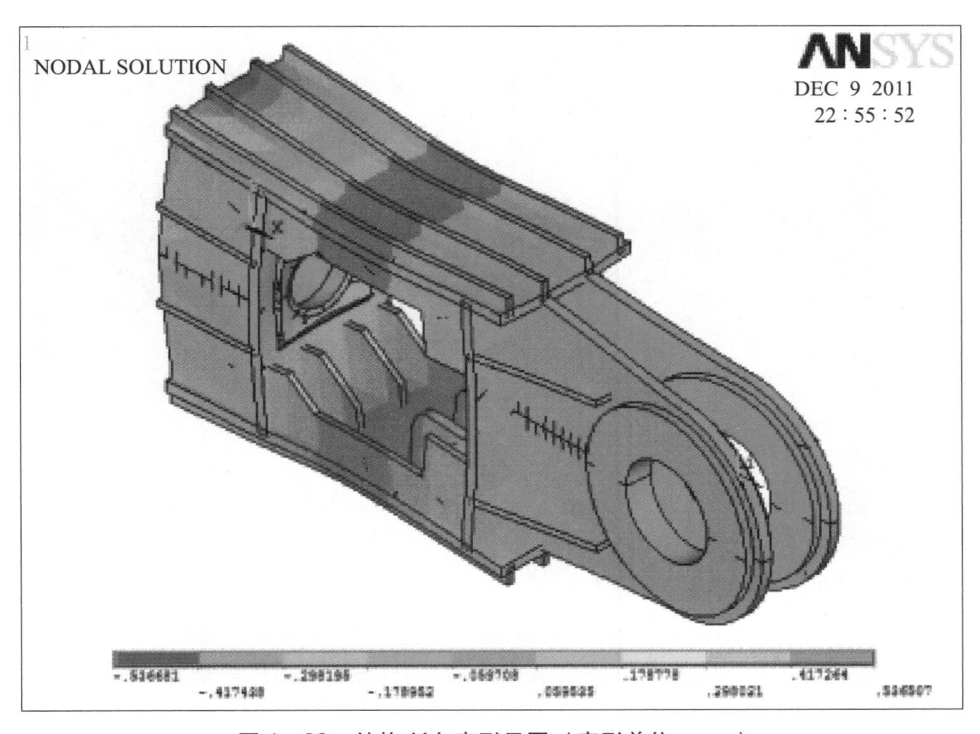

图 4 －38　结构 *Y* 向变形云图（变形单位：mm）

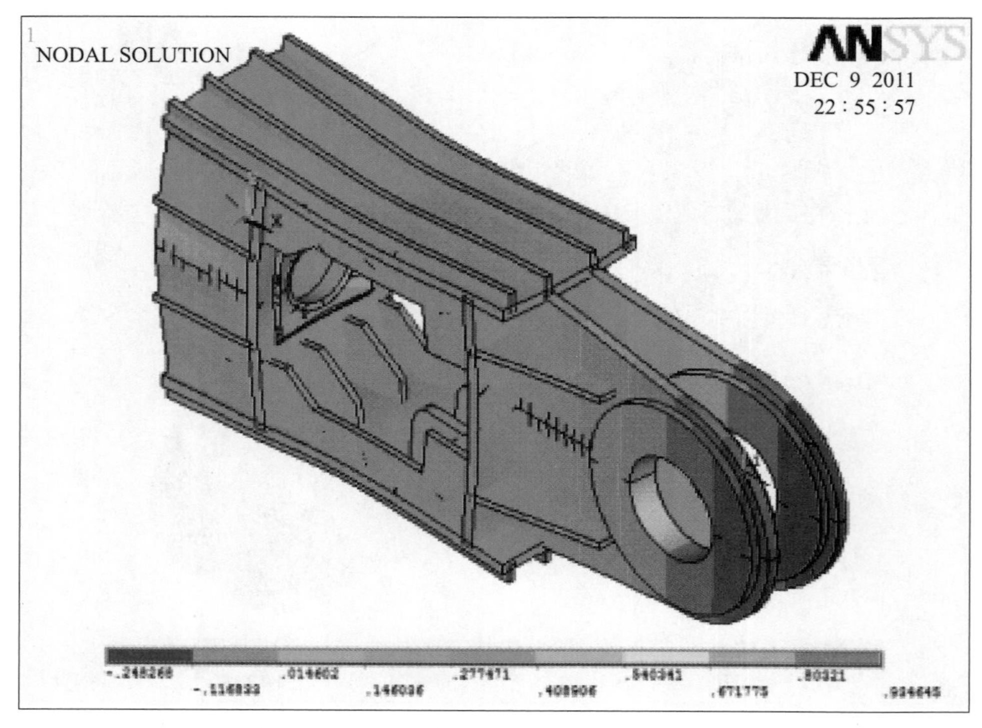

图 4－39　结构 *Z* 向变形云图（变形单位：mm）

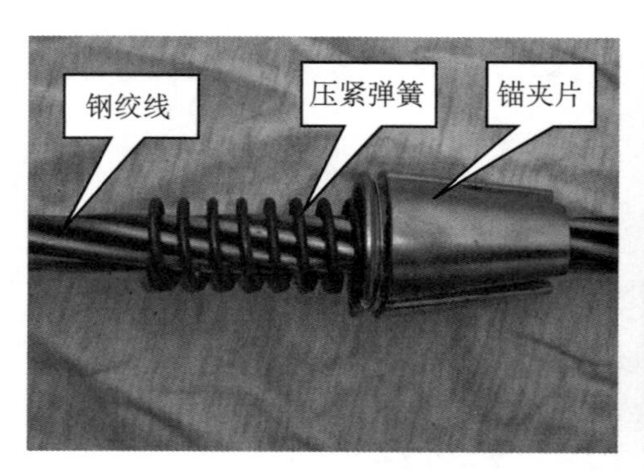

图 4－40　钢绞线与锚夹具配合关系

2. 钢绞线失效形式以及保护措施

（1）牌号选错。提升钢绞线公称抗拉强度 1 860MPa，如果选用 1 720MPa 的预应力钢绞线，会影响锚具的夹紧或脱锚。

（2）钢绞线受损。在工程施工过程中，钢绞线保护不当容易造成弯折等机械损伤，从而影响其在提升油缸锚具中的通过性能，影响安全使用。钢绞线是高强度钢，当通过强电流时，其力学性能有所下降，应避免进行电焊等作业时使钢绞线通过强电流。另外，钢绞线为高碳钢，电焊碰到其表面时会形成不可见的损伤，也会影响其强度。

上述问题，只要加强保护，可以确保钢绞线的失效率为 0%。

（3）钢绞线重复使用损伤试验

液压提升系统利用钢绞线来承重，锚夹具与钢绞线之间产生啮合，这会对钢绞线表面产生一定的损伤，有可能使钢绞线产生疲劳，从而降低强度。为此我们做了大量的试验来分析这种损伤的危害程度。

通过大量的试验之后，发现在钢绞线反复夹紧 100 次时，钢绞线虽然表面出现压痕，但是脱锚工作正常；在反复夹紧约为 300 次时，表面压痕明显加剧，并且出现“松股”现象，这时钢绞线不能再次重复使用，各种损伤情况如图 4 -41 ~ 图 4 -44 所示。试验结果见表 4 -11。

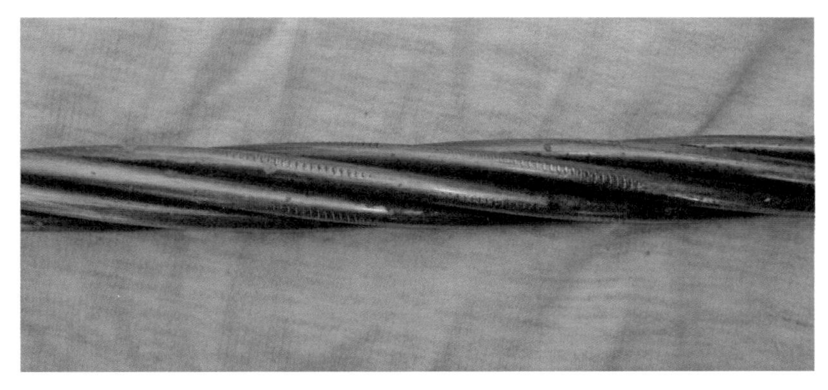

图 4 -41　钢绞线反复夹紧 100 次后的表面损伤

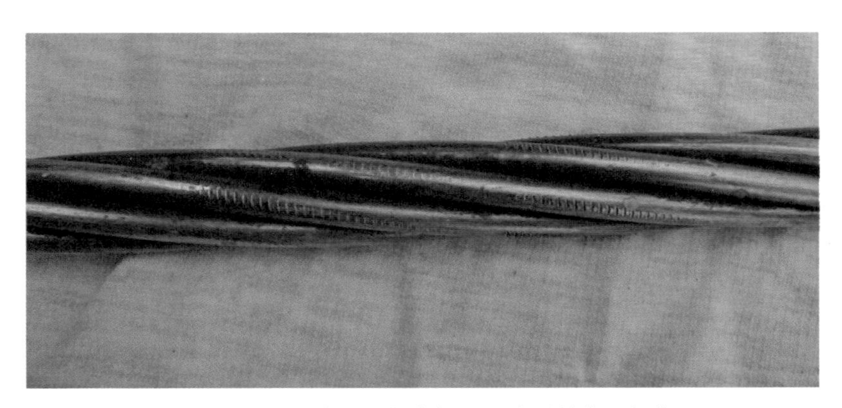

图 4 -42　钢绞线反复夹紧 200 次后的表面损伤

图 4 -43　钢绞线反复夹紧 300 次后的表面损伤

图 4－44　使用前与使用 200 次后钢绞线对比

表 4－11　钢绞线重复夹紧后试验数据

试验次数/次	最小破断载荷/kN	1%伸长时的最小载荷/kN	抗拉强度/MPa	表面损伤	综合评判
0	353.2	318	1 860	无	可使用
25	353.7	319	1 860	轻微	可使用
50	353.3	318	1 860	轻微	可使用
75	351.3	315	1 860	轻微	可使用
100	346.5	310.5	1 860	轻微	可使用
125	349.1	313	1 860	轻微	可使用
150	349.2	311	1 860	中等	可使用
175	347.1	313	1 860	中等	可使用
200	344.7	310	1 860	中等	可使用
225	343	310	1 860	中等	可使用
250	343.1	305	1 860	中等	可使用
275	342	307	1 860	中等	可使用
300	342	307.1	1 860	中等	松股

注：试验钢绞线为 17.8mm 规格的预应力钢绞线，生产厂家为上海申佳。夹紧试验时施加载荷为每根钢绞线 18t。

根据试验数据进行分析得到，钢绞线表面啮合产生压痕之后，钢绞线的最小破断载荷降低了，在重复夹紧 300 次时，钢绞线的最小破断载荷约为新钢绞线的 97%（与新钢绞线比较），但是由于钢绞线重复使用之后，出现了“松股”现象，导致钢绞线报废。由此可以看出，在液压提升中，在额定载荷之下钢绞线的主要破坏形式为“松股”，压痕损伤对钢绞线的强度影响不大。

3. 钢绞线极限承载试验

（1）试验目的：验证钢绞线实际破断拉力，以及在多次夹紧之后的破断拉力。

（2）试验方法：利用试验支架，将钢绞线的一端用 P 锚压紧，另一端放置在提升油缸内部。提升油缸逐步加载，观察在不同的压力之下，钢绞线的承载情况，并且记录钢绞线破断时的油压值。对不同夹紧程度的钢绞线重复试验，观察多次夹紧的钢绞线的破断值是否出现变化。

（3）试验步骤。

第一步：将承载钢绞线布置于试验设备中，如图 4－45～图 4－47 所示。

图 4－45　试验支架

图 4－46　钢绞线 P 锚固定端

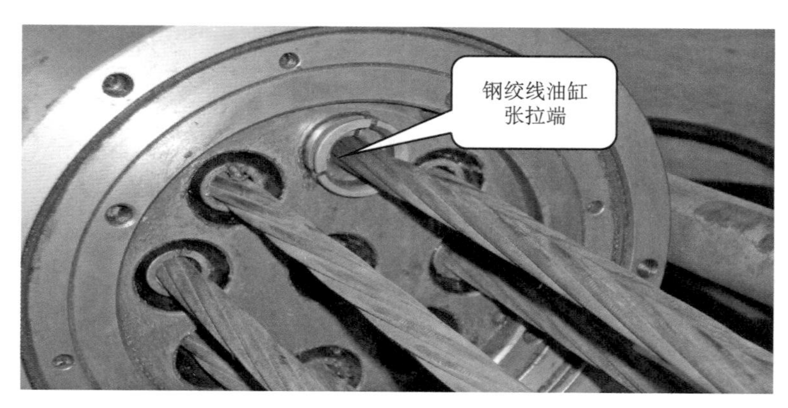

图 4－47　钢绞线油缸张拉端

第二步：提升油缸逐步加载，并记录破断时的压力值，如图4－48和图4－49所示。

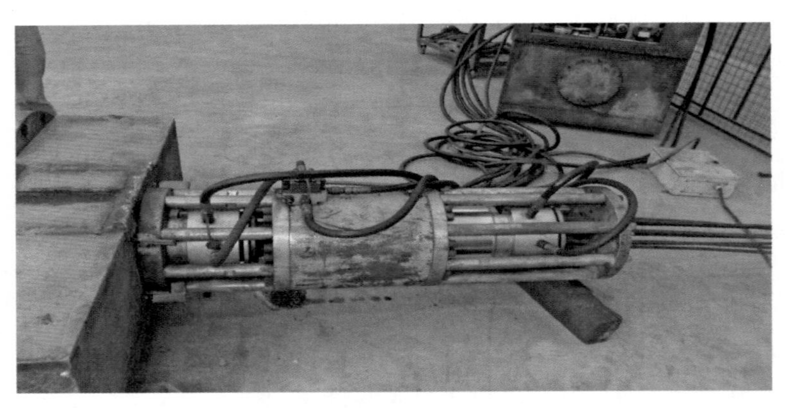

图4－48　试验加载油缸

图4－49　试验记录仪表

第三步：对不同的钢绞线重复试验，并记录试验值。

（4）试验结果（见表4－12）。

表4－12　不同类型钢绞线破断载荷

序号	钢绞线状况	平均破断压力/MPa	提升油缸面积/m^2	破断载荷/kN
1	新钢绞线	10.6	0.039	413.4
2	重复25次	10.9	0.039	425.1
3	重复50次	10.7	0.039	417.3
4	重复100次	10.4	0.039	405.6
5	重复200次	10.1	0.039	393.9

4.7.3　锚夹片

1．工作原理

提升底锚与提升油缸内部装有锚夹片，锚夹片内部布满“牙齿”，保证与钢绞线咬合紧密，外部为一个圆柱体，与锚座之间的楔形结构能够形成自锁，从而避免了钢绞线产生滑移，如图4－50～图4－52所示。

图4－50　锚片装配

图4－51　提升专用锚夹片

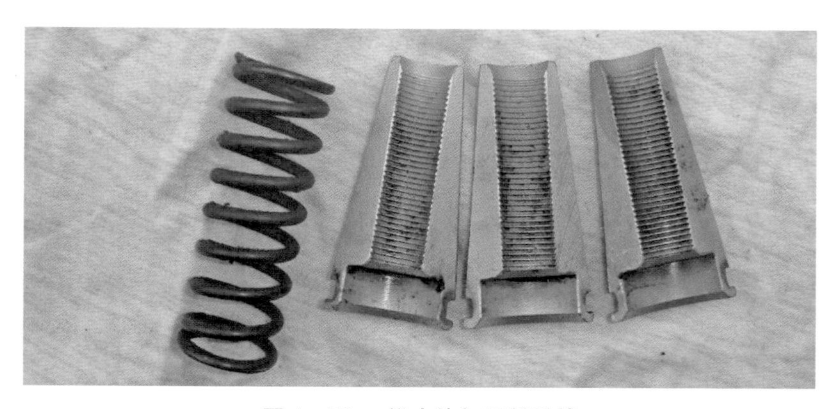

图4－52　锚夹片与压紧弹簧

2. 失效形式以及保护措施

常用的锚片牙型为圆弧形齿，虽然容易咬紧钢绞线，但缺点是：钢绞线所受损伤大，齿根强度低。通过研究与试验之后，将圆弧形齿改成三角齿，如图4－53和图4－54所示，这样，提高了夹紧强度，降低了钢绞线下滑量；同时，增加了齿根强度，牙齿不易折断。这种齿形的锚片已在工程施工中稳定使用十年。确保锚夹具失效率为0%。

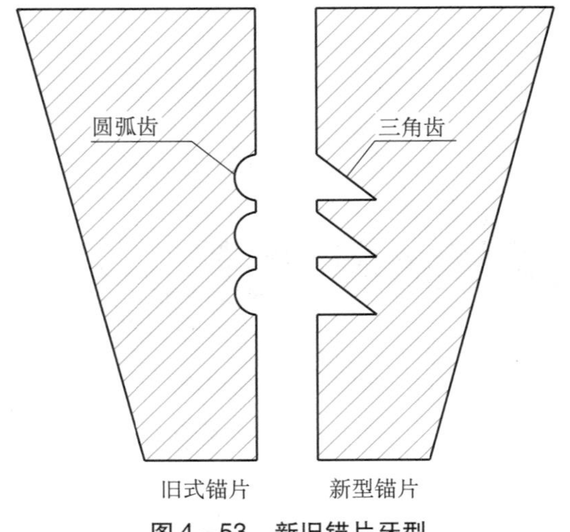

图4－53　新旧锚片牙型

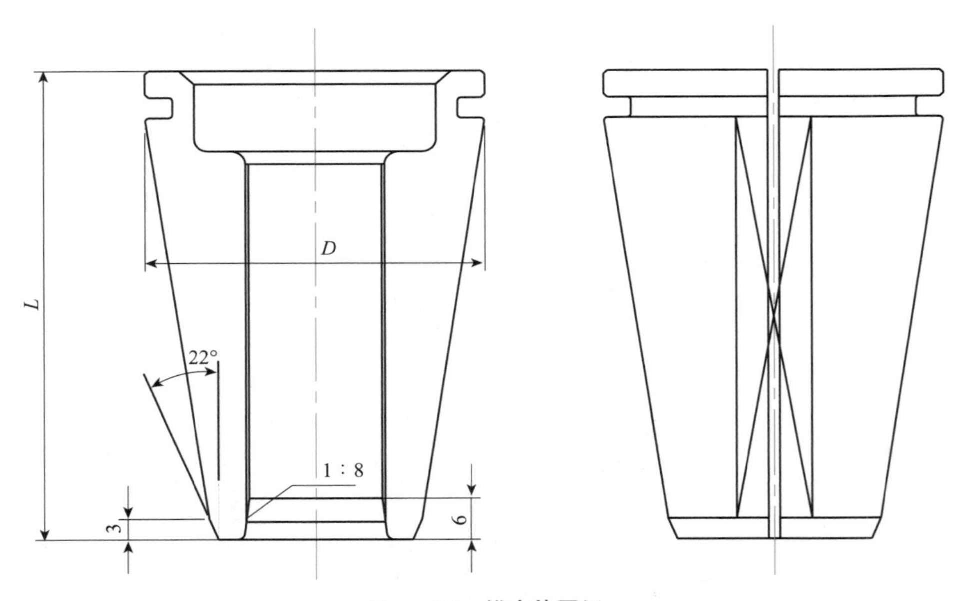

图4－54　锚夹片图纸

3. 锚片试验

除了锚夹片牙型之外，圆柱体的直径、长度和外体倾角对于锚夹片的夹紧和脱锚性能影响最大，为此对不同长度、不同角度的锚夹片的脱锚效果做了对比试验，如图4－55所示。以锚固和脱锚失效率为评判锚夹片优良的标准，其中失效率最低的最优。每种锚夹片做1 000次夹紧和脱锚试验。锚夹具失效包括脱锚时有异常声响，钢绞线出现松股现象，或者锚片卡死。在该试验中，没有出现卡死现象。试验结果见表4－13。

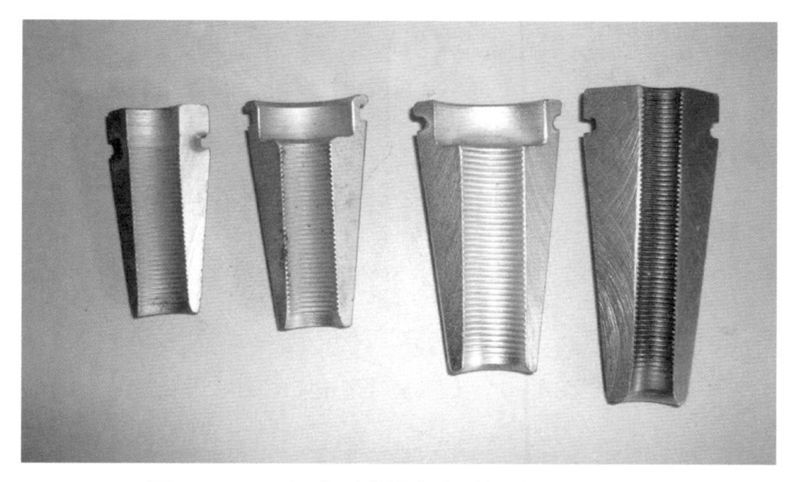

图 4－55　不同类型的锚夹片脱锚效果对比试验

表 4－13　不同长度锚夹片脱锚失效率对比

外体倾角	长度			
	45mm	60mm	70mm	80mm
7°	0.1%	0.2%	0.2%	0.3%
7°20′	0.2%	0.2%	0.2%	0.2%
7°40′	0.2%	0.1%	0.1%	0.2%
8°	0.2%	0.1%	0.2%	0.3%

经过多次对比试验之后，发现角度为 7°40′时的失效率最低，此时对钢绞线表面损伤也最小。

4.7.4　上下锚具

1. 工作原理

上下锚具位于提升油缸的上部和下部，是提升油缸夹紧钢绞线的“手”和“脚”。锚具利用锚片牙齿咬紧钢绞线，依靠锚片与锚座之间的楔形机构形成自锁。上下锚具中锚夹片可在小油缸的作用下夹紧或打开。上下锚具中锚夹片可主动夹紧，避免了被动夹紧引起的不可靠问题，确保锚夹片压紧在锚板内部，与钢绞线咬合得更加紧密。

2. 结构改进

半开放式结构：此前水电工程的锚具油缸均设计成开放式结构，异物很容易进入其内部。向家坝工程创新性地采用一种半开放式结构锚具油缸（见图 4－56），这样就避免了异物进入锚具油缸而影响夹紧的问题，大大提高了系统的安全性。这种半开放式结构锚具油缸此前经过多个非水电工程的检验，没有出现失效的情况，并且比开放式结构锚具油缸更加稳定和安全。

主动加载：利用锚具夹紧油缸、顶管和压紧弹簧组成一种新型的脱锚机构，如图 4－57 和图 4－58 所示，在脱锚与紧锚时通过辅助外力施加影响，使得脱锚和紧锚的效果更好。

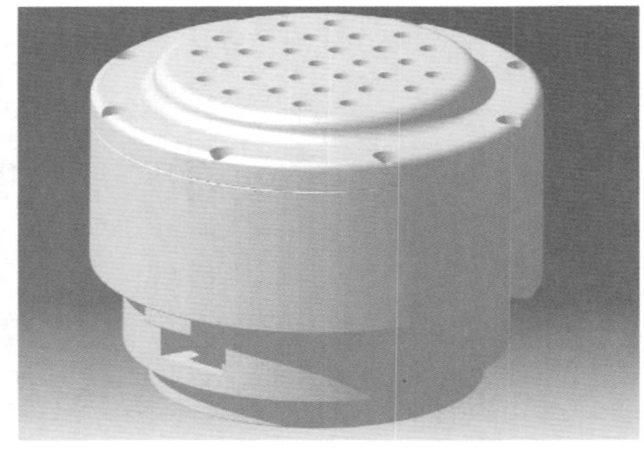

图 4－56　锚具油缸半开放式结构

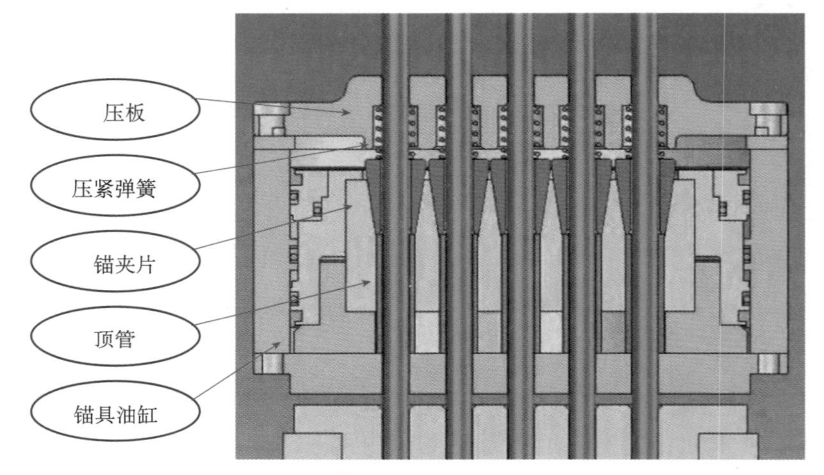

图 4－57　锚夹具装配示意图

图 4－58　锚夹具内部关键部件

3. 常规试验

1）试验依据

（1）GB/T 14 370—2000《预应力筋用锚具、夹具和连接器》；

（2）GB/T 14 437—1997《产品质量监督计数一次抽样检验程序及抽样方案》；

（3）GB/T 699—1999《优质碳素结构钢》；

（4）GB/T 230—91《金属洛氏硬度试验方法》；

（5）GB/T 228—2002《金属材料室温拉伸试验方法》；

（6）GB/T 1 591—94《低合金高强度结构钢》。

2）试验与检测

按照上述标准进行检验。锚夹具内部结构如图 4－59 所示。

图 4－59　锚夹具内部结构

4. 上下锚具锚夹片均载分析

在液压同步提升系统中，提升油缸是承重机具，它直接承受被提升对象的重量，其结构如图 4－60 所示。

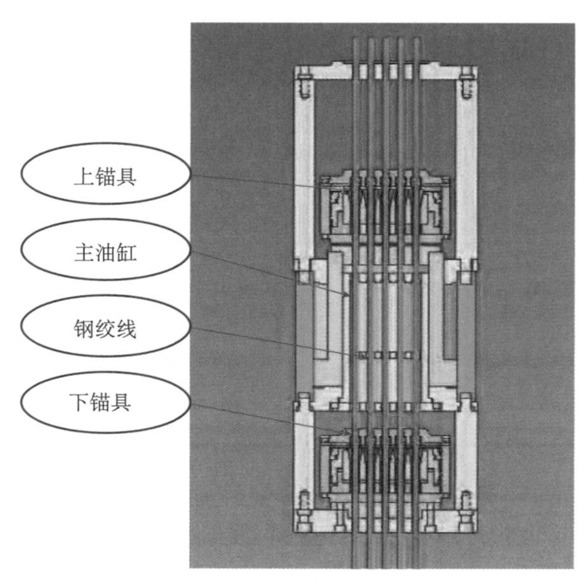

图 4－60　提升油缸结构示意图

通过提升油缸上、下锚具的切换动作，提升油缸可以沿着钢绞线将被提升对象安装到预定位置。提升油缸中多根钢绞线共同承受被提升对象的重量。为了确保提升安全，各根钢绞线负载必须均衡，不能超过钢绞线强度极限，否则会造成恶劣结果。在上海“东方明珠”广播电视塔钢天线桅杆的提升过程中，为了避免同一提升油缸中钢绞线负载分配不均而引起灾难性的后果，特地制作了钢绞线负载均衡监测传感器，以准备在钢绞线负载不均衡的情况下人为地调整其负载分配。但后来的工程实践证明：结构如图 4－60 所示的同一提升油缸中的各根钢绞线在提升过程中能够实现负载的自动均衡。这一结论在后继的北京西客站、首都机场四机位和上海大剧院等提升工程中得到了进一步的证明。在同步提升技术不断应用于重点工程的同时，我们也就同一提升油缸中钢绞线负载自动均衡这一关键技术问题展开了研究。通过大量的试验研究发现：同一提升油缸中钢绞线负载自动均衡是由于提升油缸所承受的负载在从其上锚具承受转换到下锚具承受的过程中，受力钢绞线相对于锚具产生滑移，通过具有弹性的钢绞线最终实现负载的自动均衡。下面就这一问题作一讨论。

在提升过程中，提升油缸由于行程的限制，必须通过不断的伸缩动作不连续地将被提升对象送至最终位置。在提升油缸的一次伸缩动作过程中，要经过两次负载转换：第一次是提升油缸带载伸缸时负载从下锚具承受转换至上锚具承受；第二次是提升油缸空载缩缸时负载从上锚具承受转换至下锚具承受。因此，同步提升的过程就是负载不断在上锚具和下锚具之间转换的过程。无论是上锚具承载，还是下锚具承载，在锚具锚夹片夹紧钢绞线的过程中，钢绞线相对于锚具均会产生一定的滑移。这种滑移经分析可以分为以下四个部分：

（1）消除锚具初始间隙而产生的滑移。尽管在负载转换前锚具油缸向锚夹片施加了一定的液压预紧力，但由于施力的锚具油缸的作用力有一定的限制，还未达到锚具的完全锁紧。锚孔与锚夹片之间、锚夹片与钢绞线之间还存在初始间隙。在上下锚具负载转换的过程中，锚具将会利用锚具油缸作用而产生的锚夹片与钢绞线之间的摩擦力首先消除这个初始间隙。在消除这个间隙的过程中，钢绞线相对于锚具会产生一定的滑移。由于初始间隙与诸多因素有关，因此这个滑移是不确定的。大量的试验表明，这个滑移的量值在 2～3mm 之间。

（2）锚孔变形引起的钢绞线相对于锚具的滑移。随着初始间隙的进一步消除，钢绞线与锚夹片咬合锁紧在锚孔中。锚孔内壁将会受到如图 4－61 所示的作用力。锚孔内壁受力产生如图 4－61 所示的变形，这样使得钢绞线与锚夹片一起向下滑移。这个滑移量的大小与锚具承受的载荷、锚孔的表面硬度等因素有关。

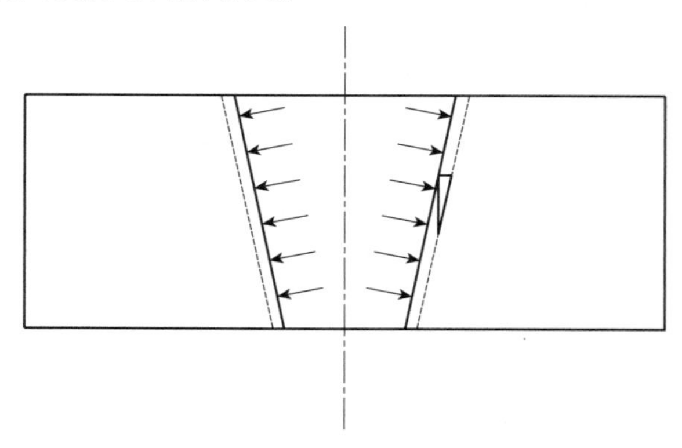

图 4－61　锚孔内壁受力及变形示意图

注：实线为锚孔初始内壁，虚线为锚孔变形后的内壁。

（3）锚夹片咬合钢绞线而产生的滑移。为了增加锚夹片与钢绞线之间的摩擦力，锚夹片内表面具有牙齿。由于钢绞线的表面硬度远低于锚夹片牙齿的表面硬度，因此在钢绞线与锚夹片接触的表面上将会产生弹塑性变形。锚夹片牙齿嵌进钢绞线之后，钢绞线将与锚夹片一起产生向下滑移，如图 4－62 所示。这个滑移量的大小与锚具所承受的载荷、钢绞线的表面硬度等因素有关。

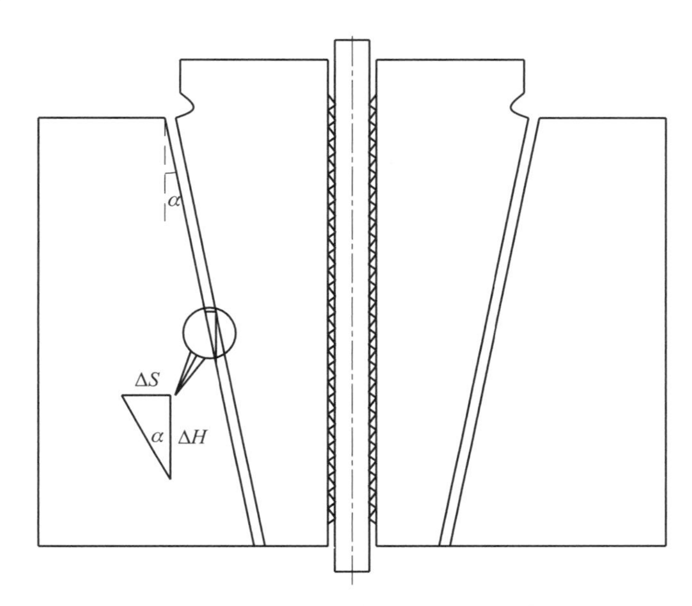

图 4－62　锚夹片牙齿引起滑移的示意图

（4）钢绞线与锚夹片之间由于所承受的垂直负载的作用而产生的滑移。钢绞线与锚夹片之间除了上述的锚夹片牙齿咬合钢绞线而产生的滑移之外，由于所承受的垂直负载的作用，钢绞线与锚夹片之间还会产生与负载方向一致的垂直滑移。这个滑移量的大小也与锚具负载有关。

通过上面分析，可以知道钢绞线相对于锚具的滑移量与锚具所承受的负载有关，而且通过试验与理论分析有以下结论：锚具所承受的负载越大，钢绞线相对于锚具的滑移量就越大；反之，锚具所承受的负载越小．钢绞线相对于锚具的滑移量就越小。下面我们就利用这一结论来进一步说明提升油缸中钢绞线负载的自动均衡过程。

现假设如图 4－63 所示有一提升油缸使用三根钢绞线提升一重物，提升油缸的行程为 C，钢绞线的长度为 L，钢绞线的延伸率为 K，钢绞线的滑移量 S 与所承受的载荷 F 的函数关系为 $S(F)$。由于某种原因使得三根钢绞线承载严重不均，现假设初始的状态为：钢绞线 2 不受力，处于松弛状态，即 $F_2(0)=0$，重物 M 由钢绞线 1 和 3 均匀承受，即 $F_1(0)=F_3(0)=M/2$。

假设如图 4－63 所示初始状态时下锚具承受负载，则提升时的第一个过程就是将载荷从下锚具转移到上锚具。如果提升油缸伸缸进行上下锚具负载转换时，钢绞线相对于锚具不产生滑移，则提升油缸伸缸 X 时其下钢绞线的长度将缩短为 $L-X$，但是，由于钢绞线相对于锚具产生滑移，并且在先不考虑钢绞线 2 的情况下，钢绞线 1 的滑移量 S_1 和钢绞线 3 的滑移量 S_3 应为 $S_1=S_3=S[F_1(0)]$，这样，提升油缸 1 和 3 下面的钢绞线长度应为 $L-X+S_1$。

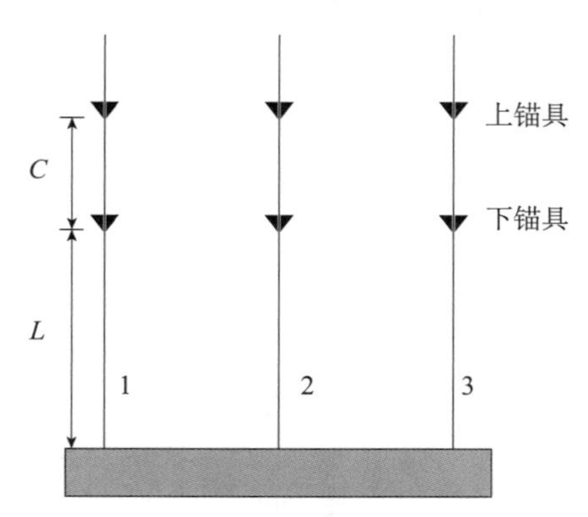

图 4－63　三根钢绞线承载示意图

在提升过程中，由于三根钢绞线的长度始终保持一致，因而迫使钢绞线 2 在锚具负载转换时略有延伸，钢绞线 2 承载，这样将减小钢绞线 1 和 3 所受载荷。

如图 4－64 所示，若提升油缸 1 下面的钢绞线长度为 L_1，提升油缸 2 下面的钢绞线长度为 L_2，则有

$$L_1 = L - X + S_1 - \Delta X_1$$

$$L_2 = L - X + S_2 - \Delta X_2$$

因为 $L_1 = L_2$，所以有：

$$\Delta X_2 = S_1 - S_2 - \Delta X_1 \tag{4-1}$$

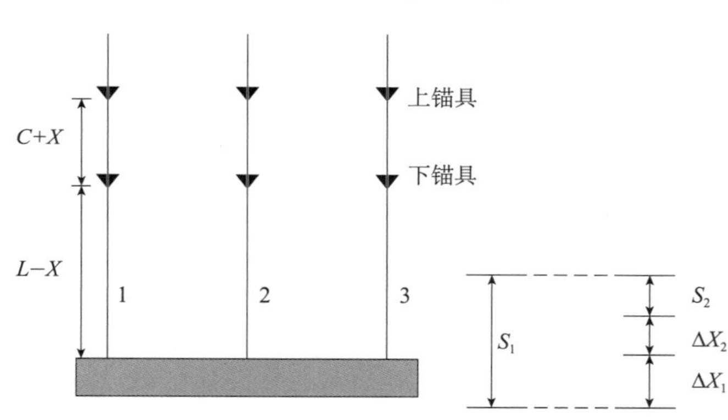

图 4－64　钢绞线新的平衡位置

S_1 —钢绞线 1 的滑移量；S_2 —钢绞线 2 的滑移量；ΔX_2 —钢绞线 2 的延伸量；ΔX_1 —钢绞线 1 的延伸量

假设钢绞线承载变化量与延伸变化量满足胡克定律，则经过锚具第一次切换之后，钢绞线 1、2、3 承受载荷的变化量 $\Delta F_1(1)$、$\Delta F_2(1)$、$\Delta F_3(1)$ 分别为：

$$\Delta F_1(1) = F_1(1) - F_1(0) = K\Delta X_1 \tag{4-2}$$

$$\Delta F_2(1) = F_2(1) - F_2(0) = K\Delta X_2 \tag{4-3}$$

$$\Delta F_3(1) = F_3(1) - F_3(0) = K\Delta X_3 \tag{4-4}$$

由于钢绞线 2 增加的载荷等于钢绞线 1 和 3 载荷减小量之和，即 $\Delta F_2(1) = \Delta F_1(1) + \Delta F_3(1)$，又 $\Delta X_1 = \Delta X_3$，因此有 $\Delta X_2 = 2\Delta X_1 = 2\Delta X_2$，将上式代入式（4－1），则有

$$\Delta X_1 = (S_1 - S_3)/3 \tag{4-5}$$

由于钢绞线滑移量与其所受载荷存在如下关系：

$$S_1 = S[F_1(0)],$$
$$S_2 = S[F_2(0)]$$

由式（4－2）和式（4－5）可以得到经过第一次锚具负载转换之后三根钢绞线所受载荷的大小。

由此可见，经过第一次锚具负载转换之后，钢绞线受力状态已不同于初始状态，钢绞线 2 已经开始受力，钢绞线 1 和 3 受力不再是 $M/2$，而是略有减小。

同样的方法，我们可以推导出经过若干次锚具负载转换之后，三根钢绞线所受载荷的大小的计算公式。

根据上面分析可知，随着提升过程中锚具负载的不断转换，钢绞线 2 的载荷将逐渐增加，而钢绞线 1 和 3 的载荷将逐渐减小，最终三根钢绞线载荷趋于均衡。当三根钢绞线的滑移量趋于相等时，即 $S_1 = S_2 = S_3$，则每根钢绞线的载荷趋于相等，即为 $M/3$。

对于多根钢绞线提升油缸可以用类似的分析方法对钢绞线负载均衡问题加以分析。无论提升油缸状态的钢绞线载荷如何分配，但是经过若干次锚具负载转换之后（试验和实践表明：一般要经过 6 ~ 7 次）钢绞线负载将趋于均衡。这一结论对液压同步提升系统的安全性至关重要。

5. 上下锚具耐污试验

提升油缸在安装钢绞线之前，须进行严格的检查，确保钢绞线穿入时保持外表干净无污物，穿束以后，应将其锚固夹持段及外端的浮锈和污物擦拭干净。但是在实际使用中，由于工作环境较为恶劣，工作时间较长，不可避免地会在钢绞线上面附着灰尘或者其他污物，有必要研究锚夹具的耐污能力。

试验方法是在锚夹片内部装有不同介质的污物，如铁锈、煤灰，进行锚夹具的紧锚和脱锚试验，观察是否对其有影响。经过多次的试验之后，发现由于锚夹片的牙齿啮合作用，以及锚夹具楔形机械特性，使得在夹片无损伤的情况下，不会影响其紧锚和脱锚的性能。但是，必须防止一些如铁丝之类的物品进入锚夹片，这类物品会对锚夹片产生损伤。

4.7.5　底锚

底锚是钢绞线与闸门连接的关键部件，底锚必须保证在恒载和动载状况下受力 100% 的安全。

1. 工作原理

底锚主要的工作原理是利用锚片牙齿咬紧钢绞线，并且依靠锚片与锚座之间的楔形机构形成自锁，如图 4－65 所示，提升底锚将钢绞线与被提升对象固结起来，使得钢绞线能够带动被提升对象上升或者下降。

2. 失效形式以及采取的措施

底锚失效一般为两种形式：一是锚座开裂；二是锚片打滑。锚座开裂主要是由于制造过程中热处理造成的，只要加强对热处理过程的控制和检验，这种失效完全可以避免。通过后期的静载试验也可以甄别锚座是否开裂。底锚直接与闸门相连，动水对闸门造成的振动冲击直接作用在底锚夹紧锚片上，长期振动容易引起锚片夹紧效果下降。为此，在每一根钢绞线

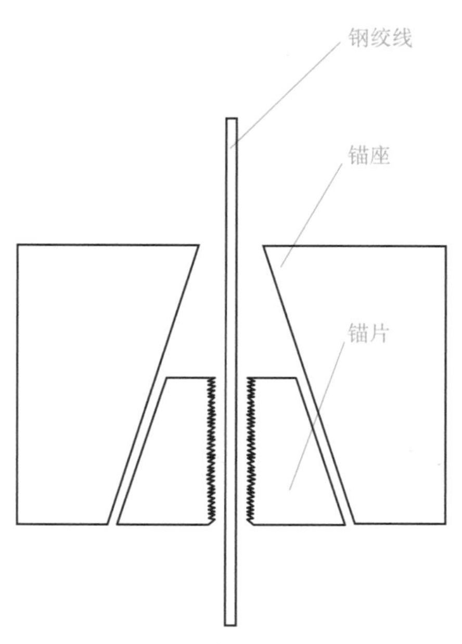

图 4－65　底锚工作原理图

的末端增加了一个安全锚——P 锚，如图 4－66、图 4－67 所示，确保底锚的失效率为 0%。

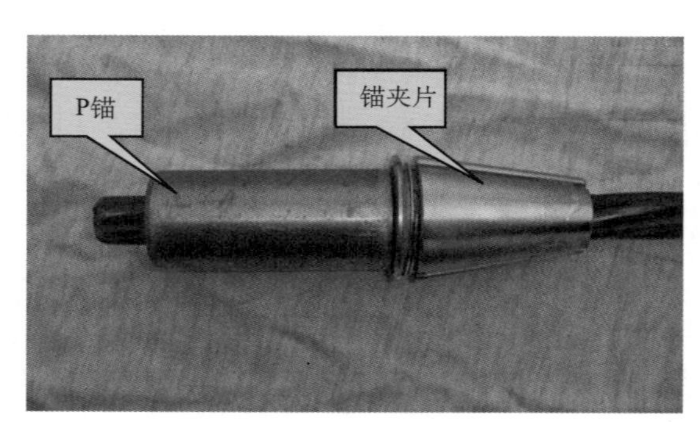

图 4－66　P 锚与锚夹片安装形式

3. 底锚检测与试验

1）试验依据

（1）GB/T 14370—2000《预应力筋用锚具、夹具和连接器》；

（2）GB/T 14437—1997《产品质量监督计数一次抽样检验程序及抽样方案》；

（3）GB/T 699—1999《优质碳素结构钢》；

（4）GB/T 230—91《金属洛氏硬度试验方法》；

（5）GB/T 228—2002《金属材料室温拉伸试验方法》；

（6）GB/T 1591—94《低合金高强度结构钢》。

2）静载试验

根据设计要求，对每一个底锚都进行 50% 超载试验，经过疲劳载荷和周期载荷的作用之后，无裂纹无变形，满足使用要求。根据试验分析以及工程施工经验可以看出，底锚的主要

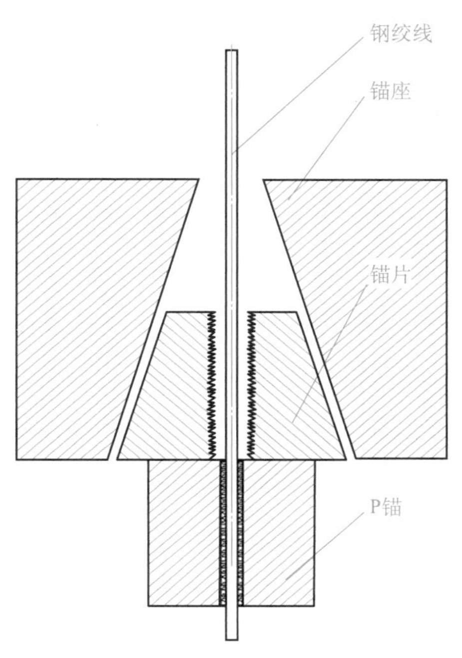

图 4－67　P 锚安装示意图

失效原因是由加工质量问题引起的，尤其是热处理不当，造成底锚内部有裂纹或者残余应力过大，导致底锚开裂。在正确的设计和严格的加工工艺保证之下，每个锚具都经过超载试验，能够确保底锚不失效。底锚装配和底锚试验如图 4－68、图 4－69 所示。

图 4－68　底锚装配

4.7.6　提升油缸故障分析

1. 锚具油缸故障分析

根据工程施工的经验，总结起来锚具油缸的主要故障为：异物进入影响夹紧；密封件损坏；接头漏油。

图 4－69　底锚试验

锚具油缸为一个半开放式结构，这样就避免了较大的异物进入锚具而影响夹紧的情况，大大提高了系统的安全性。这种锚具油缸结构经过三十几个重大工程的检验，没有出现失效的情况，故障概率极低。密封件是易损件，密封件的磨损与密封件的使用频率和油缸的线速度有关，密封件的磨损会导致油缸内泄漏增加。进口密封件有助于提高密封件使用年限。接头漏油故障不会影响施工的安全与进度。

2. 主油缸故障分析

根据工程施工的经验，总结起来主油缸的主要故障为：钢绞线折弯在油缸腔内；密封件损坏；接头漏油。

主油缸在腔内加入了导向钢管，保证钢绞线能够顺利通过油缸，大大降低了钢绞线折弯的概率，如图 4－70 所示。密封件是易损件，密封件的磨损与密封件的使用频率和油缸的线速度有关，密封件的磨损会导致油缸内泄漏增加。进口密封件有助于提高密封件使用年限。接头漏油故障不会影响施工的安全与进度。

4.7.7　液压系统故障分析

1. 液压阀及阀块故障分析

提升油缸上面安装有组合阀块，能够实现保压、限载和节流调速的作用。液压锁的主要作用是锁紧主油缸大腔的压力，确保不会因为油管漏油而产生急速下滑的情况。限速阀主要用于下降过程中，防止油缸出现急速下滑的现象；限载阀主要的作用是防止油缸承受过大的载荷导致密封件或者机械结构破坏。所有关键阀件均为进口元件，有安全认证及保证，油缸阀块和油缸阀块装配如图 4－71、图 4－72 所示。

对于液压泵站的制造，我们采用了模块化设计理念，使得系统具有高集成度，便于更换和维保。液压泵站组合阀块如图 4－73 所示。液压系统采用高精度比例流量系统，通过比例阀来调节油缸上升和下降的速度，从而达到同步升降。

油管：油管分为高压硬管和高压软管，主要作用是连接泵站和油缸。高压硬管选用液压

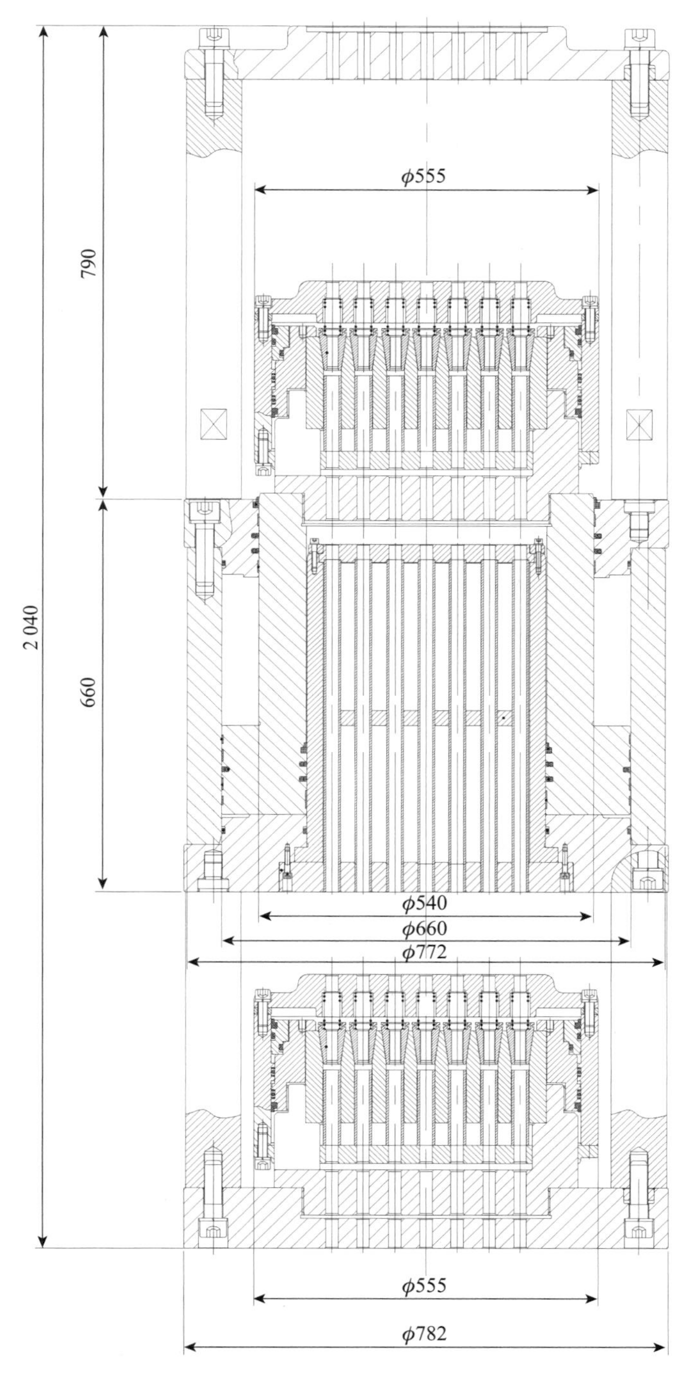

图 4－70　主油缸的内部钢绞线导向

用流体管，根据流量、流速以及额定压力选型，主要是避免现场被破坏；高压软管根据额定压力选型，正规生产厂家的产品均能满足使用要求，主要是避免现场被破坏。如果使用中，油管出现断裂，可以更换备用油管，不会影响施工安全和进度。

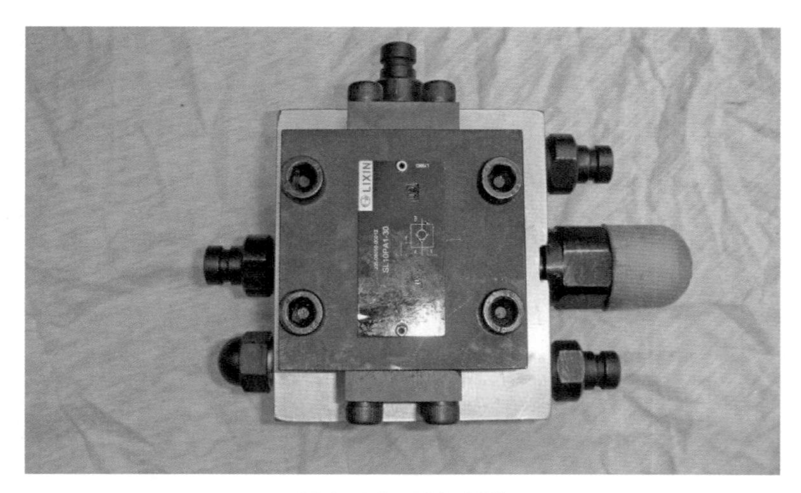

图 4 -71　油缸阀块

图 4 -72　油缸阀块装配

图 4 -73　液压泵站组合阀块

阀和泵：电磁阀的作用是实现油缸的各种动作，比例阀的作用是实现油缸速度的调节，泵的作用是提供动力。主要的故障形式：泵头产生故障；电磁阀吸力不够或者被垃圾卡住。经过长时间严格的试验，证明发生这种故障的概率比较低。如果出现上述问题，可以更换备件，不会影响系统的安全和进度。

4.7.8　通信网络

采用现场总线——控制器局域网（Controller Area Network，CAN）。CAN 是由 Bosch 公司在 20 世纪 80 年代初开发的一种串行多主总线通信协议，它具有高传输速率、高抗电磁干扰性，并且能够检测出发生的几乎任何错误。由于其卓越性能，CAN 已广泛应用于交通工具、工业自动化、航天、医疗仪器以及建筑、环境控制等众多领域。CAN 技术在我国也正得到迅速普及推广。

（1）电磁干扰。

CAN 总线规范中采取了下列措施尽力提高数据在高噪声环境下的可靠性：

①发送电平和回收电平相校验。

②CRC 校验。

③位插入校验。

④报文格式校验。

⑤发送端报文响应校验。

另外，在硬件方面，我们也采取了下列措施：

①信号采集光电隔离。

②信号输出光电隔离。

③通信接口光电隔离。

④通信介质使用屏蔽的双绞线。

（2）出错率：通过上述的各种校验可以发现网络中的全局性错误、发送站的局部性错误和报文传输中 5 个以下的随机分布错误、小于 15 个突发错误和任意奇数个错误。CAN 剩余出错概率为 4.7×10^{-11}。当节点发送错误的计数器读数大于 255 时，则监控器要求物理层置节点为“脱离总线”状态，以切断该节点与总线的联系，使总线上其他节点及其通信不受影响，具有较强的抗干扰能力。总线监管器及容错模块如图 4－74 所示。

（3）控制器软件故障：如果一个节点的控制器出现软件故障，不停地向总线发送数据，从而阻止其他节点的发送，则称之为“混串音”故障。在节点上安装一个总线监管器（Bus Guardian），实时地监控总线上的这种故障，如果监控到某一个节点出现类似问题，则切断该节点与总线的联系。

（4）总线容错设计：在软件上增加了一个容错模块，用于存储发送和接收的数据，如果发生通信故障，则根据预设的故障类型判断信息是否可用，并且数据不会因为故障而丢失。

（5）通信断线：因为现场情况复杂，容易出现通信线断掉的情况，为此在泵站接收模块中进行预设——如果在 1.5s 内接收不到信号则自动停止所有的动作，防止误操作。

4.7.9　主机故障

采用基于 PC104 的中央处理器，其硬件体系与操作系统完全满足工业环境的应用，CPU

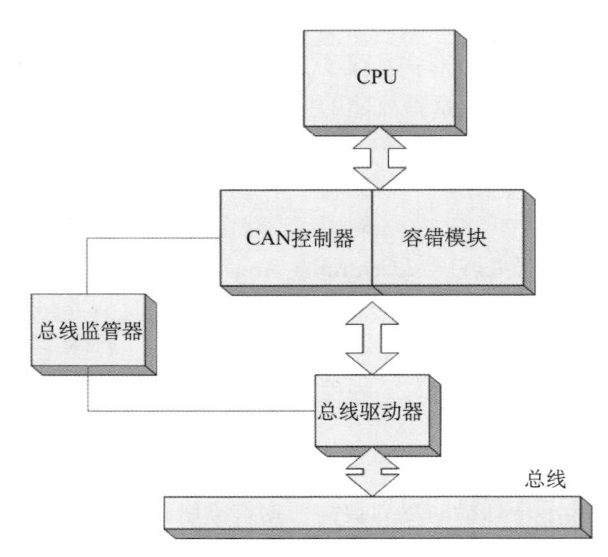

图 4-74　总线监管器及容错模块

软件模块如图 4-75 所示。虽然采用高性能的工业控制用处理器，但是为了确保安全，采用了多主控制系统，即一台从机始终处于热备份状态，当主机死机后，从机立即切换到主机模式，而“死掉”的主机重启后进入热备份模式。主控制器、分控制器（就地控制器）如图 4-76、图 4-77 所示。

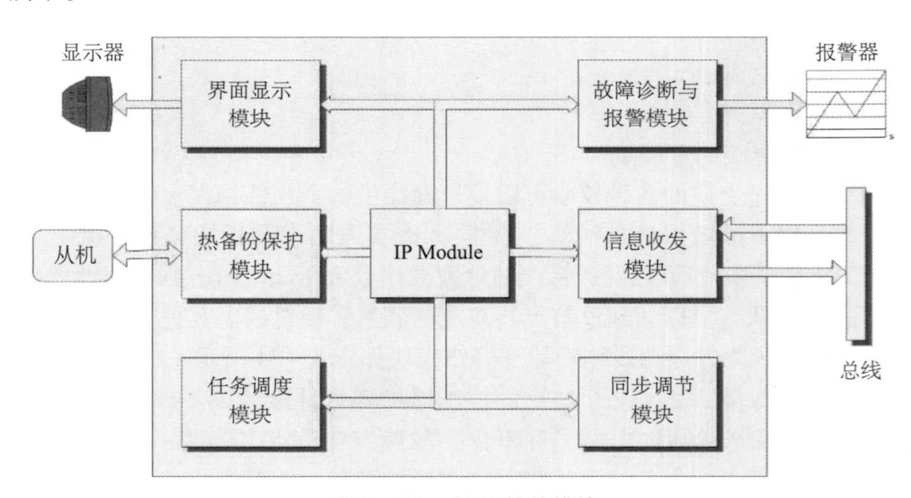

图 4-75　CPU 软件模块

4.7.10　传感器系统故障

每台液压提升油缸配备一组传感器，包括油缸行程传感器、锚夹具位置传感器和压力传感器，如图 4-78 所示。传感器均为外置，且模块化，随时可以更换，而不用对系统进行修改。传感器故障主要是传感器本身失效、电气系统失效和通信失效。无论出现哪种情况，都可以进行整体更换。

图 4－76　主控制器

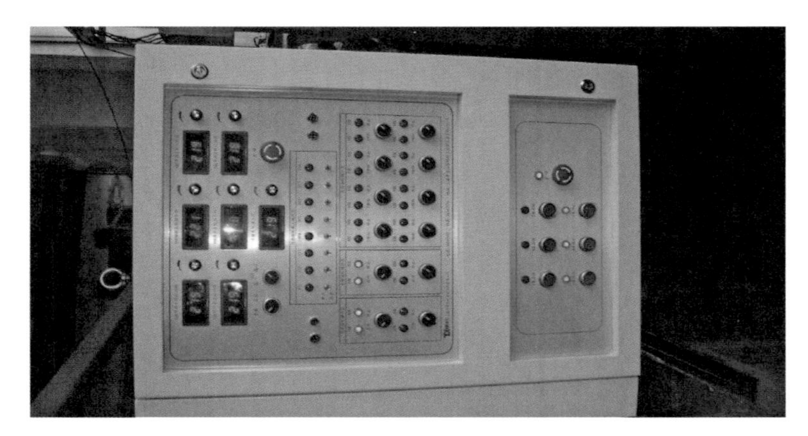

图 4－77　分控制器（就地控制器）

图 4－78　一组传感器

4.7.11 系统误差分析

系统误差主要由电气控制误差、机械结构误差两部分组成。

1. 电气控制误差

影响电气控制误差的主要因素有传感器分辨率、PWM 输出精度、网络延时以及控制策略。

(1) 传感器分辨率造成的误差。

采用激光测距仪采集高差信号，则:

激光测距仪分辨率 $\delta_1 = \pm 1.5\text{mm}$;

信号可靠采集误差 $\delta_1' = 3\delta_1 = \pm 4.5\text{mm}$ 。

如果采用长距离传感器，则:

仪器分辨率 $\delta_s = \pm 0.25\text{mm}$;

信号可靠采集误差 $\delta_s' = 3\delta_s \approx \pm 1\text{mm}$ 。

客户可以根据提升的精度要求选择合适的传感器。

(2) PWM 输出精度造成的误差。

比例阀采用 PWM（计算机控制下的脉冲调宽功放装置）驱动，PWM 输出的位数为 8 位，即由 8 位的数字量 0 ~ 256 代表 PWM 的占空比 0% ~ 100% 。

油缸伸缸时的最大速度 $v = 7.5\text{m/h} = 2\text{mm/s}$ 。

PWM 输出精度 $\delta = v/256 \approx 0.01\text{mm/s}$ 。

根据系统的实时性能分析可知，系统最大响应时间 $t_r = 293\text{ms} = 0.293\text{s}$ 。

则系统的响应频率为: $f_r = 1/t_r = 3.4\text{Hz}$ 。

(3) 假设泵站连续两次没有发送 PWM 信号，则最大误差为: $\delta_p = \delta \times 2t \times 256 = 1.5\text{mm}$。

(4) 网络延时。

由于 CAN 通信网络负载增加，造成信息传输延迟，会导致控制系统的调节滞后，根据实时通信网络实时性能的分析可知，一帧信息的最大延迟时间为 250μs，整个系统的最大响应时间为 293ms。对于此类问题，在一般的应用中可以忽略；在精度要求特别高的场合可以通过超前 PID 校正算法进行修正。

用频率法对系统进行超前校正的基本原理是，利用超前校正网络的相位超前特性来增大系统的相位裕量，以达到改善系统瞬态响应的目的。为此，要求校正网络最大的相位超前角出现在系统的截止频率（剪切频率）处。

用频率法对系统进行串联超前校正的一般步骤可归纳为：根据稳态误差的要求，确定开环增益 K；根据所确定的开环增益 K，画出未校正系统的波特图，计算未校正系统的相角裕度 γ ；验证已校系统的相角裕度。串联超前校正步骤如图 4 – 79 所示。

(5) 控制方法与控制策略。

不同的吊装结构要求制定不同的控制策略，控制策略的好坏直接影响到系统控制误差，根据工程经验，我们制定了多种工况下的控制策略。

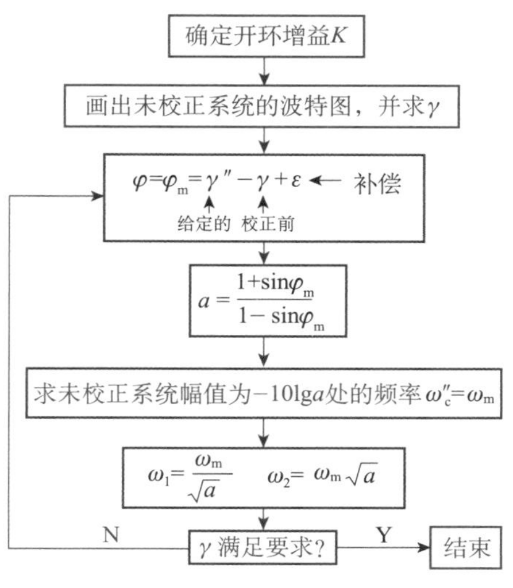

图 4－79　串联超前校正步骤

2. 机械结构误差

（1）提升结构变形。

这是结构本身固有的变形造成的，一旦结构受力稳定之后，则变形量就会减小。

（2）锚夹具滑移。

锚夹具与钢绞线之间存在 3～4mm 的滑移量，控制所有的油缸同步动作，可以整体消除锚夹具滑移尺寸对于整个提升系统误差的影响。

（3）油的压缩。

这是由液体本身的性质决定的。

（4）钢绞线变形。

我们选用的钢绞线满足提升要求，并且由于钢绞线受力均衡，即可以认为所有的钢绞线变形相同，所以钢绞线的变形对于整个提升系统误差的影响很小。

4.8　钢绞线液压提升装置抗振性能分析与试验

4.8.1　闸门振动仿真分析

1. 闸门下放钢绞线装置简化模型

闸门在下放封堵水流的过程中要受到水流的作用，同时钢绞线的长度最多可达 72.5m，整个装置在下放过程中可能会由于振动产生危险，这里建模对闸门下放钢绞线装置进行抗振分析。

闸门下放钢绞线装置由 6 个提升器及相应的钢绞线组成，将单个提升器对应的钢绞线简化为弹簧，弹性系数分别为 k_1，k_2，k_3，k_4，k_5，k_6，且它们相等；将提升器简化为阻尼器，阻尼系数分别为 c_1，c_2，c_3，c_4，c_5，c_6，它们也相等；将水流的作用力简化为简谐激励 p

(t)；将闸门简化为质量为 m 的重物块；闸门在激励 p（t）作用下产生的位移为 x。闸门下放装置模型如图 4－80 所示。

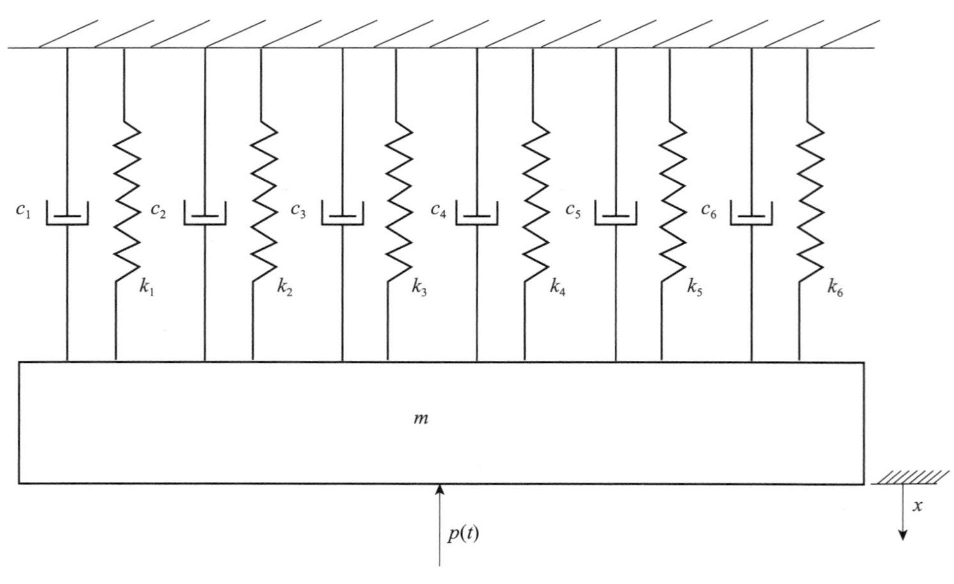

图 4－80　闸门下放装置模型

2. 弹性系数 k_1

每个油缸对应的钢绞线 $n = 37$ 根，受到的载荷力为 F，钢绞线的技术参数为：公称直径 $\phi_d = 17.8$ mm，弹性模量 $E = 195$GPa，公称面积 $A_c = 190\,\text{mm}^2$。钢绞线的应力－应变关系式为：

$$\sigma = E\varepsilon$$

钢绞线承重时的应力值为：

$$\sigma = \frac{F}{nA_c}$$

并且认为钢绞线受载时变形均匀，应变为：

$$\varepsilon = \frac{\Delta l}{l}$$

钢绞线简化为弹簧后，弹簧的刚度可认为是：

$$k_1 = \frac{F}{\Delta l}$$

k_1 即认为是单自由度有阻尼系统的弹性系数，上述式子化简后得：

$$k_1 = \frac{F}{\Delta l} = \frac{nA_c E}{l}$$

其中 l 为下放钢绞线的长度。

钢绞线的长度取值范围为 $7.5\text{m} \leqslant l \leqslant 72.5\text{m}$，$l - k_1$ 曲线如图 4－81 所示。

$l - k_1$ 参数见表 4－14。

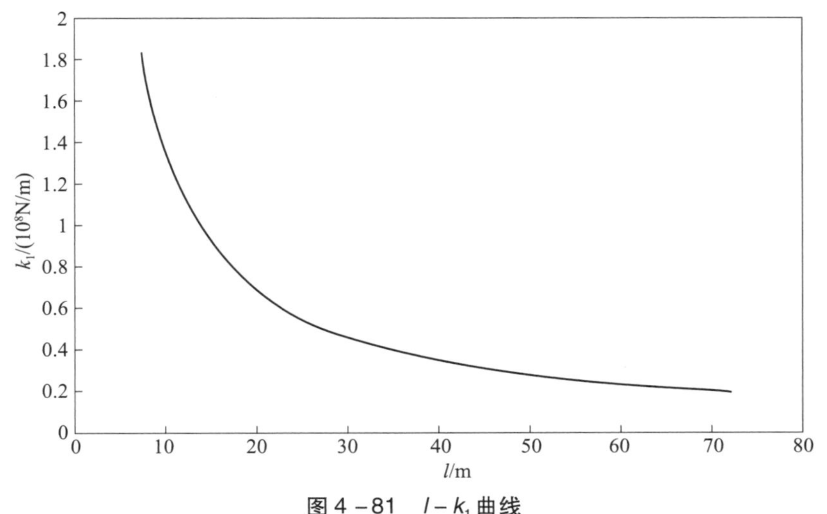

图 4-81 $l-k_1$ 曲线

表 4-14 $l-k_1$ 参数

l/m	**7.5**①	9.5	11.5	13.5	15.5	17.5	19.5	21.5	23.5
k_1/ (10^8N/m)	**1.83**	1.44	1.19	1.02	0.88	0.78	0.70	0.64	0.58
l/m	25.5	**27.5**②	29.5	31.5	33.5	35.5	37.5	39.5	41.5
k_1/ (10^8N/m)	0.54	**0.50**	0.46	0.44	0.41	0.39	0.37	0.35	0.33
l/m	43.5	45.5	**47.5**③	49.5	51.5	53.5	55.5	**57.5**④	59.5
k_1/ (10^8N/m)	0.32	0.30	**0.29**	0.28	0.27	0.26	0.25	**0.24**	0.23
l/m	61.5	63.5	**65.5**⑤	67.5	69.5	71.5	**72.5**⑥		
k_1/ (10^8N/m)	0.22	0.22	**0.21**	0.20	0.20	0.19	**0.19**		

①为闸门的最高位置；②为闸门未封堵时的中间位置；③为闸门刚开始封堵时的位置；④为闸门封堵 1/3 位置；⑤为闸门封堵 2/3 位置；⑥为闸门全部封堵时的位置。

3. 阻尼系数 c_1

此处主要是做钢绞线的抗振分析。从试验中得知，系统为欠阻尼系统，一个周期时间内振幅衰减至约 30%，试验时钢绞线长度 $l = 30$m。

易得知对于欠阻尼系统，其自由振动的振幅可以看作是一个随时间变化的函数：

$$x_u(t) = Ae^{-\xi\omega_n t}\sin(\omega_d t + \theta)$$

式中：c_1 为阻尼比；ω_n 为系统的无阻尼固有频率；ω_d 为系统的有阻尼固有频率，$\omega_d = \sqrt{1-\xi^2}\,\omega_n$；$A$，$\theta$ 为常数。

两个相邻振幅（相隔时间为周期 T）的比值为：

$$\frac{x_u(t)}{x_u(t+T)} = \frac{Ae^{-\xi\omega_n t}\sin(\omega_d t + \theta)}{Ae^{-\xi\omega_n t}\sin[\omega_d(t+T)+\theta]}$$

其中周期 $T = \frac{2\pi}{\omega_d}$。化简后得：

$$\frac{x_u(t)}{x_u(t+T)} = e^{\frac{2\pi\xi}{\sqrt{1-\xi^2}}} = \frac{10}{3}$$

求解得到 $\xi = 0.188$ 。

又因为：

$$\xi = \frac{c_1}{c_e} = \frac{c_1}{2\sqrt{m_1 k_1}}$$

所以阻尼系数的取值为：

$$c_1 = 0.376\sqrt{m_1 k_1} = 0.376\sqrt{m_1 \frac{nA_c E}{l}} = 0.376\sqrt{\frac{m}{6}\frac{nA_c E}{l}} = 1.54 \times 10^6 \text{N} \cdot \text{s/m}$$

其中，单个提升器承受的重量 $m_1 = m/6$ ，总重量 $m = 2\ 200$ t。

4. 系统的运动方程

假设每个提升器工作时承受的重量为 m_i ，有如下运动学方程成立，其中 $p(t)$ 为外部作用力：

$$\sum_{i=0}^{6} m_i \ddot{x} + \sum_{i=0}^{6} c_i \dot{x} + \sum_{i=0}^{6} k_i x = p(t)$$

式中：$m_1 = m_2 = \cdots = m_6$ ，且 $\sum_{i=0}^{6} m_i = m$ ，$c_1 = c_2 = \cdots = c_6$ ，$k_1 = k_2 = \cdots = k_6$ 。

上式化简得：

$$m\ddot{x} + c\dot{x} + kx = p(t)$$

式中：m 为闸门的总质量；c 为系统等效阻尼；k 为等效弹性系数。

$$c = 6c_1 = 9.24 \times 10^6 \text{N} \cdot \text{s/m}$$

$$k = 6k_1 = \frac{6nA_c E}{l}$$

系统的有阻尼固有频率为：

$$f = \frac{\omega_d}{2\pi} = \frac{\sqrt{1 - \xi^2}\omega_n}{2\pi}$$

其中，$\omega_n = \sqrt{k/m}$ ，$\xi = c/(2\sqrt{km})$ 。

$l - f$ 曲线如图 4 – 82 所示。

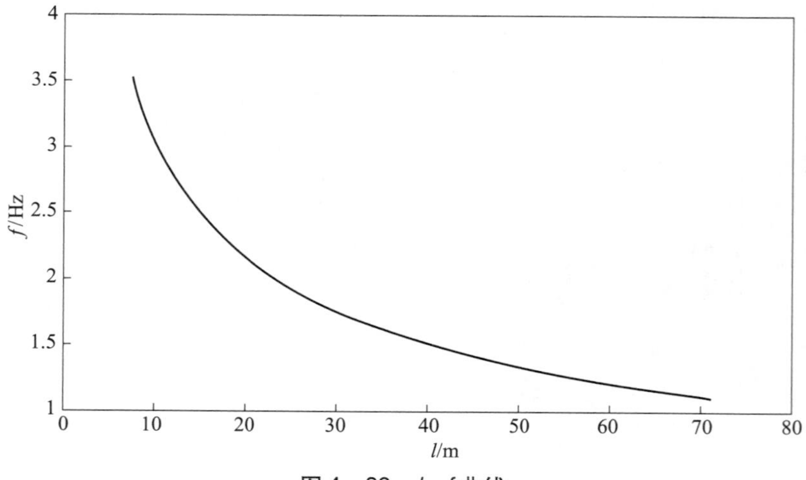

图 4 – 82　$l - f$ 曲线

$l-f$ 参数见表 4－15。

表 4－15　$l-f$ 参数

l/m	**7.5**①	9.5	11.5	13.5	15.5	17.5	19.5	21.5	23.5
f/Hz	**3.54**	3.14	2.85	2.63	2.45	2.30	2.18	2.07	1.98
l/m	25.5	**27.5**②	29.5	31.5	33.5	35.5	37.5	39.5	41.5
f/Hz	1.90	**1.83**	1.76	1.70	1.65	1.60	1.55	1.51	1.47
l/m	43.5	45.5	**47.5**③	49.5	51.5	53.5	55.5	**57.5**④	59.5
f/Hz	1.44	1.40	**1.37**	1.34	1.31	1.29	1.26	**1.24**	1.22
l/m	61.5	63.5	**65.5**⑤	67.5	69.5	71.5	**72.5**⑥		
f/Hz	1.20	1.17	**1.16**	1.14	1.12	1.10	**1.11**		

①为闸门的最高位置；②为闸门未封堵时的中间位置；③为闸门刚开始封堵时的位置；④为闸门封堵 1/3 位置；⑤为闸门封堵 2/3 位置；⑥为闸门全部封堵时的位置。

5. 系统在简谐激励下的幅频响应特性

系统在简谐激励下的幅频响应特性方程为：

$$m\ddot{x} + c\dot{x} + kx = p(t) = p_u \sin(\omega t + \theta)$$

该微分方程的一个解为：

$$x(t) = x_u \sin(\omega t + \theta_x)$$

将上式代入微分方程可得到系统稳态振动的振幅和相位角分别为：

$$x_u = h_u p_u$$

$$\theta_x = \theta_h + \theta$$

其中 $h_u = h_u(\omega)$ 称为幅频特性，$\theta_h = \theta_h(\omega)$ 称为相频特性，如下式所示：

$$h_u = \frac{1}{\sqrt{(k-\omega^2 m)^2 + (\omega c)^2}}$$

$$\theta_h = -\arctan\frac{\omega c}{k-\omega^2 m}$$

闸门入水在③～⑥位置时受激振的幅频响应特性曲线如图 4－83 所示。

从图 4－83 可以看出，闸门处于封堵位置时曲线的峰值出现在 1～1.5Hz 之间，即它为整个系统的敏感频率。

为了能得到任意钢绞线长度时系统的幅频响应曲线，这里利用 SINMULINK 建立了分析模型，模型见附件 h_u_ f_ SIMULINK. mdl，仿真模型如图 4－84 所示。

图 4－84 中 L 处可输入钢绞线的长度值，闸门入水后钢绞线的长度范围是：$48.5\text{m} \leq l \leq 72.5\text{m}$。

l=48.5m，57.5m，65.5m，72.5m 时得到的仿真幅频特性曲线如图 4－85～图 4－88 所示。

6. 系统在简谐激励下时域特性仿真

由运动微分方程 $\ddot{x} = -c\dot{x}/m - kx/m + p/m$ 知，如对输出加速度作适当的二次积分可求得

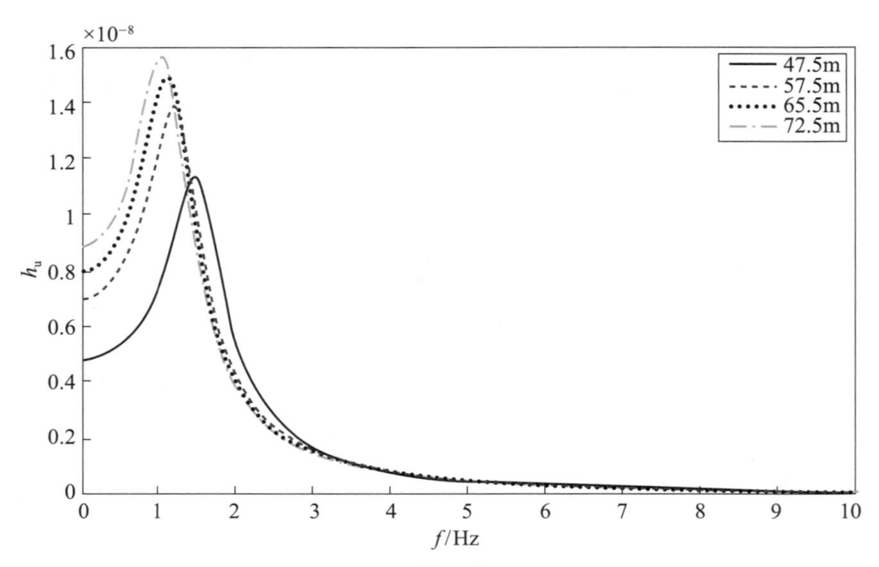

图 4－83　闸门不同封堵位置（③～⑥位置）时的幅频响应特性曲线

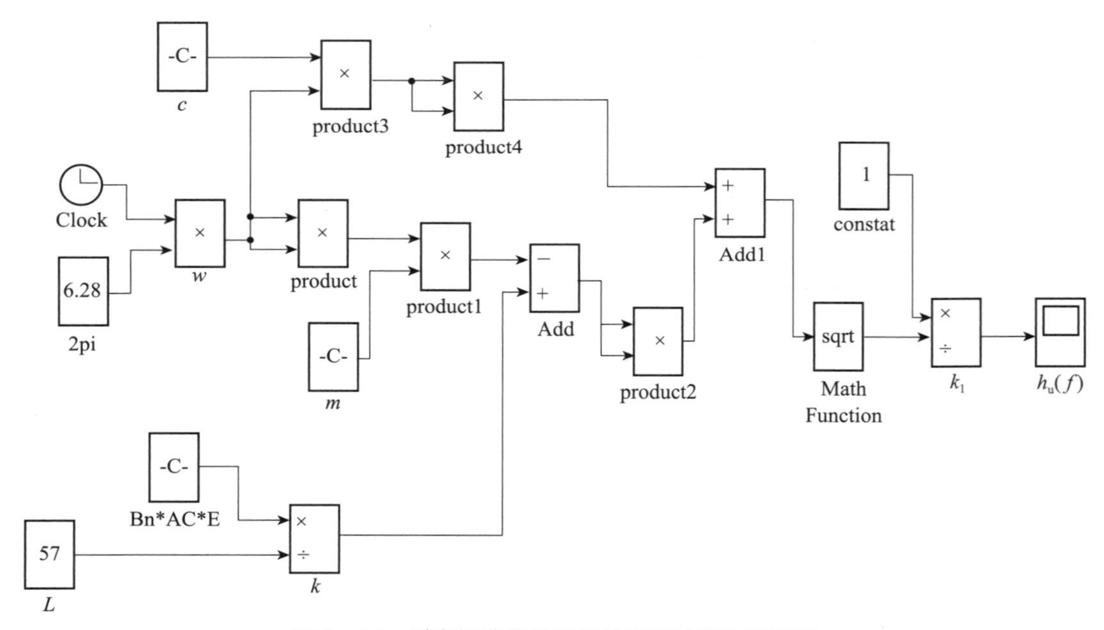

图 4－84　任意钢绞线长度下的幅频特性仿真模型

相应的输入位移响应，用 SIMULINK 建立的仿真模型如图 4－89 所示。

图 4－89 中 tha、f、A 分别为激振力 $p(t)$ 的初始相位、频率、幅值，L 为钢绞线的长度值，仿真分析时它们可为任意指定值。

translator 子模型如图 4－90 所示。

钢绞线长度 $l=60\text{m}$，激励 $p(t)=100\sin(6.28t)$ 时的仿真波形如图 4－91 和图 4－92 所示。

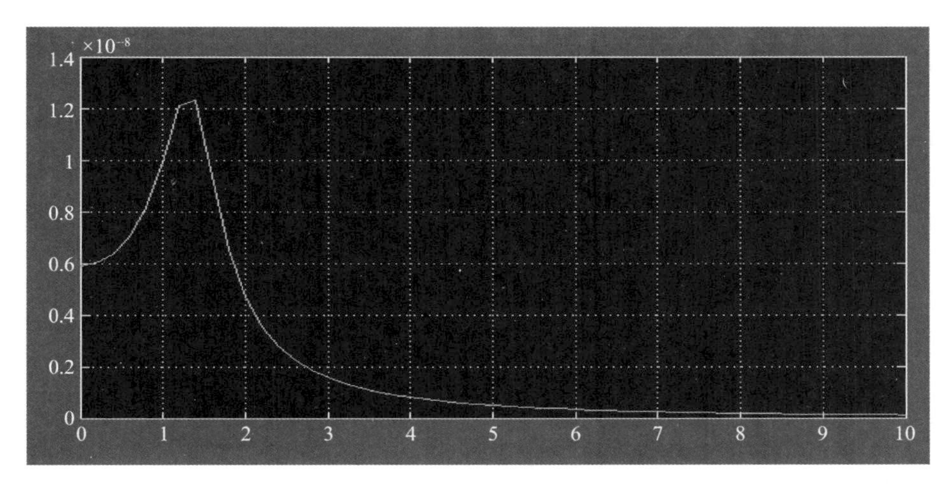

图 4 -85　l=48. 5m 时的幅频特性曲线

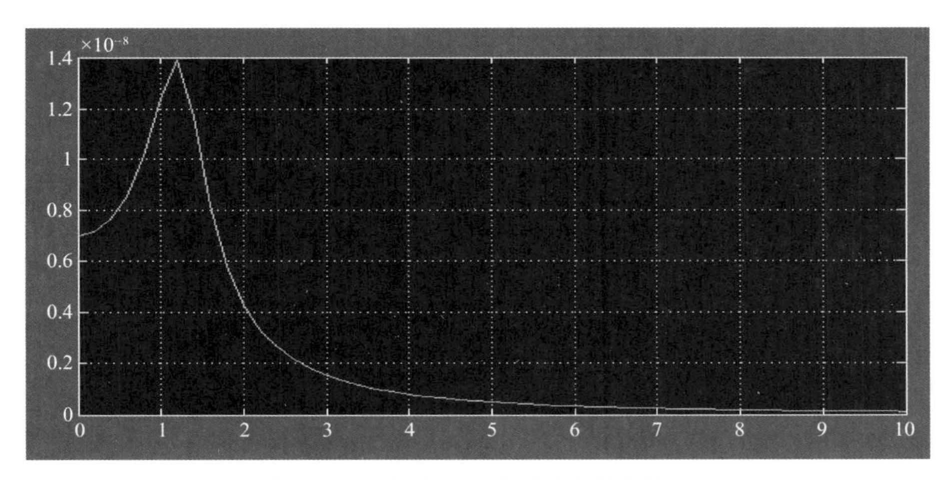

图 4 -86　l=57. 5m 时的幅频特性曲线

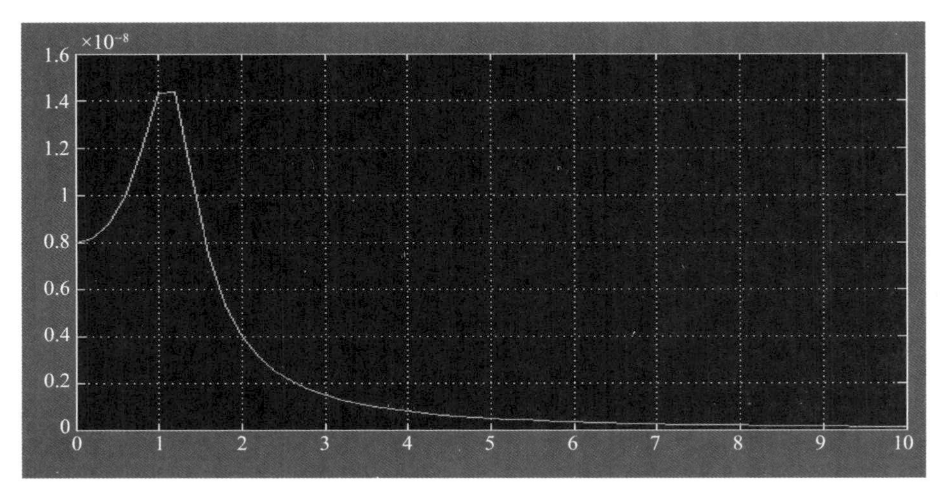

图 4 -87　l=65. 5m 时的幅频特性曲线

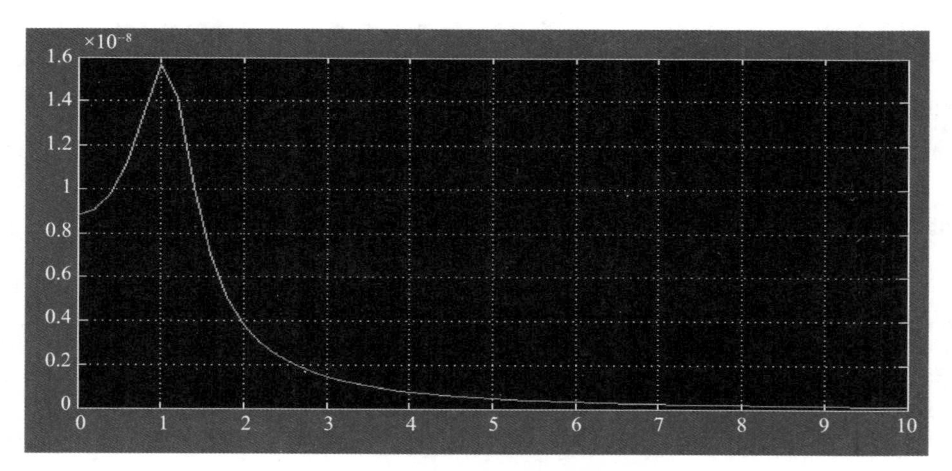

图 4－88　$l=72.5$m 时的幅频特性曲线

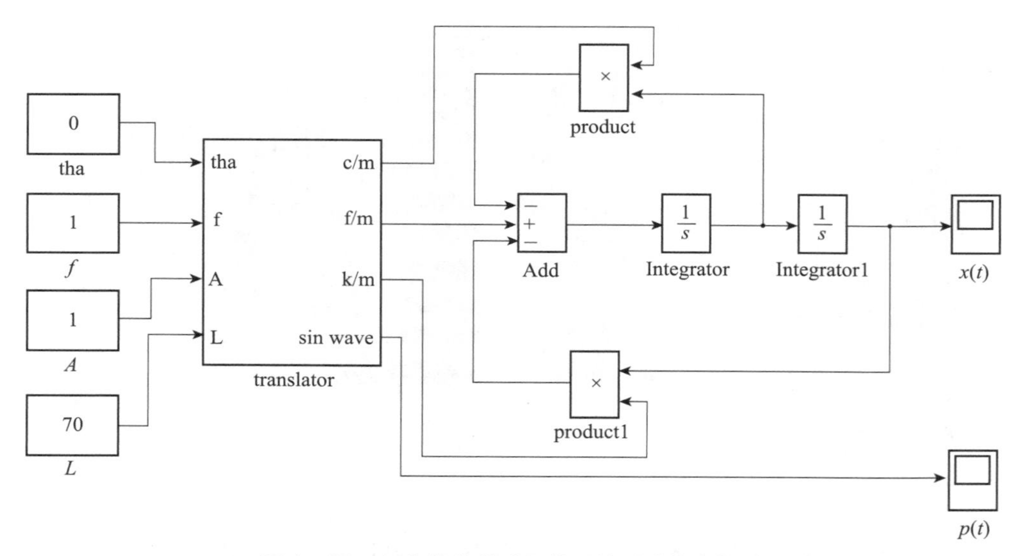

图 4－89　任意简谐激励下的系统时域仿真模型

4.8.2　系统抗振试验

1. 试验目的

液压提升系统目前广泛应用于桥梁、建筑、港口码头、船舶、水利电力、石油化工和冶金建设等领域，使用环境一般为无水或者静水。由于向家坝导流底孔封堵闸门为动水操作，操作水头高，水下环境复杂，在封堵的过程中，封堵闸门会出现振动，有可能影响钢绞线和锚夹具之间的夹紧性能。

试验的目的是通过一套试验装置来验证闸门振动对钢绞线夹紧性能的影响。根据 5.1 节的理论分析可知，整个提升系统的敏感频率基本在 1～2Hz 范围之内。

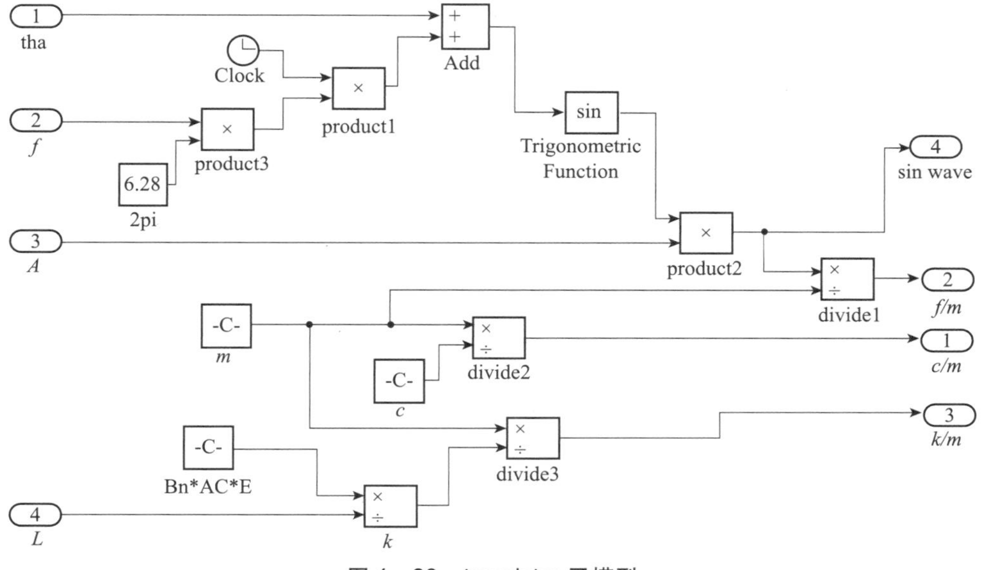

图 4 -90　translator 子模型

2. 试验方法

利用两台激振油缸带动钢绞线以一定的振幅和频率反复运行，来模拟闸门的振动；利用一台提升油缸，用锚夹具夹紧钢绞线，来模拟在提升中的液压提升装置；通过改变激振油缸和抗振油缸之间的距离，来模拟提升中各个位置的变化（即钢绞线的不同长度）；用千分尺测量抗振油缸锚夹具的位移，来反映抗振油缸锚夹具的夹紧效果。

激振液压系统原理如图 4 -93 所示。

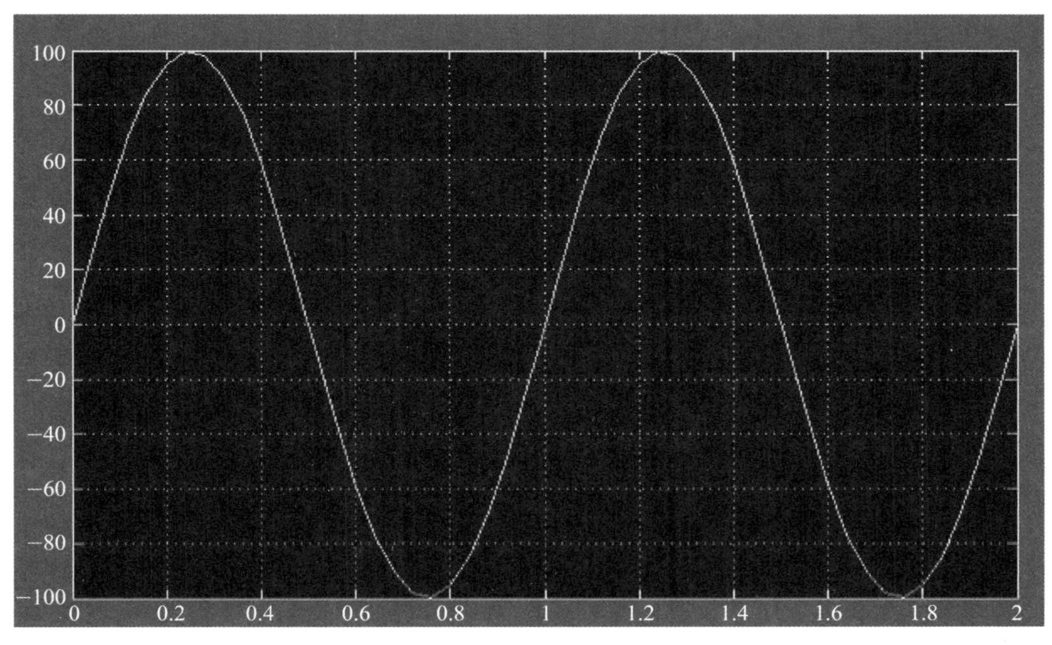

图 4 -91　$p(t)$ 波形

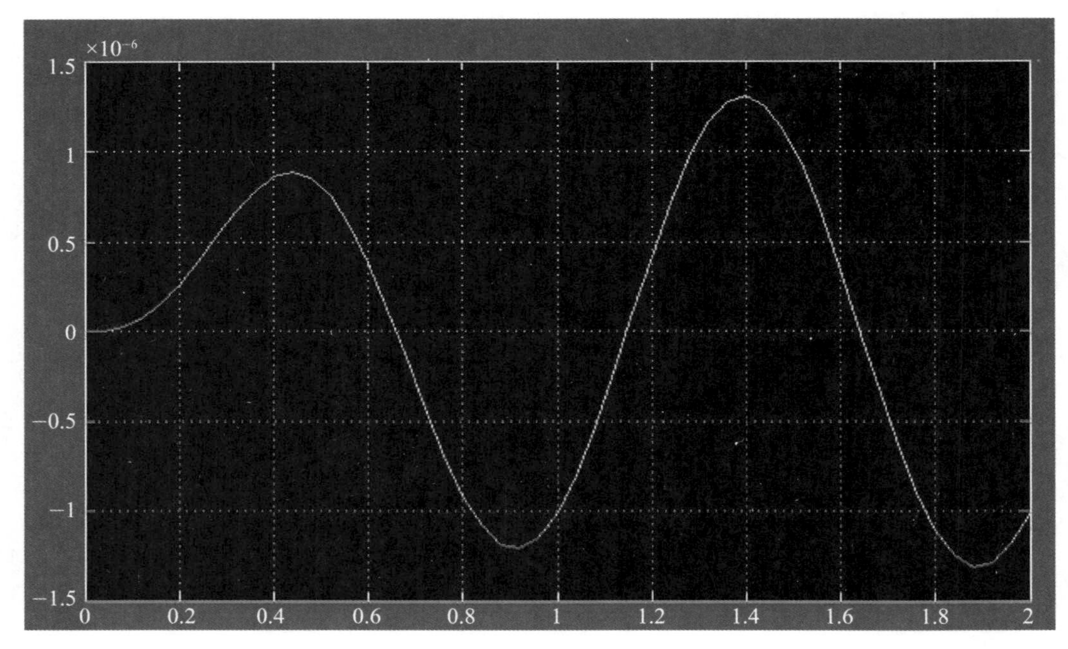

图 4－92　$x(t)$ 波形

试验方案如图 4－94 所示。

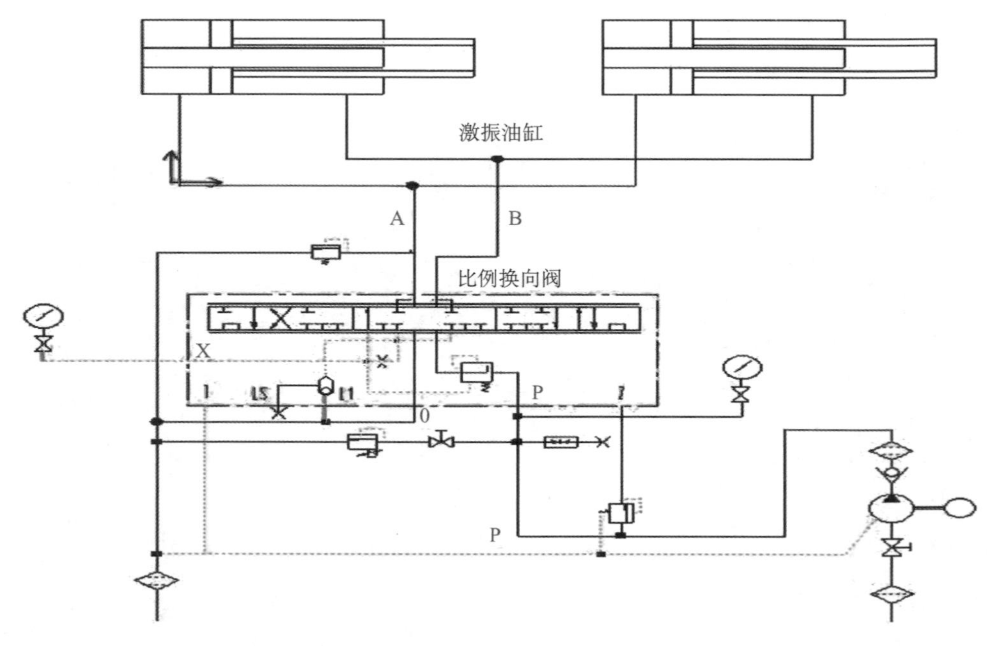

图 4－93　激振液压系统原理

试验设备情况见表 4－16。

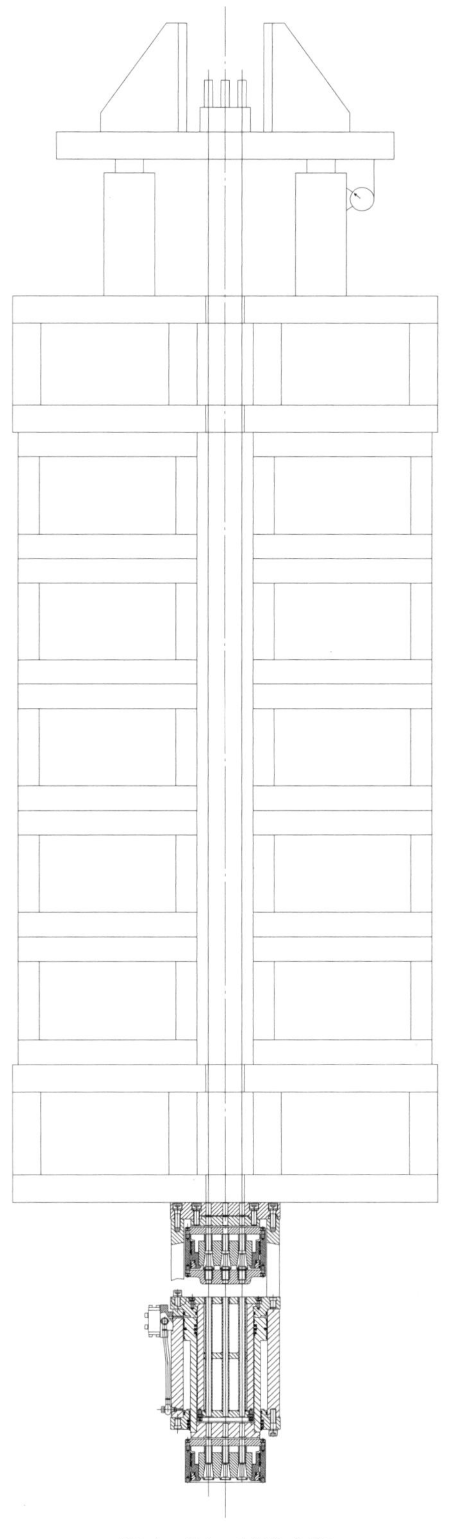

图 4－94　试验方案

表 4－16　试验设备情况

序号	名称	数量	规格
1	抗振油缸	2 台	额定加载能力为 100t/台
2	激振油缸	1 台	额定加载能力为 100t/台
3	激振液压泵站	1 台	
4	抗振液压泵站	1 台	
5	钢绞线	5 根	1 860MPa，直径 18mm
6	千分尺	1 台	精度 0. 01mm
7	行程传感器	1 台	检测激振油缸的振幅，精度 1mm
8	反力座	30 个	调节钢绞线的长度，每个 500mm

3. 试验结果

（1）$f = 1\text{Hz}$，$A = 10\text{mm}$。

振动频率 $f = 1\text{Hz}$，振幅 $A = 10\text{mm}$，根据不同的 L，用千分尺测量锚夹具中锚夹片的振动。振动试验结果见表 4－17。

表 4－17　振动试验结果（$f = 1\text{Hz}$，$A = 10\text{mm}$）

序号	$L = 7\text{m}$	$L = 6.5\text{m}$	$L = 6\text{m}$	$L = 5.5\text{m}$	$L = 5\text{m}$	$L = 4.5\text{m}$	$L = 4\text{m}$	$L = 3.5\text{m}$	$L = 3\text{m}$
1	0. 01	0. 015	0. 02	0. 025	0. 03	0. 035	0. 035	0. 04	0. 05
2	0. 01	0. 02	0. 02	0. 025	0. 03	0. 032	0. 035	0. 045	0. 045
3	0. 01	0. 015	0. 02	0. 025	0. 03	0. 035	0. 035	0. 045	0. 045
4	0. 02	0. 015	0. 02	0. 025	0. 03	0. 03	0. 035	0. 045	0. 05
5	0. 01	0. 015	0. 02	0. 025	0. 025	0. 03	0. 035	0. 045	0. 05
6	0. 02	0. 02	0. 025	0. 025	0. 025	0. 035	0. 04	0. 04	0. 05
7	0. 01	0. 02	0. 025	0. 03	0. 025	0. 03	0. 04	0. 04	0. 045
8	0. 02	0. 015	0. 025	0. 03	0. 03	0. 035	0. 036	0. 04	0. 05
9	0. 01	0. 015	0. 02	0. 025	0. 03	0. 032	0. 037	0. 04	0. 045
10	0. 01	0. 015	0. 02	0. 025	0. 025	0. 035	0. 04	0. 045	0. 045
11	0. 02	0. 015	0. 02	0. 025	0. 03	0. 03	0. 035	0. 04	0. 05
12	0. 01	0. 015	0. 02	0. 025	0. 025	0. 035	0. 035	0. 04	0. 045
13	0. 02	0. 02	0. 02	0. 025	0. 025	0. 035	0. 04	0. 05	0. 05
14	0. 01	0. 015	0. 025	0. 03	0. 03	0. 032	0. 04	0. 04	0. 045
15	0. 02	0. 015	0. 02	0. 03	0. 03	0. 033	0. 04	0. 045	0. 045
16	0. 01	0. 02	0. 03	0. 03	0. 03	0. 03	0. 035	0. 045	0. 05

续表

序号	$L=7m$	$L=6.5m$	$L=6m$	$L=5.5m$	$L=5m$	$L=4.5m$	$L=4m$	$L=3.5m$	$L=3m$
17	0.01	0.02	0.02	0.03	0.03	0.03	0.035	0.045	0.05
18	0.01	0.02	0.02	0.025	0.03	0.035	0.035	0.04	0.05
19	0.01	0.02	0.03	0.025	0.035	0.033	0.035	0.04	0.045
20	0.01	0.015	0.02	0.025	0.03	0.03	0.035	0.04	0.045
平均值	0.013	0.017	0.022	0.026 5	0.028 75	0.032 6	0.036 65	0.042 5	0.047 5

注：由于数据样本较大，随机选取了 20 组数据进行分析。

分析：不同长度下，振动对钢绞线锚夹具的影响较大。当 $L>7m$ 时，锚夹片的振动基本在 0.015mm 之内，没有明显变化，锚夹具处于夹紧状态，不会影响锚夹具的夹紧性能。只有当 $L<1m$ 时，锚夹片的振动较大，达到 0.5mm 左右，处于不安全状态。

（2）$f=1.5Hz$，$A=10mm$。

振动频率 $f=1.5Hz$，振幅 $A=10mm$，根据不同的 L，用千分尺测量锚夹具中锚夹片的振动。振动试验结果见表 4－18。

表 4－18　振动试验结果（$f=1.5Hz$，$A=10mm$）

序号	$L=7m$	$L=6.5m$	$L=6m$	$L=5.5m$	$L=5m$	$L=4.5m$	$L=4m$	$L=3.5m$	$L=3m$
1	0.01	0.015	0.02	0.03	0.03	0.035	0.035	0.04	0.05
2	0.01	0.02	0.02	0.025	0.035	0.035	0.04	0.04	0.05
3	0.012	0.015	0.02	0.03	0.035	0.035	0.04	0.04	0.05
4	0.015	0.015	0.02	0.025	0.03	0.03	0.035	0.045	0.05
5	0.015	0.015	0.02	0.025	0.03	0.03	0.04	0.04	0.05
6	0.02	0.02	0.025	0.025	0.03	0.035	0.04	0.04	0.05
7	0.01	0.011 5	0.02	0.03	0.03	0.03	0.04	0.045	0.045
8	0.015	0.015	0.025	0.03	0.03	0.035	0.04	0.045	0.05
9	0.015	0.015	0.02	0.025	0.03	0.035	0.04	0.04	0.045
10	0.01	0.015	0.02	0.03	0.035	0.035	0.04	0.045	0.045
11	0.015	0.015	0.02	0.03	0.03	0.03	0.035	0.04	0.05
12	0.01	0.015	0.02	0.025	0.03	0.035	0.035	0.04	0.045
13	0.02	0.02	0.02	0.025	0.03	0.035	0.04	0.045	0.05
14	0.01	0.015	0.025	0.03	0.03	0.035	0.04	0.04	0.045
15	0.02	0.015	0.02	0.027	0.03	0.035	0.04	0.045	0.045
16	0.01	0.02	0.02	0.03	0.03	0.03	0.035	0.045	0.05

续表

序号	$L=7m$	$L=6.5m$	$L=6m$	$L=5.5m$	$L=5m$	$L=4.5m$	$L=4m$	$L=3.5m$	$L=3m$
17	0.01	0.015	0.02	0.03	0.03	0.03	0.035	0.045	0.05
18	0.01	0.015	0.02	0.025	0.03	0.035	0.04	0.045	0.05
19	0.01	0.015	0.02	0.03	0.035	0.035	0.035	0.045	0.05
20	0.01	0.015	0.02	0.025	0.03	0.035	0.04	0.045	0.05
平均值	0.012 85	0.015 825	0.020 75	0.027 6	0.031	0.033 5	0.038 25	0.042 75	0.048 5

注：由于数据样本较大，随机选取了20组数据进行分析。

分析：在频率为1.5Hz时，试验数据与频率为1Hz时基本吻合。当$L>7m$时，锚夹片的振动基本在0.015mm之内，没有明显变化，锚夹具处于夹紧状态，不会影响锚夹具的夹紧性能。只有当$L<1m$时，锚夹片的振动较大，达到0.5mm左右，处于不安全状态。

（3）$f=1.5Hz$，$L=7m$。

振动频率$f=1.5Hz$，钢绞线有效长度$L=7m$，根据不同的振幅A，用千分尺测量锚夹具中锚夹片的振动。振动试验结果见表4－19。

表4－19　振动试验结果（$f=1.5Hz$，$L=7m$）

序号	$A=6mm$	$A=8mm$	$A=10mm$	$A=12mm$	$A=14mm$	$A=16mm$	$A=18mm$	$A=20mm$	$A=22mm$
1	0.01	0.015	0.01	0.015	0.02	0.02	0.02	0.015	0.02
2	0.01	0.01	0.01	0.02	0.015	0.02	0.02	0.015	0.025
3	0.01	0.015	0.012	0.02	0.02	0.02	0.02	0.02	0.02
4	0.015	0.015	0.015	0.02	0.015	0.015	0.02	0.02	0.02
5	0.015	0.015	0.015	0.015	0.015	0.015	0.015	0.02	0.015
6	0.01	0.01	0.02	0.015	0.02	0.02	0.015	0.015	0.015
7	0.01	0.01	0.01	0.015	0.02	0.015	0.015	0.015	0.015
8	0.015	0.015	0.015	0.015	0.015	0.015	0.015	0.02	0.015
9	0.015	0.015	0.015	0.02	0.015	0.02	0.02	0.02	0.02
10	0.01	0.01	0.01	0.02	0.015	0.02	0.02	0.015	0.02
11	0.015	0.015	0.015	0.015	0.02	0.015	0.015	0.02	0.015
12	0.01	0.015	0.01	0.015	0.02	0.015	0.015	0.02	0.015
13	0.01	0.01	0.02	0.015	0.02	0.015	0.02	0.02	0.02
14	0.01	0.015	0.01	0.015	0.015	0.015	0.02	0.02	0.02
15	0.01	0.015	0.02	0.012	0.015	0.02	0.02	0.015	0.02
16	0.01	0.01	0.02	0.02	0.015	0.02	0.015	0.015	0.02

续表

序号	$A=6$mm	$A=8$mm	$A=10$mm	$A=12$mm	$A=14$mm	$A=16$mm	$A=18$mm	$A=20$mm	$A=22$mm
17	0.01	0.01	0.01	0.015	0.015	0.015	0.015	0.015	0.015
18	0.01	0.01	0.01	0.015	0.015	0.02	0.015	0.015	0.015
19	0.01	0.015	0.01	0.015	0.02	0.02	0.02	0.015	0.02
20	0.01	0.015	0.01	0.015	0.015	0.015	0.02	0.015	0.02
平均值	0.011 25	0.013	0.013 35	0.016 35	0.017	0.017 5	0.017 75	0.017 25	0.018 25

注：由于数据样本较大，随机选取了 20 组数据进行分析。

分析：在频率为 1.5Hz 时，钢绞线有效长度 $L=7$m，在振幅变化的情况下测量锚夹片的振动。通过试验数据可以得知，在钢绞线长度为 7m 的情况下，振幅从 6mm 增大到 22mm，对锚夹具的夹紧性能影响不大。

4. 试验结论

根据试验数据得知，影响锚夹具夹紧性能的主要因素是钢绞线的有效长度。在封堵闸门下放的实际过程中，闸门的振幅和振动频率不高，钢绞线的初始长度也远大于试验值，因此不会影响锚夹具的夹紧性能。

由于激振液压系统的比例换向阀最高频率为 2Hz，因此在试验振动频率为 1.5 Hz 时，如果要对大于 2Hz 的振动情况进行试验，需要对激振液压系统进行改造。

相关试验照片如图 4-95～图 4-98 所示。

图 4-95　试验整体结构

4.9　结　论

为确保钢绞线液压提升技术方案在水电工程中应用的可靠性，本章通过完善的模型仿真、模拟计算及试验验证，对钢绞线液压提升装置设计及安全性进行了充分研究，主要结论如下：

（1）钢绞线液压提升装置布置与钢架支撑系统力学分析。向家坝项目钢绞线液压提升技

图 4 -96　激振液压系统

图 4 -97　抗振液压系统

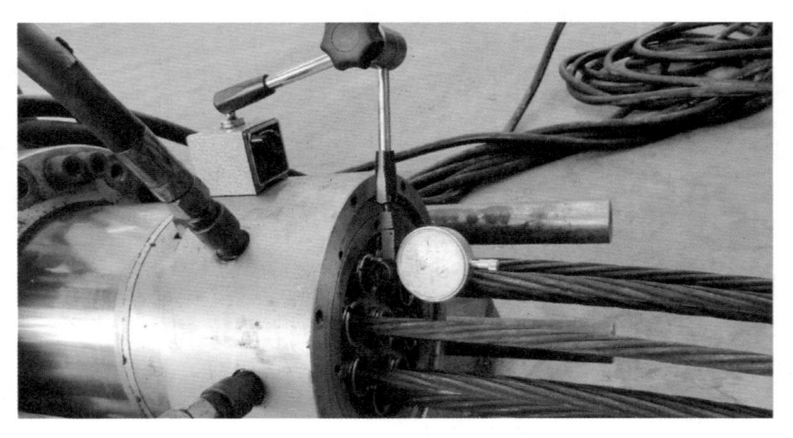

图 4 -98　锚夹具振动测量

术方案通过采用计算机控制液压同步提升技术，实现了闸门提升下放过程速度稳定可控，确保设备载荷能够满足设计要求。本方案采用 6 台 560t 型提升器同步提升门体，提升容量为 6 ×560t = 33 600kN。每个提升器有 37 根 ϕ17. 8mm 钢绞线，每根钢绞线破断力为 353. 2kN，1% 伸长时的最小载荷为 318kN。本方案利用一台 140L/min 的液压泵站驱动 2 台 560t 型的提升油缸，则提升速度为 7. 92m/h，下放速度为 5. 75m/h。根据 5. 75m/h 的下放速度，当封堵门从底孔上端下放到门槛底部时的高度约为 22.5m，该段下放用时为 3.91h，符合设计要求。通过模拟计算设备荷载及风荷载，钢架支撑系统闸门提升塔架总体结构的强度和刚度均满足要求。

（2）钢绞线液压提升装置安全性能分析与试验。本章分析了钢绞线液压提升装置各个模块的故障形式、故障发生率及其对安全性能的影响。通过对闸门、钢绞线、锚夹片、上下锚具、底锚、油缸、液压系统、通信网络、主机和传感器等系统主要部件可能发生的故障形式进行了系统梳理，通过理论分析和试验测试，针对各项可能发生的故障形式设计了合理的解决方案，进一步降低了各部件的故障率，提升钢绞线液压提升装置系统整体的可靠性。

（3）钢绞线液压提升装置抗振性能分析与试验。本章对钢绞线液压提升装置抗振性能进行了分析和试验。通过建立闸门下放钢绞线装置简化模型，对闸门振动进行了仿真分析，得到了任意钢绞线长度时系统的幅频响应曲线，确定了系统敏感频率。通过开展系统抗振试验，验证了闸门振动对钢绞线夹紧性能的影响，根据试验数据分析，确定了影响锚夹具夹紧性能的主要因素是钢绞线的有效长度。在封堵闸门下放的实际过程中，闸门的振幅和振动频率不高，钢绞线的初始长度也远大于试验值，因此不会影响锚夹具的夹紧性能。

第 5 章　真机试验方案设计及成果

5.1　真机试验背景

向家坝水电站建设部召开多次会议研讨之后，初步拟定 1 ~ 5 号导流底孔封堵闸门采用液压提升装置下放方案。在 1 ~ 5 号导流底孔封堵闸门启闭时，采用 6 台 560t 提升装置同步下放施工。

钢绞线液压提升装置在建筑、桥梁、大型的机电设备安装工程中有着广泛的应用。钢绞线液压提升装置多应用于陆上施工，且载荷变化缓慢，即使在水上施工，也因水流速度缓慢，对下放过程影响小。但是在导流底孔闭门下放与调整过程中，载荷变化剧烈，对钢绞线液压提升装置的适应性能提出了很高的要求，有必要对其安全性与可靠性进行深入的研究及试验验证。

2009—2011 年，同济大学对钢绞线液压提升装置的安全性和可靠性做了深入的研究，具体研究成果见《向家坝导流底孔封堵门闸门液压启闭方案研究》；长江水利委员会长江科学院于 2010 年 3 月对闸门的动水操作特性做了理论研究及试验分析，具体成果见《向家坝水电站 1 # ~ 5 #导流底孔封堵闸门流激振动模型试验研究报告》。

为了充分验证钢绞线液压提升装置在动水下放中的可靠性和安全性，拟在 2011 年汛期对 6 号导流底孔进行真机试验。通过试验来验证封堵闸门在动水操作中的流激振动及共振对闸门及启闭设备的正常运行的影响，从而优化施工方案，确保闸门及启闭设备在正式施工过程中安全可靠运行。

5.2　真机试验目的

钢绞线液压提升装置应用到导流底孔封堵闸门下放施工中，在国内外均属于首次，为了确保导流底孔封堵顺利进行，拟在 2011 年汛期对 6 号导流底孔进行真机下放试验。

试验目的：

（1）封堵闸门在局部过流动水操作工况下，由于较大的闸门体形和较高的操作水头，使得闸门流激振动和门槽水力学问题变得较为突出，通过真机试验来检验流激振动及共振对闸门的自身安全性能的影响。

（2）通过真机试验来获取闸门振动频率、幅值、加速度等数据，为 1 ~ 5 号导流底孔封堵闸门下放施工的理论分析提供参考依据。

（3）验证液压提升装置的整体可靠性和安全性，获取液压提升装置的下放速度、同步精度的控制参数，从而优化 1 ~5 号导流底孔封堵闸门下放施工中的设备配置。

（4）通过真机试验来检验流激振动及共振对液压提升装置锚夹具安全性能的影响。

试验依据：

（1）向家坝水电站 6 号导流底孔进水口事故挡水闸门闸门总图设计文件。

（2）《水利平面闸门液压启闭机基本参数 SD114》。

（3）《新编液压工程手册》（北京理工大学出版社出版）。

（4）《向家坝水电站 1 # ~5 #导流底孔封堵闸门流激振动模型试验研究报告》。

（5）《向家坝导流底孔封堵门闸门液压启闭方案研究》。

5.3　钢绞线液压提升装备配置及试验成果

6 号导流底孔采用液压提升系统安装在 6 号导流底孔启闭机排架上部，有两套大梁与排架顶部启闭机埋件相连，提升垫梁安装在大梁上，垫梁上部安装提升油缸，提升系统钢绞线与闸门分配梁连接，分配梁通过轴与闸门连接，左右分配梁间采用刚性连接。进行闸门原型试验所采用的油缸及泵站均采用导流底孔下闸试验用油缸及泵站，即：4 台 70L/min 泵站、4 台 560t 提升油缸，提升总容量为 2 240t，每台油缸配套 1 台泵站，由 1 套电控系统进行集中控制。液压提升系统配置重量见表 5 -1。

表 5 -1　液压提升系统配置重量

序号	名称	数量	单重/t	合重/t	备注
1	闸门	1 扇	403.016	403.016	
2	大梁	2 根	40	80	
3	提升垫梁	4 根	20	80	
4	分配梁	2 根	5.5	11	
5	桁架	1 榀	4	4	
6	底锚	4 个	0.2	0.8	备用 1 个
7	560t 提升油缸	4 台	4	16	备用 1 台
8	挤压锚	148 个	0.001	0.148	备用 50 个
9	140L/min 液压泵站	2 台	4	8	备用 1 台
10	钢绞线疏导架	4 个	5	20	
11	合计			**622.964**	

5.3.1　钢绞线液压提升装置选配

1. 液压泵站选配

液压系统选用电液比例调速技术来实现同步提升或下降。通过 PWM 输出方波，控制比例流量阀的开度，以调节输出流量，控制提升油缸的运行速度。共配置 4 台液压泵站，分别连接 4 台 560t 提升油缸。液压系统原理图如图 5 -1 所示。

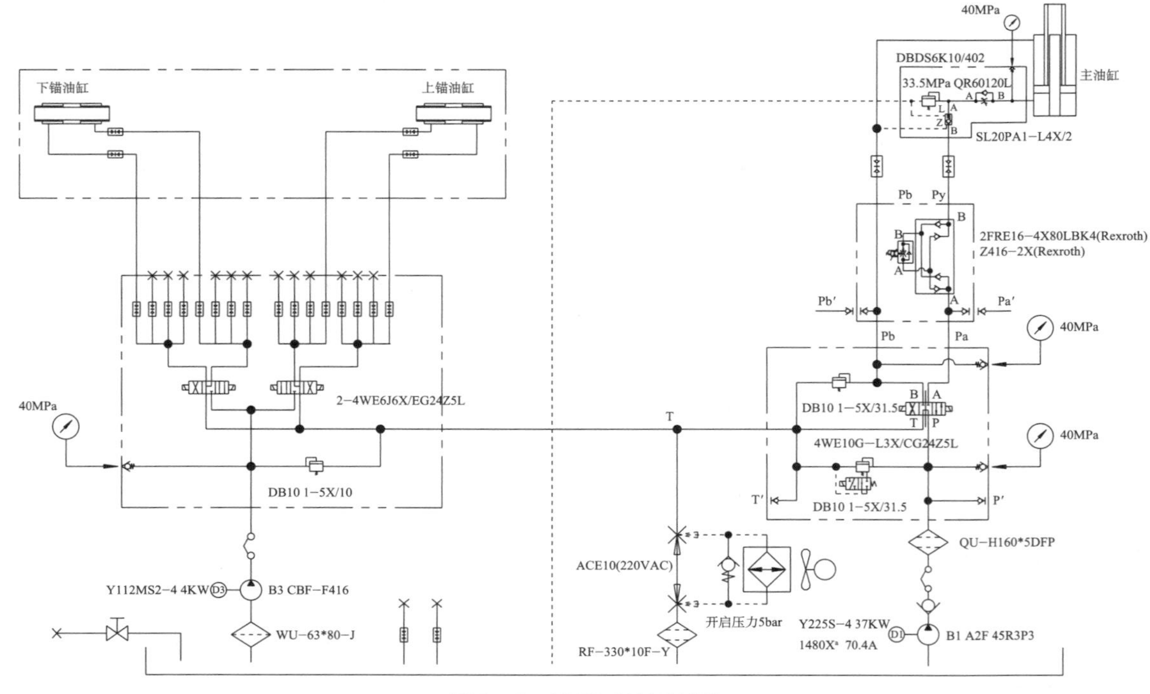

图 5-1　液压系统原理图

液压系统油泵选用贵州力源的柱塞泵；电机选用三相异步电动机，电动机型号为 Y225S - 437kW。泵站的流量为 $Q = qn\eta = 45mL/r \times 1\ 450r/min \times 0.86 = 56L/min$。液压泵站现场及相关照片如图 5 - 2 ~ 图 5 - 4 所示。

图 5-2　液压泵站现场

图5－3　液压泵站控制阀组

图5－4　液压泵站电气柜

2. 560t 提升油缸选配

根据设备启闭容量为2×6 500kN，采用4台560t型提升器同步提升门体，提升容量为4×560t≈22 400kN。每个提升器有37根 ϕ17.8mm 钢绞线。闸门最大启闭力考虑为13 000kN（在真机试验中，由于达不到最大操作水头，实际启闭力会偏小），因此提升系统提升容量储备系数为22 400kN/13 000kN＝1.72，钢绞线安全系数为6×37×318kN/13 000kN＝3.6。油缸结构示意图如图5－5所示。

1）560t 提升油缸性能参数

额定提升载荷：560t/25MPa；钢绞线配备：37根 ϕ－17.8mm 预应力钢绞线；外形尺寸：ϕ780mm×2 040mm；提升油缸重量：4t。

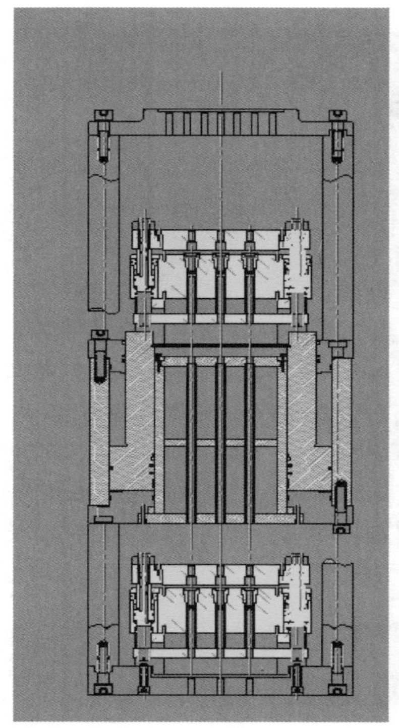
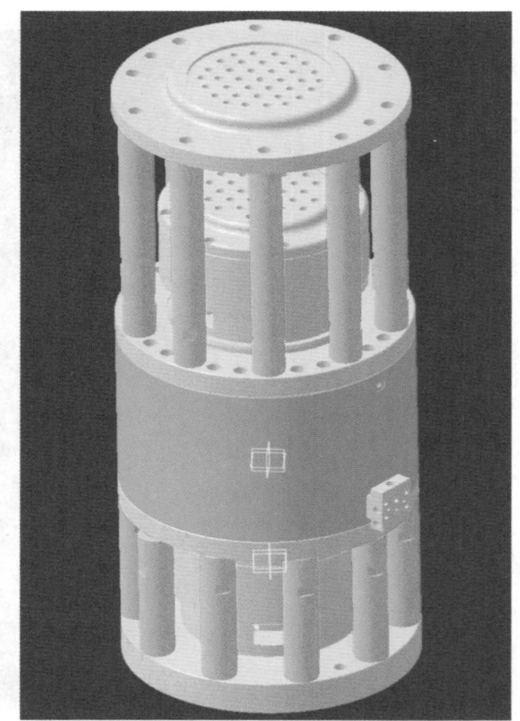

图 5－5　油缸结构示意图

油缸大腔容积：

$$Q_1 = \frac{\pi}{4}(D^2 - d^2)l = 56\text{L}$$

油缸小腔容积：

$$Q_2 = 28\text{L}$$

式中：油缸活塞外径 $D = 660$ mm，油缸活塞内径 $d = 385$ mm，油缸活塞杆径 $d_1 = 540$mm，油缸单个行程 $l = 250$mm。

2）上升速度计算

（1）单个行程伸缸时间

$$t_1 = \frac{Q_1}{Q_n} = \frac{56\text{L}}{56\text{L}} = 1\text{min} = 60\text{s}$$

（2）单个行程缩缸时间

$$t_2 = \frac{Q_2}{Q_n} = \frac{28\text{L}}{56\text{L}} = 0.5\text{min} = 30\text{s}$$

上下锚具切换的时间根据实际的施工经验和计算机程序设定，上锚具的切换时间约为10s，下锚具的切换时间约为10s，共计 $t_3 = 20\text{s}$ 。

（3）一个行程总需时间

$$t = t_1 + t_2 + t_3 = 60\text{s} + 30\text{s} + 20\text{s} = 110\text{s}$$

（4）总的提升速度（油缸的有效行程为220mm）

$$v = \frac{l}{t} = \frac{220\text{mm}}{110\text{s}} = 2\text{mm/s} = 7.2\text{m/h}$$

3） 下降速度计算

（1） 单个行程伸缸时间

$$t_1 = \frac{Q_1}{Q_n} = \frac{56\mathrm{L}}{56\mathrm{L}} = 60\mathrm{s}$$

②单个行程缩缸时间

$$t_2 = \frac{Q_2}{Q_n} = \frac{28\mathrm{L}}{56\mathrm{L}} = 0.5\mathrm{min} = 30\mathrm{s}$$

考虑到 4 个点的油缸必须同步，且 1 号点比例阀设置为 120，并且有节流阀进行节流，速度约为原来的 50%，则需要的时间为：

$$t_2' = \frac{t_2}{0.5} = \frac{30\mathrm{s}}{0.5} = 60\mathrm{s}$$

（3） 上下锚具切换的时间：

根据实际的施工经验和计算机程序设定，上锚具的切换时间约为 10s，下锚具的切换时间约为 10s，共计 $t_3 = 20\mathrm{s}$。

（4） 一个行程总需时间

$$t = t_1 + t_2' + t_3 = 60\mathrm{s} + 60\mathrm{s} + 20\mathrm{s} \approx 140\mathrm{s}$$

（5） 总的下放速度

$$v = \frac{l}{t} = \frac{220\mathrm{mm}}{140\mathrm{s}} = 1.57\mathrm{mm/s} = 5.66\mathrm{m/h}$$

本方案利用一台 56L/min 的液压泵站驱动 1 台 560t 型的提升油缸，提升速度约为 7.2m/h，下放速度约为 5.66m/h。下闸所需时间约为 3h50min，提升所需时间约为 3h。提升油缸现场布置如图 5－6 所示。

图 5－6　提升油缸现场布置

3. 钢绞线

提升用钢绞线采用美国钢结构预应力混凝土用钢绞线标准 ASTMA416；每个提升器有 37 根 ϕ17.8mm 钢绞线，每根钢绞线破断力为 35.2t，每根钢绞线受力为 15.1t，此提升能力储备系数及钢绞线的安全系数完全满足大型构件提升工况的要求。提升用钢绞线实际情况如图 5－7～图 5－9 所示。提升用钢绞线规格参数如下：

强度级别：270ksi；公称抗拉强度：1 860MPa；公称直径：17.8mm；最小破断载荷：353.2kN；1%伸长时的最小载荷：318kN。

图 5－7　提升用钢绞线

图 5－8　提升用钢绞线多次使用后的压痕

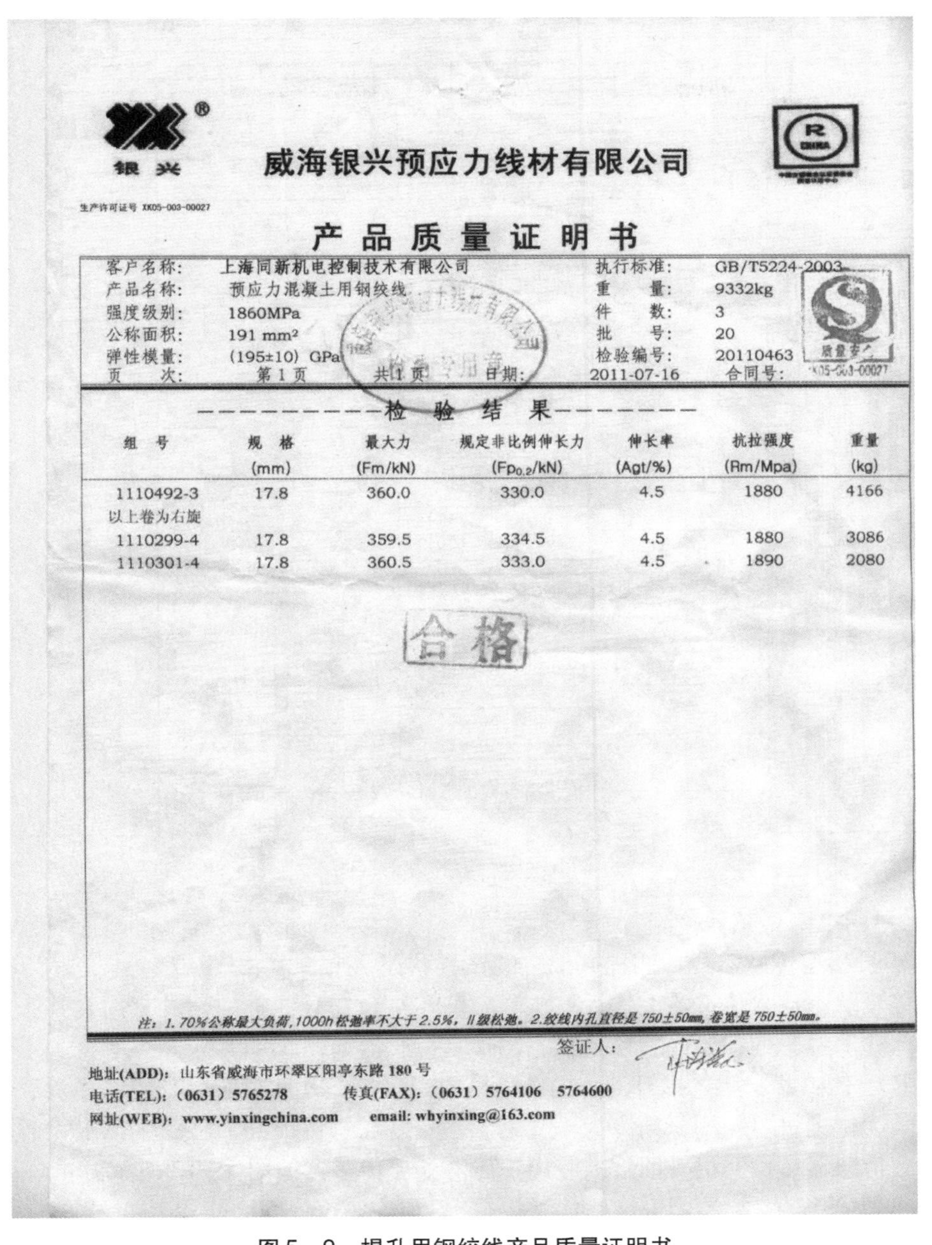

银兴

威海银兴预应力线材有限公司

生产许可证号 XK05-003-00027

产品质量证明书

客户名称:	上海同新机电控制技术有限公司	执行标准:	GB/T5224-2003
产品名称:	预应力混凝土用钢绞线	重　　量:	9332kg
强度级别:	1860MPa	件　　数:	3
公称面积:	191 mm²	批　　号:	20
弹性模量:	(195±10) GPa	检验编号:	20110463
页　　次:	第1页　共1页　日期:	2011-07-16	合同号:

检验结果

组号	规格 (mm)	最大力 (Fm/kN)	规定非比例伸长力 ($Fp_{0.2}$/kN)	伸长率 (Agt/%)	抗拉强度 (Rm/Mpa)	重量 (kg)
1110492-3	17.8	360.0	330.0	4.5	1880	4166
以上卷为右旋						
1110299-4	17.8	359.5	334.5	4.5	1880	3086
1110301-4	17.8	360.5	333.0	4.5	1890	2080

合格

注：1. 70%公称最大负荷,1000h松弛率不大于2.5%，II级松弛。2.绞线内孔直径是750±50mm，卷宽是750±50mm。

签证人：

地址(ADD)：山东省威海市环翠区阳亭东路180号

电话(TEL)：(0631) 5765278　　传真(FAX)：(0631) 5764106　5764600

网址(WEB)：www.yinxingchina.com　　email: whyinxing@163.com

图5-9　提升用钢绞线产品质量证明书

4. 控制系统

封堵门下放系统采用计算机控制同步下放系统进行施工，该系统由提升油缸、液压泵站和计算机控制系统三部分组成。主控计算机通过智能节点（模块）采集现场信息，并通过智能节点（模块）控制提升油缸的动作（动作协调）和速度（位置同步）。在下降时，控制系统要根据不同的下降对象和应用场合，实现各种各样的同步控制要求（位置和载荷），同时还要对多种提升油缸的组合实现动作同步的控制要求。控制方案框图如图5-10所示。

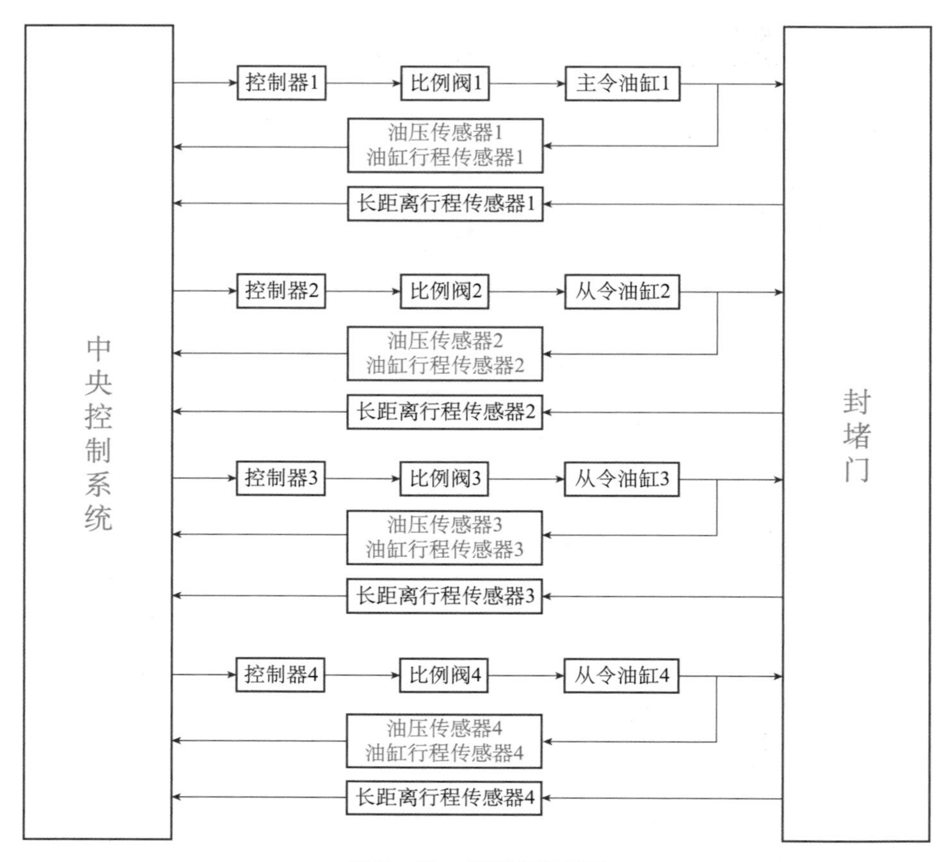

图5－10　控制方案框图

1）封堵门下降传感器检测

（1）锚具状态传感器：检测提升油缸的锚具状态（锚具“松”或锚具“紧”），通过现场总线将锚具状态信号传递给主控计算机。安装在每台提升油缸的锚具上面，共布置8套锚具传感器，检测锚具的夹紧或者松弛状态。锚具传感器如图5－11所示。

（2）压力传感器：测量提升油缸的工作压力，反映提升油缸的提升或下降负载；采用的压力传感器为德国进口，测量精度为千分之五。安装在每台提升油缸的主油缸大腔侧，共布置4台压力传感器，检测提升油缸大腔内油压。油压传感器如图5－12所示。

（3）油缸行程传感器：用于实时测量提升油缸在0～250mm内的行程，测量误差为0.25mm。该传感器主要元件为日本进口。安装在每台提升油缸的主油缸活塞杆端，共布置4台油缸行程传感器，检测提升油缸的行程。油缸行程传感器如图5－13所示。

2）长行程传感器（闸门开度仪）

用于实时测量封堵门空间位置，测量范围为30m，测量误差为0.25mm。该传感器主要元件为德国进口。安装在闸门上门叶两侧，共布置2套，检测闸门下放的绝对距离。控制系统通过压力传感器检测油缸的载荷，通过锚具和油缸距离传感器来实现油缸的动作同步，通过长距离传感器来实现封堵门的位置同步，组合使用上述四种传感器，可以实现载荷监控、位置同步的控制策略。长行程传感器如图5－14所示。

图5－11　锚具传感器

图5－12　油压传感器

3） 闸门闭门到位检测

闸门闭门到位检测采用接近开关装置（见图5－15），安装在闸门底端，共布置2套，检测闸门是否到位。

4） 中央控制器

中央控制器通过现场总线网络接收传感器组的反馈信号，经过计算处理后输出控制指令

图 5－13　油缸行程传感器

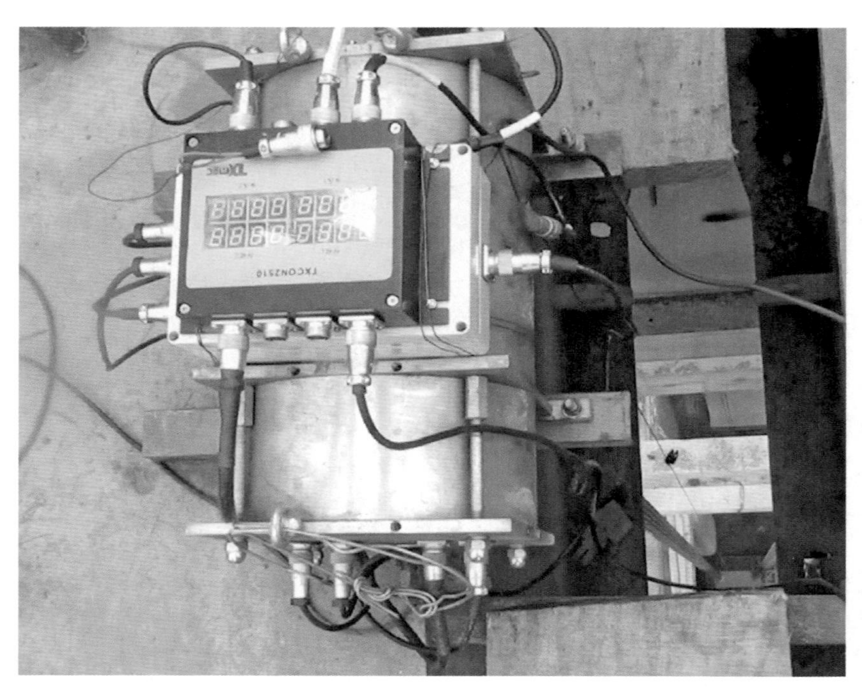

图 5－14　长行程传感器（闸门开度仪）

给液压泵站，控制提升油缸的动作。主控系统具有手动/自动两种操控模式，也可以通过控制面板或者触摸显示屏的方式输出控制指令。控制系统具有超差报警指示、超压报警指示、通信故障报警指示、传感器异常报警指示等功能。集装箱控制室、主控制器、监控界

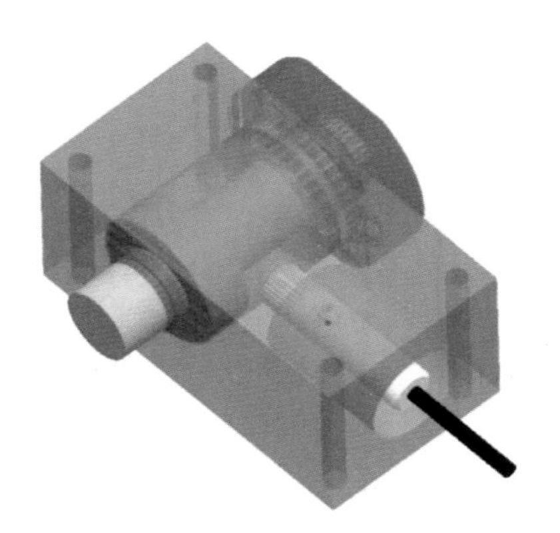

图 5－15　闸门到位开关

面如图 5－16～图 5－18 所示。

图 5－16　集装箱控制室

5.3.2　钢绞线液压提升装置布置

1. 梁系设计及布置

在混凝土排架上方安装梁系，提升油缸布置在梁系上方，提升荷载通过梁系传递至混凝土排架的立柱上面。梁系由两层组成，底层为 2 根大梁，上层为 4 根垫梁，均通过使用三峡高程 120m 门机栈桥钢板梁改造而成。

对于大梁及油缸垫梁运用 ANSYS 软件对其结构进行强度分析，采用 shell63 板单元模拟结构的钢板按照实际尺寸定义不同的板厚。根据设计图几何尺寸，利用 ANSYS 有限元软件，

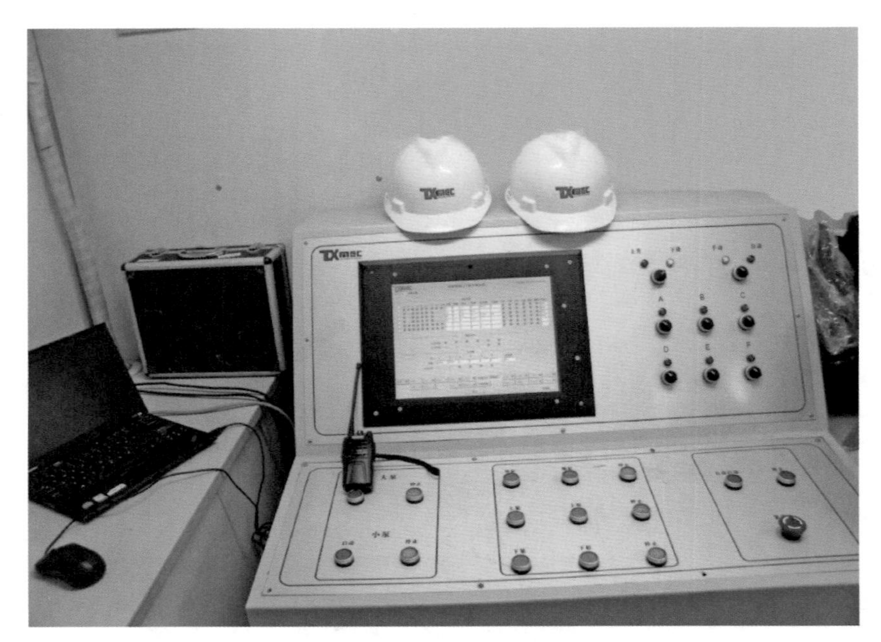

图 5－17　主控制器

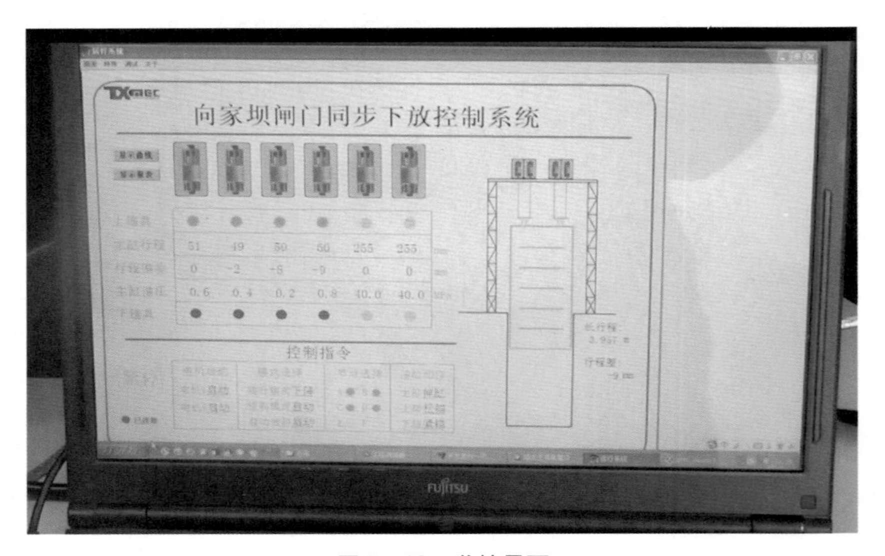

图 5－18　监控界面

建立结构模型，其余物理参数为：拉压弹性模量 $E = 2.06 \times 10^{11}$ Pa；泊松比 PRXY＝0.3；密度 $\rho = 7.85 \times 1\ 000\ \mathrm{kg/m^3}$。

上部提升结构计算模型如图 5－19 所示。

力按每个吊点 325t 以均布面荷载的形式分别施加于吊点处油缸垫板上，同时提升梁与混凝土接触面的 3 个自由度。上部提升结构计算模型荷载及边界条件如图 5－20 所示。

按照上述模型荷载及边界条件进行计算，上部提升结构的应力分布如图 5－21 所示。

结构变形云图如图 5－22 所示。

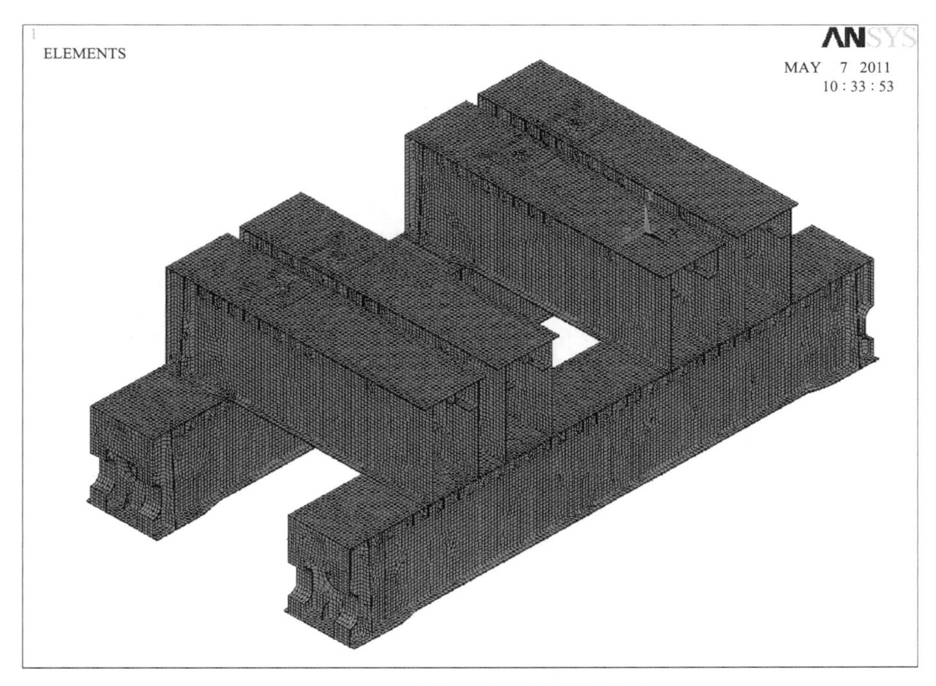

图 5 –19　上部提升结构计算模型

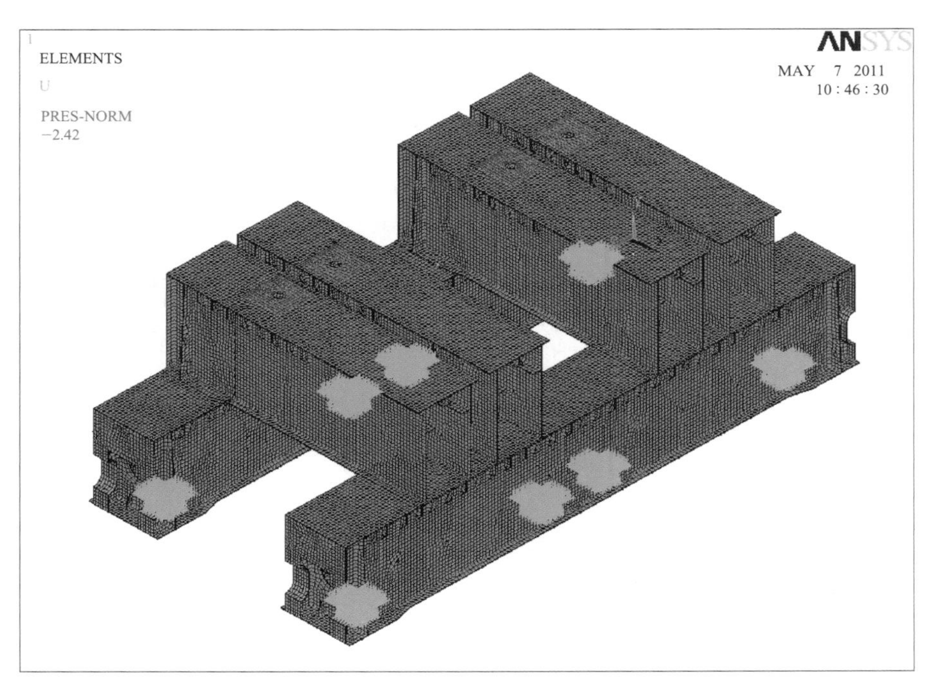

图 5 –20　上部提升结构计算模型荷载及边界条件

由图 5 –21 可知，提升梁结构的平均应力很低，只在局部油缸垫板接触部位出现应力集中点；由图 5 –22 可知，提升梁结构的最大变形为 2. 807mm。通过上面的计算，可知提升梁

图 5－21 上部提升结构应力云图

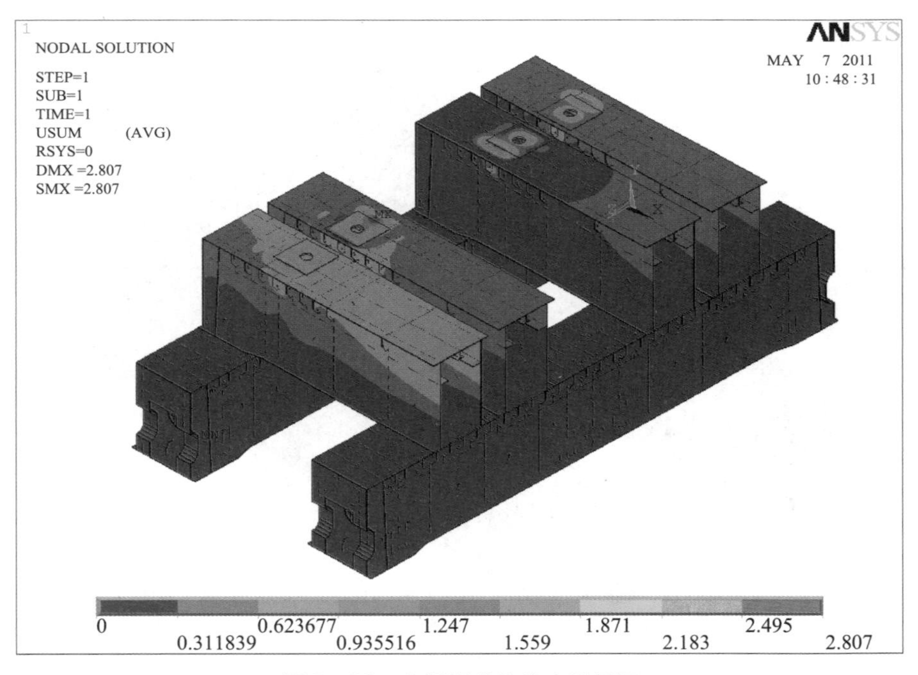

图 5－22 上部提升结构变形云图

结构的强度和刚度均满足要求。支点反力最大值为 4 213. 8kN，位于提升油缸侧中间支座。

现场梁系布置如图 5－23 所示。

图 5 - 23　梁系布置

2. 闸门吊头

钢绞线底锚结构通过吊头与闸门吊耳相连，两个吊头之间通过桁架相连，如图 5 - 24 所示，以防止耳板受到侧向分力而扭转。底锚由 P 锚和锚夹片两道组成，防止受到闸门振动而产生滑移。闸门吊头现场连接如图 5 - 25、图 5 - 26 所示，底锚结构如图 5 - 27 所示。

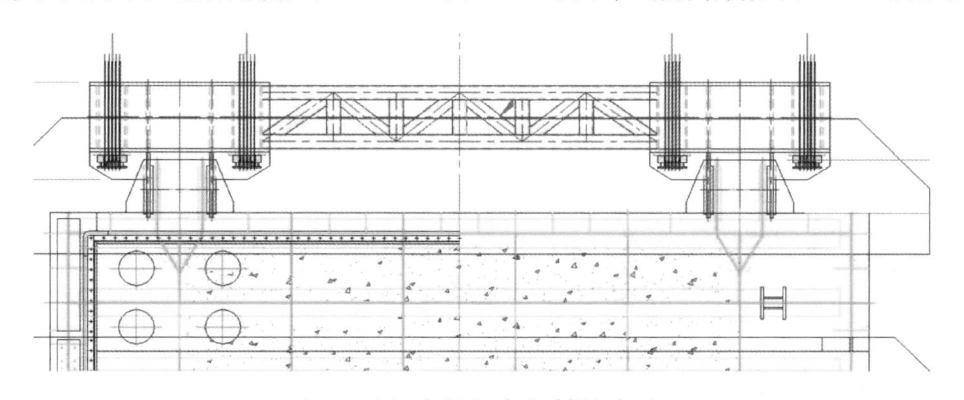

图 5 - 24　闸门吊头通过桁架相连

5.4　试验流程（下闸程序）

5.4.1　试验组织

成立专项试验领导小组，下设闸门金属结构小组（简称金结组）、提升设备小组（简称设备组）、原型观测小组（简称原观组），设 1 名试验操作总指挥和 3 名分指挥，并明确各小组试验及后续资料汇编的职责。

（1）金结组以闸门安装单位相关人员为主，落实专人对闸门的运行进行监测工作。

图 5－25　闸门吊头现场连接图一

图 5－26　闸门吊头现场连接图二

（2）设备组以同新公司相关人员为主，负责液压提升系统操作，油缸工作压力、行程等数据实时采集。试验完成后，分析并提出液压提升系统试验成果报告。

（3）原观组以南科院相关人员为主，负责试验过程中实时采集各种数据。试验完成后，分析并提出原型试验成果报告。

组织机构成员：

图5－27　底锚结构

（1）领导小组：

组长：业主单位负责人；

小组成员：业主、设计、监理、施工单位、科研单位成员。

（2）现场总指挥：业主单位负责人。

（3）设备组：业主、设计、监理、施工单位、科研单位成员。

（4）原观组：业主、设计、监理、施工单位、科研单位成员。

（5）金结组：业主、设计、监理、施工单位、科研单位成员。

5.4.2　试验前准备

1. 试验设备和条件

参加本真机试验的主要设备包括钢绞线液压提升装置和水力学、流激振动原型观测设备。其中，钢绞线液压提升装置主要包括：4套560t穿芯式油缸，4台70L/min液压泵站及全套电控系统（见设备清单）。

试验条件：

（1）闸门组装完成，增加配重并调好重心。

（2）提升油缸安装在梁系上部，并预紧好钢绞线。

（3）液压泵站油路连接正确。

（4）电控系统连接正确。

（5）水力学监测传感器安装调试完成。

（6）设备组装完成，各部件调试完成，达到联调试验要求。

2. 试验用的仪器仪表

钳形电流表、万用表、秒表、红外线测温仪、500mm钢板尺、6m钢卷尺、50mL量杯、全站仪、经纬仪、油液清洁度检测仪等。

3. 试验的外部条件及要求

（1）确认液压系统连接。

（2）确认电控柜等电气系统连接。

（3）确认机、电、液接口关系。

（4）确认系统的介质清洁度达到 NAS7 级。

（5）确认油温达到液压系统正常工作油温范围。

（6）确认采用三相四线制。

5.4.3 试验流程

（1）现场技术交底。

由现场总指挥向设备组、原观组和金结组就本次试验的流程、内容和注意事项进行技术交底。

（2）试验前最后一次检查。

金结组检查闸门主体结构、水封、销轴、吊头、连系梁、门槽、滑轨、混凝土排架、提升梁系等结构的安装状况。

设备组检查提升油缸、钢绞线卷盘、钢绞线、液压泵站、传感器组、中央控制器、监控设备、通信线路等设备的安装和运行状况。

原观组检查各测点的振动传感器、振动位移传感器、脉动压力传感器、负压传感器、水位变送器等传感器以及连接线路的安装运行状况。

（3）试验指令发出。

金结组汇报：整体结构正常。

设备组汇报：所有试验设备运行正常。

原观组汇报：所有观测设备运行正常。

现场总指挥根据各小组检查的情况，以及天气水文状况，发布试验正式开始指令。

（4）空载启动试验。

空载状况下，启动主泵和锚具泵电机，观察电机转向是否正确。四台液压泵站的电机均通过远程启动，电机转向正确（顺时针），启动后无跳闸、无异常噪声。

（5）系统压力调定试验。

空载状况下，伸缸到顶，由操作人员旋转溢流阀调节手柄，设定上升系统压力至 20MPa；然后空载缩缸到底，由操作人员旋转溢流阀调节手柄，设定下降系统压力至 12MPa。

（6）液压系统超压保护试验。

手动使单点负载压力超过系统设定最高压力 26MPa 时，系统切换到自动运行工况，系统在启动时检测到超压状况，自动停机并报警指示。

（7）逐步加载至闸门脱空 10mm。

在锁定梁未拆除的情况下，逐步加载直至闸门脱空 10mm，静置 20min。金结组对闸门主体结构、吊头进行检查，结构无异常。用水准仪测量闸门底缘高差，提供数据给设备组校准闸门开度仪。

设备组对钢绞线、提升油缸锚夹具和液压系统进行检查，设备无异常。

（8）闸门开度仪整零。

根据金结组汇报，此时闸门底缘两侧高差为4mm，以此数据为准校正闸门开度仪，使得开度仪显示数据与水准仪测量数据吻合。

（9）提升0.5m试验。

设备组启动自动提升工况，提升闸门0.5m，静置1min。

设备组进行检查，确认四只油缸动作统一；左右开度仪显示数据高差为3mm，经过水准仪测量，闸门底缘偏差为4mm，说明闸门开度仪数据准确。

（10）下降0.5m试验。

设备组启动自动下降工况，下放闸门0.5m，静置1min。

设备组进行检查，确认四只油缸动作统一；左右开度仪显示数据高差为1mm，经过水准仪测量，闸门底缘无偏差，说明闸门开度仪检测数据准确。

（11）提升0.5m测速、同步性试验。

设备组启动自动提升工况，提升闸门0.5m，记录时间。经推算，提升速度为7.1m/h。

在提升过程中，四只油缸动作统一，锚夹具状态显示正常，闸门开度仪显示两侧差值始终处于10mm以内。

（12）下放0.5m测速、同步性试验。

设备组启动自动下降工况，下放闸门0.5m，记录时间。经推算，下放速度为5.5m/h。

在下放过程中，四只油缸动作统一，锚夹具状态显示正常，闸门开度仪显示两侧差值始终处于10mm以内。

（13）闸门到位传感器检测试验。

闸门到位传感器检测：人为触发闸门到位传感器顶针端5mm，此时主控系统显示闸门到位；松开闸门到位传感器，传感器自动复位，此时主控系统闸门到位指示不显示。

（14）锚夹具传感器检测试验。

锚夹具传感器检测试验：将锚具传感器的连接线拔掉，此时主控系统显示锚具传感器异常，停止动作；将锚具传感器连接线插上，系统显示正常，自动运行。

（15）电控系统报警功能试验。

将传感器通信电线插头拔掉，此时系统显示通信故障，并自动停机。

（16）试验小结。

金结组、设备组、原观组向现场总指挥汇报试验状况。根据汇报情况，总指挥确认安全性试验（锁定梁未拆除）完成。13:00进行异常工况试验。

（17）双吊点不同步调节试验。

设备组单独提升单侧吊点，使得两侧吊点不同步差值为15mm；设置最大超差上限为16mm；启动自动下放试验，经过4s的运行调节之后，超差值控制在7mm，满足超差上限10mm的范围。

（18）锚具传感器报警试验。

在提升过程中，将锚具传感器的连接线拔掉，此时主控系统显示锚具传感器异常，停止动作；将锚具传感器连接线插上，系统显示正常，自动运行。

（19）试验小结。

金结组、设备组、原观组向现场总指挥汇报试验状况。根据汇报情况，总指挥确认异常工况试验（锁定梁未拆除）完成，可以拆除锁定梁。

（20）锁定梁拆除。

金结组拆除锁定梁及底部安装平台，同时做好保护工作，防止钢筋等杂物落入门槽。

（21）无水下放试验开始。

设备组启动自动下放程序，进行无水下放试验。

（22）无水下放试验——下放速度调节试验。

设备组通过调节系统设定速度，进行下放速度调节试验。

（23）无水下放试验——泵站油温检测。

设备长时间运行之后，用红外线检测仪检测泵站的油温，温度约为38℃。

（24）无水下放试验完成。

将闸门下放到门楣位置，静置。

（25）有水下放试验开始。

设备组启动自动下放程序，同时记录监控数据。

（26）闸门入水。

原观组记录入水时各个检测点数据。

（27）闸门到底。

闸门触底到位传感器显示闸门到底，同时闸门开度仪指示位置正确，钢绞线松弛，显示闸门底缘已经触碰到底槛。

停滞30min，由原观组进行数据采集和传感器设置工作。

（28）闸门复提开始。

设备组启动自动上升程序，进行闸门复提。同时，记录监控数据。

（29）闸门复提到位。

闸门复提到位。

5.5 试验成果记录

5.5.1 试验大纲记录

1. 安全性试验（锁定梁未拆除）

安全性试验记录见表5-2。

表5-2 安全性试验记录

试验检查项目	试验内容	理论数据及要求	检查结果	检查者	备注
1. 空载启动试验	（1）空载状况下，启动主泵和锚具泵电机，观察电机转向是否正确	电机顺时针转动，无异常振动及噪声			
	（2）上升及下放系统压力调定	提升系统压力20MPa；下放系统压力12MPa			

续表

试验检查项目	试验内容	理论数据及要求	检查结果	检查者	备注
2. 液压系统保护试验	（1）液压系统超压保护试验	系统压力超高26MPa时，能够报警指示并卸载，且无外泄漏			
	（2）液压系统欠压保护试验	下放压力低于2MPa时报警停机			
3. 提升系统动作试验	（1）在锁定梁未拆除工况下，在自动工况下将闸门提升10mm，静置20min，并将左右开度仪调整至同步；将闸门提升0.5m，静置1min，检查提升工况下动作情况	油缸无明显下滑；闸门底缘水平；四只油缸动作统一；左右开度仪显示数据同步精度在10mm以内			
	（2）在锁定梁未拆除工况下，在自动控制方式下下放闸门0.5m，检查下放工况下动作情况	闸门底缘水平；四只油缸动作统一；左右开度仪显示数据同步精度在10mm以内			
4. 提升系统速度试验	（1）在提升0.5m过程中，测量提升速度	提升速度满足1.2m/10min要求			
	（2）在下放0.5m过程中，测量提升速度	下放速度满足0.9m/10min要求			
5. 电控系统功能性试验	（1）开度仪精度检测试验	开度仪精度在1mm之内			
	（2）闸门到位传感器检测试验	闸门到位触发可靠灵敏			
	（3）锚夹具传感器检测试验	锚具状态传感器可靠灵敏			
	（4）电控系统报警功能试验	系统显示通信故障并报警			
	（5）提升工况下，同步性动作试验	自动提升工况下，同步性误差在10mm范围之内			
	（6）下放工况下，同步性动作试验	自动下放工况下，同步性误差在10mm范围之内			

2. 异常工况试验（锁定梁未拆除）

异常工况试验记录见表5-3。

表5-3 异常工况试验记录

试验检查项目	试验内容	理论数据及要求	检查结果	检查者	备注
1. 双吊点不同步模拟调节试验	当吊点两侧的行程出现偏差时，控制系统能够自动调节，重新保持同步	在15mm不同步工况下，系统自动调节到10mm之内			
2. 超差异常报警并自动停机试验	(1) 当吊点两侧的行程出现偏差超过15mm时，系统自动停机	开度仪显示数据为20mm时，系统报警，并停机			
	(2) 锚具传感器故障报警试验	锚具传感器状态接收不到位时，系统自动停机并显示			

3. 无水试验（重复提升、下放各2次）

无水试验记录见表5-4。

表5-4 无水试验记录

试验检查项目	试验内容	理论数据及要求	检查结果	检查者	备注
1. 下放速度调节试验	在无水下放过程中，设定不同的速度，观察闸门实际运行速度是否与设定一致	系统速度设定为0.5～0.65m/10min、0.65～0.85m/10min、1m/10min，闸门运行状况正常			
2. 液压系统功能性试验	在无水下放过程中，检测泵站油温	泵站油温宜控制在60℃			

4. 有水试验

有水试验记录见表5-5。

表5-5 有水试验记录

试验检查项目	试验内容	理论数据及要求	检查结果	检查者	备注
1. 锚夹具状态检测	在有水下放过程中，观察水流的流激振动对锚夹具的影响	钢绞线振动对锚夹具无影响			

续表

试验检查项目	试验内容	理论数据及要求	检查结果	检查者	备注
2. 闸门实时状态显示检测	通过控制柜显示界面，观察闸门当前水中的姿态是否保持双吊点同步	闸门始终保持水平状态，两侧高差不超过 10mm			
3. 闸门到位检测	当闸门到位传感器显示为触底到位之后，通过钢绞线行走的距离及封堵的效果，来检测是否完全到位	闸门到位之后，传感器显示正常			

5. 试验记录分析

1）钢绞线液压提升装置可靠性能分析

（1）在试验阶段，560t 提升油缸连续运行，无漏油、锚夹片失效等故障。

（2）锚夹具在无水、有水试验过程中，松锚、紧锚信号到位，闸门振动对锚夹具无影响。

（3）液压泵站连续运行，无漏油，无阀芯卡滞现象，油液清洁度达标，油温控制在 40℃内，管路无爆破，快速接头无滴油现象，电机运行正常。

（4）钢绞线经过多次重复试验之后，虽有压痕，但是使用正常，无散股现象，在试验之后，截取试样到指定部门进行力学性能复测。

（5）油缸行程传感器、锚夹具传感器、压力传感器显示正常，信号到位；闸门触底到位传感器指示正确；两侧闸门开度仪的显示数据与水准仪测量数据相吻合。

（6）控制系统无死机、迟滞故障，在试验中同步下放和同步上升均全自动运行，操控模式切换方便。

2）钢绞线液压提升装置安全性能分析

（1）当系统压力超过设定上限时，系统自动停机并报警指示，防止了单点荷载偏大损坏油缸。

（2）闸门两侧吊点超差上限设置为 10mm，在试验过程中，同步偏差始终控制在 10mm 范围之内；当手动提高单点高度，使得两侧差值达到 14mm 时，系统启动后迅速进行纠偏，使得超差值控制在 10mm 范围之内。

（3）控制系统采用网络控制模式，设置了通信故障报警指示。当人为将通信电缆接头松开后，系统自动停机并报警指示。避免了通信延迟、通信切断后系统失控导致的严重后果。

（4）由于钢绞线液压提升系统的关键信号之一为锚夹具信号，因此当锚具传感器出现故障时，主控系统接收不到锚夹具信号则自动停机并报警指示，避免了传感器故障而引起的误动作。

3）钢绞线液压提升装置功能分析

（1）经过测量，本套系统的下放速度为 5.5m/h，此时比例流量阀开度达到满开度的 80%，基本满足同步下放的要求。

（2）经过测量，本套系统的上升速度为 7.1m/h，此时比例流量阀开度达到满开度的

85%，基本满足同步上升的要求。

（3）提升系统最大压力为31.5MPa，系统额定压力为25MPa，在实际试验过程中，4个560t提升油缸中最大压力约为8MPa，远未达到系统额定压力，钢绞线液压提升装置的提升能力满足闭门、启门的载荷要求。

5.5.2 闭门过程数据记录及分析

根据闭门过程中的监控数据，对闭门过程中各个提升油缸的压力进行了记录，同时根据开度仪的显示结果推算出闸门开度，闭门过程试验数据见表5-6。

表5-6 闭门过程试验数据

闸门开度/m	同步差值/mm	A点油压	B点油压	C点油压	D点油压	总油压/MPa	总载荷/t	油压差/MPa	载荷差/t
15	2	5.3	6.2	4.0	7.3	22.7	512.8	3.3	74.7
14	3	5.2	6.3	3.9	7.3	22.8	513.2	3.4	75.6
13	2	5.1	6.3	3.9	7.3	22.7	510.9	3.4	75.8
12	7	5.1	6.5	3.9	7.3	22.7	512.4	3.4	75.6
11	7	5.0	6.7	3.7	7.3	22.8	513.1	3.6	80.3
10	6	4.9	6.8	3.7	7.3	22.7	511.2	3.6	80.8
9	7	4.9	6.8	3.8	7.2	22.7	511.3	3.4	77.5
8	4	4.9	6.7	3.8	7.3	22.7	511.4	3.5	78.8
7.7	5	4.9	6.8	3.8	7.3	22.7	512.9	3.6	80.7
7	9	4.9	6.7	3.7	7.4	22.7	511.0	3.7	83.7
6.0	9.0	4.8	6.7	3.8	7.2	22.5	508.2	3.4	77.2
5.0	8.0	4.6	6.8	3.8	7.0	22.3	502.0	3.2	72.2
4.0	8.0	4.5	6.7	3.6	7.0	21.7	489.1	3.4	76.7
3.0	6.0	4.4	6.6	3.5	6.9	21.4	482.6	3.5	78.9
2.0	9.0	4.4	6.6	3.3	6.8	21.1	475.0	3.5	78.9
1.0	9.0	4.1	6.2	3.5	6.9	20.7	466.1	3.4	76.7
0.3	7.0	4.0	6.2	3.3	6.6	20.2	456.3	3.3	74.4
0.0	6.0	4.4	6.0	3.1	6.5	20.0	451.6	3.4	76.7

注：底色为绿色数据表示闸门处于水面之上操作过程；黄色数据表示闸门处于水面之下的操作过程。

1. 四个提升油缸载荷均衡状况分析

通过记录四个提升油缸的压力，检验四个提升吊点在闭门过程中的载荷变化状况。闸门开度为0m、1m、2～15m工况下A、B、C、D四个吊点的油压随闸门开度的变化如图5-28

所示。

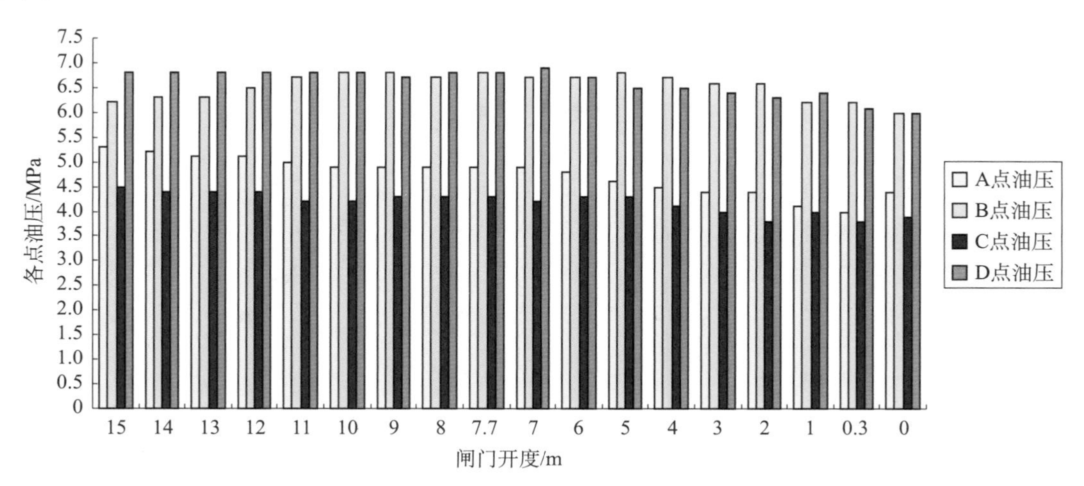

图5－28 各点油压随闸门开度变化图

根据图5－28可以看出：两个吊头上面的总载荷（A点油压＋B点油压，C点油压＋D点油压）基本均衡；同一个吊头上面的两个点（A点与B点，C点与D点）载荷差值较大，最大的为3.7MPa；A点与C点载荷基本相同，B点与D点载荷基本相同。

经过压力与载荷的换算之后，载荷差随闸门开度的变化如图5－29所示。

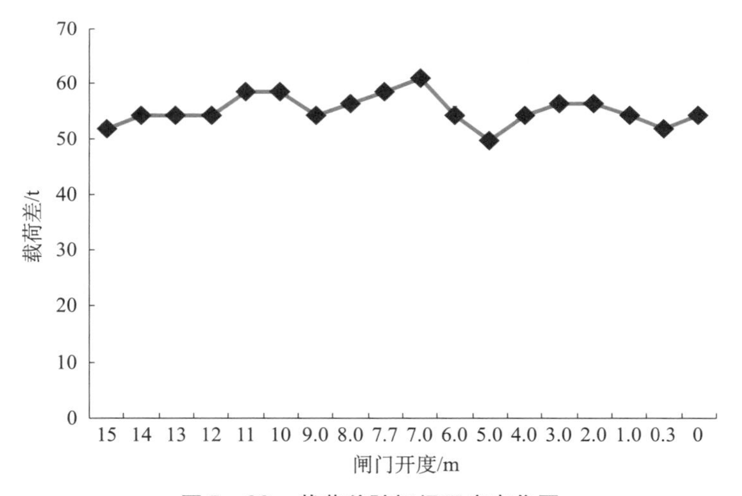

图5－29 载荷差随闸门开度变化图

载荷差始终在50～60t，不随闸门开度变化，应该与闸门、吊耳以及联系桁架的刚度有关。

2. 闭门力随闸门开度变化分析

将提升油缸的各点压力进行相加和计算，折算成闭门载荷，选取了闸门开度在0m、1m、2～15m状况下的数据进行分析。

闭门力随着闸门的开度出现变化（见图5－30）：在水面之上时，闭门载荷约为510t，基本维持不变；在进入水中时（动水操作），闭门力呈线性下降，在闸门到达底槛时的载荷约为451.6t，与入水之前的载荷相差约60t，应该是门体受到水流的正压力而产生了摩阻力，导致闭门载荷变小。

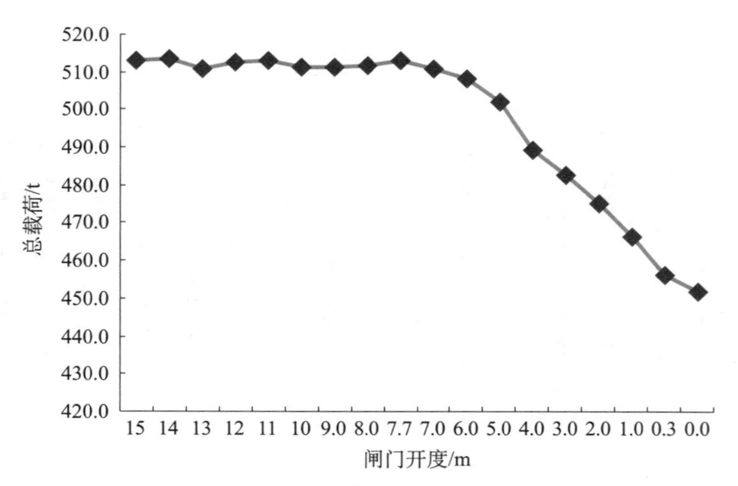

图5－30　总载荷随闸门开度变化图

3. 同步差值分析

在闭门试验过程中，对闸门开度仪的数据进行了记录，并对两者取差值分析。试验数据如图5－31所示。

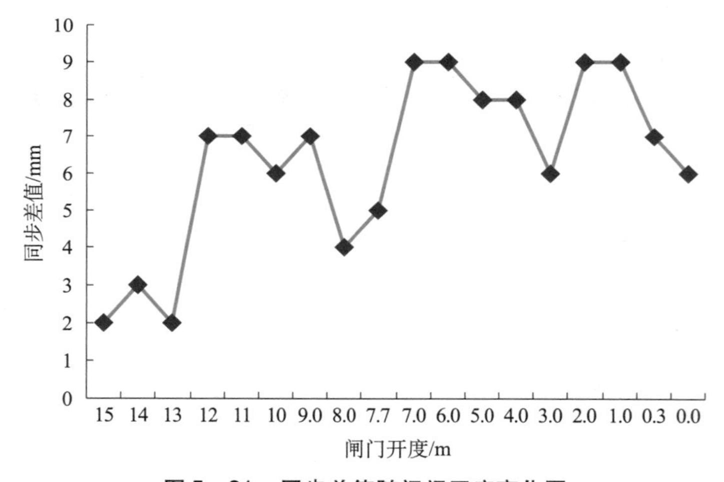

图5－31　同步差值随闸门开度变化图

同步差值始终控制在10mm之内，基本呈波浪形变化，表明控制系统的PID同步调节的算法有效。

5.5.3　启门过程数据记录及分析

根据启门过程中的监控数据，对启门过程中各个提升油缸的压力进行了记录，同时根据开度仪的显示结果推算出闸门开度，数据记录见表5－7。

表5－7　启门过程试验数据

闸门开度/m	同步差值/mm	A点油压	B点油压	C点油压	D点油压	总油压/MPa	总载荷/t	油压差/MPa	载荷差/t
0	7	6.9	6.6	6.3	6.3	26.1	589.6	0.6	13.2
0.3	8	6.8	6.5	6.5	6.4	26.2	591.2	0.6	14.6
1	6	6.7	5.9	6.7	6.4	25.7	580.7	0.8	19.0
2.0	9	6.7	6.0	6.6	6.4	25.7	580.1	0.7	15.7
3	5	6.6	6.0	6.6	6.4	25.5	575.2	0.7	15.5
4.0	7	6.5	5.9	6.4	6.3	25.2	567.5	0.6	13.6
5.0	4	6.3	5.8	6.0	6.2	24.3	548.9	0.5	11.7
6.0	4	6.2	5.7	5.9	6.0	23.8	536.2	0.4	9.9
7.0	7	6.2	5.5	5.8	5.9	23.4	528.4	0.6	14.0
7.7	6	6.2	5.5	5.8	5.9	23.3	526.2	0.7	16.1
8.0	9	6.1	5.5	5.8	5.9	23.3	525.2	0.7	15.5
9.0	4	6.2	5.5	5.8	5.9	23.3	525.9	0.7	15.9
10.0	8	6.3	5.4	5.5	5.9	23.1	522.0	1.0	23.0
11.0	5	6.3	5.4	5.6	5.9	23.2	522.2	0.9	21.2
12.0	2	6.1	5.6	5.6	5.9	23.1	521.7	0.6	14.5
13.0	6	6.1	5.6	5.5	5.9	23.2	523.0	0.6	13.7
14.0	4	6.0	5.7	5.5	5.9	23.1	520.2	0.6	12.8
15.0	3	6.1	5.6	5.4	5.9	23.0	518.9	0.7	16.4

注：底色为绿色数据表示闸门处于水面之上操作过程；黄色数据表示闸门处于水面之下的操作过程。

1. 四个提升油缸载荷均衡状况分析

通过记录四个提升油缸的压力，检验四个提升吊点在启门过程中的载荷变化状况。闸门开度为0m、1m、2～15m工况下四个吊点的油压随闸门开度的变化如图5－32所示。

根据图5－32可以看出，两个吊头上面的总载荷（A点油压＋B点油压，C点油压＋D点油压）基本均衡；同一个吊头上面的两个点（A点与B点，C点与D点）油缸载荷也较为均衡，最大的差值为1MPa。

根据图5－32的数据可以得知，在启门过程中，各个提升油缸的载荷较为均衡。经过压力与载荷的换算之后，载荷差随闸门开度的变化如图5－33所示。

载荷差始终处于10～23t之间，说明在提升过程中，由于是主动提升闸门上升，系统均载性较好。

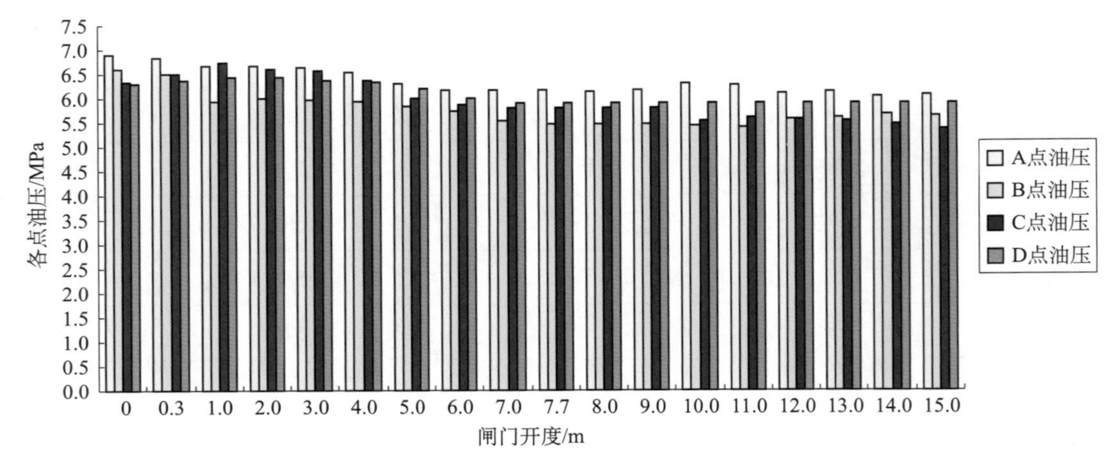

图 5 -32　各点油压随闸门开度变化图

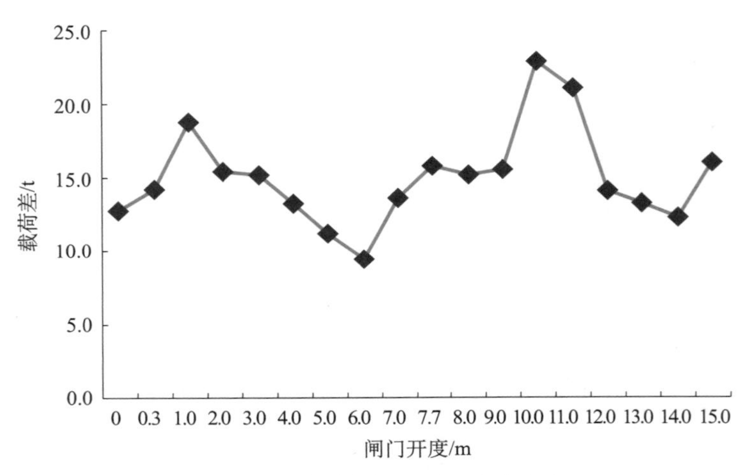

图 5 -33　载荷差随闸门开度变化图

2. 启门力随闸门开度变化分析

将提升油缸的各点压力进行相加和计算，折算成启门载荷，选取了闸门开度在 0m、1m、2 ~ 15m 状况下的数据进行分析。

启门力随着闸门的开度出现变化（见图 5 -34）：在水面之上时，启门载荷约为 525t，基本维持不变；在从底槛到水面过程中（动水操作），启门力呈线性下降，在底槛时的启门力约为 590t，闸门底缘到达水面时的载荷约为 526t，载荷相差约为 64t。应该是门体受到水流的正压力逐渐减小，导致摩阻力逐渐变小，从而使得启门载荷变小。

3. 同步差值分析

在启门试验过程中，对闸门开度仪的数据进行了记录，并对两者取差值分析。

试验数据如图 5 -35 所示。

同步差值始终控制在 10mm 之内，基本呈波浪形变化，表明控制系统的 PID 同步调节的算法有效。

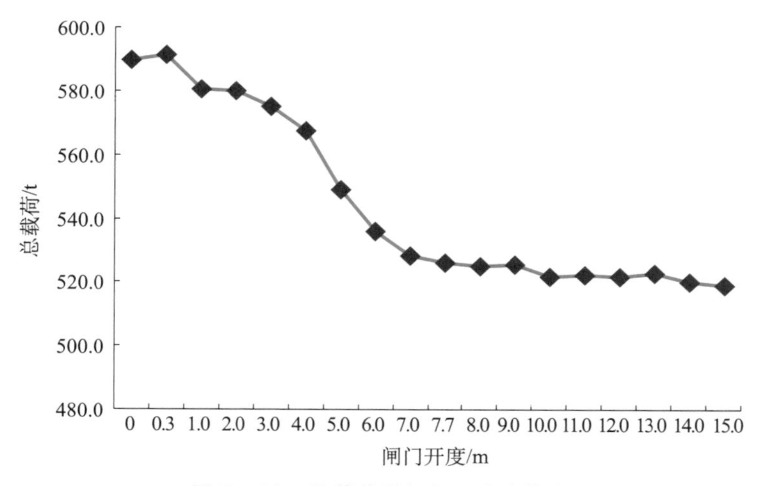

图 5 -34　总载荷随闸门开度变化图

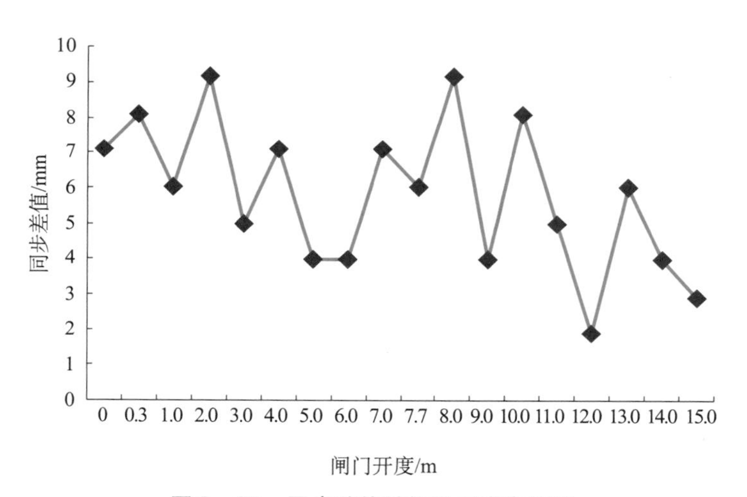

图 5 -35　同步差值随闸门开度变化图

5.6　结论与展望

导流底孔采用钢绞线液压提升装置进行封堵闸门下放的原型试验，分别在 2011 年 10 月 28 日与 11 月 1 日进行了两次。根据两次试验结果进行分析可以看出，钢绞线液压提升装置自身各种功能以及相应的可靠性和安全性均得到了充分验证。具体表现在如下几个方面：

（1）在流激振动有限的情况下，钢绞线-锚夹具系统工作正常。闸门的振动未通过钢绞线传递到锚夹具系统上面。

（2）液压系统、提升油缸运行平稳，无泄漏、阀芯卡滞等故障，通过散热器的散热作用，在连续下放试验中，油液温度始终处于 40℃范围之内（环境温度约为 20℃）。

（3）在多次重复性试验中，钢绞线工作正常，虽有清晰压痕，但是无散股或损伤。在试验完成后，需要截取钢绞线送至有关单位进行力学性能复测。

（4）传感器、控制器运行正常，同步调节性能较好，各种保护功能均正常有效。

在试验过程中，也发现了一些值得改进之处，主要有以下两点：

（1）系统提升和下放速度仍有提升的空间。可以通过增大液压系统的流量，增大提升油缸的单个行程距离，或者研究连续提升油缸应用在导流底孔下放中的可能性。

（2）在同步调节过程中，系统依赖于闸门开度仪进行同步控制，闸门开度仪的精准性需要验证。在本次试验中，通过在两侧钢绞线各绑定一根标尺，每隔1m人工读取刻度，来校验闸门开度仪的准确性。这种方式可以在1~5号导流底孔下放中应用。

5.7 水力学原型观测试验

基于以上研究内容，有关科研单位研制开发及委托加工各类传感器、信号传输装置、数据记录转换仪器及数据记录分析软件等，并在进场前进行各项试验仪器检验检定。仪器安装期历时长（2011年9月25日—10月25日），横贯整个6号导流底孔封堵门现场吊装拼接全过程；空间分布广（含闸门结构、钢绞索、启闭机支撑排架、启闭机塔台、导流底孔上下游出口等）；投入仪器种类繁多、技术先进为历次现场观测之最。

观测现场共安装三向防水振动加速度传感器12套、振动位移传感器9套、量程为500kPa水流脉动压力传感器9只、可测绝对真空负压-100kPa至400kPa的绝压传感器7只、空化空蚀传感器3只、上下游水位传感器2套、实时监控图像记录装置4套、专用防水信号传输电缆3 000余米。

为精确进行测试数据记录、分析，共投入891型测振仪12通道2台、DH5923动态信号测试仪64通道2套、测量记录频率10Hz至100kHz的仪器及相应分析系统、可进行加速度及位移转换的双积分调理器32套、桥路调理器24套、采样频率高达40MHz 60通道移动数据记录器及电源适配器各1台、8路2TGB录像记录仪1台及相应无线记录装置1台、噪声记录声压计1套、笔记本电脑3台，现场搭设观测帐篷1间。测点布置及装置情况如图5-36~图5-48所示。

5.8 试验综述及泄流形态

（1）闸门开启、关闭过程中闸前闸后由于1~5号孔泄流影响，水位变化不大，水面壅高降低值约在0.8m范围以内，闸门关闭初期由于闸门的封堵作用，水流在闸门前附近激荡翻滚，拍打门体对闸门结构产生了一定量级的振动，但总体能量不大，随着闸门开度的减小激振力逐渐减弱，门体振动趋缓，在闸门开度约为2.0m时门前形成偶发性吸气漩涡，在一定范围内激发了门体振动，但总体影响有限，未产生有害振动。

（2）通过观察可知闸门运行过程中，闸门结构运行平稳，门体振动量级不大，属微振范围，由于钢绞线悬挂较长，线体存在一定范围的摆动，启闭机塔柱运行平稳，基本没有振感。

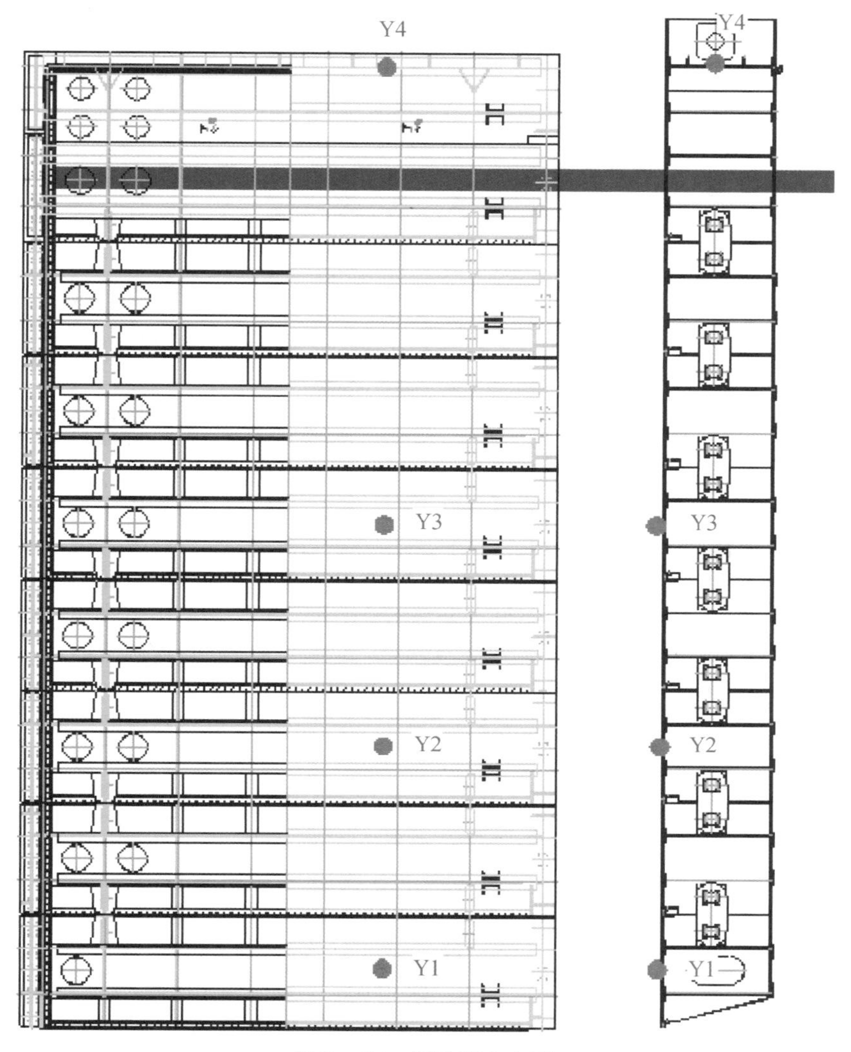

图5－36　振动测点布置

（3）噪声分贝值在60dB以下为无害区，60～110dB为过渡区，110dB以上是有害区。试验中为了考察液压启闭机产生的噪声对工作人员产生的环境影响，在排架基础平台333.5m高程和启闭机塔架顶部分别进行了噪声监测，检测结果显示闸门启闭过程中排架基础平台333.5m高程噪声等级为71～79dB，启闭机塔架顶部噪声等级为81～90dB，该值虽在过渡区之内，但工作时间不是很长，属可接受范围。

（4）启闭机排架作为重要的水工设施，其安全亦是整个工程的重要组成部分，在目前运行工况下，启闭机塔架运行平稳，未观察到塔架存在明显振动或摆动现象，说明在此种运行工况下闸门振动未经钢绞线上传至塔架，但将来高水头运行，门后水流拖曳力增加，激发的闸门振动可能会经钢绞线传递至塔架，届时需密切关注。

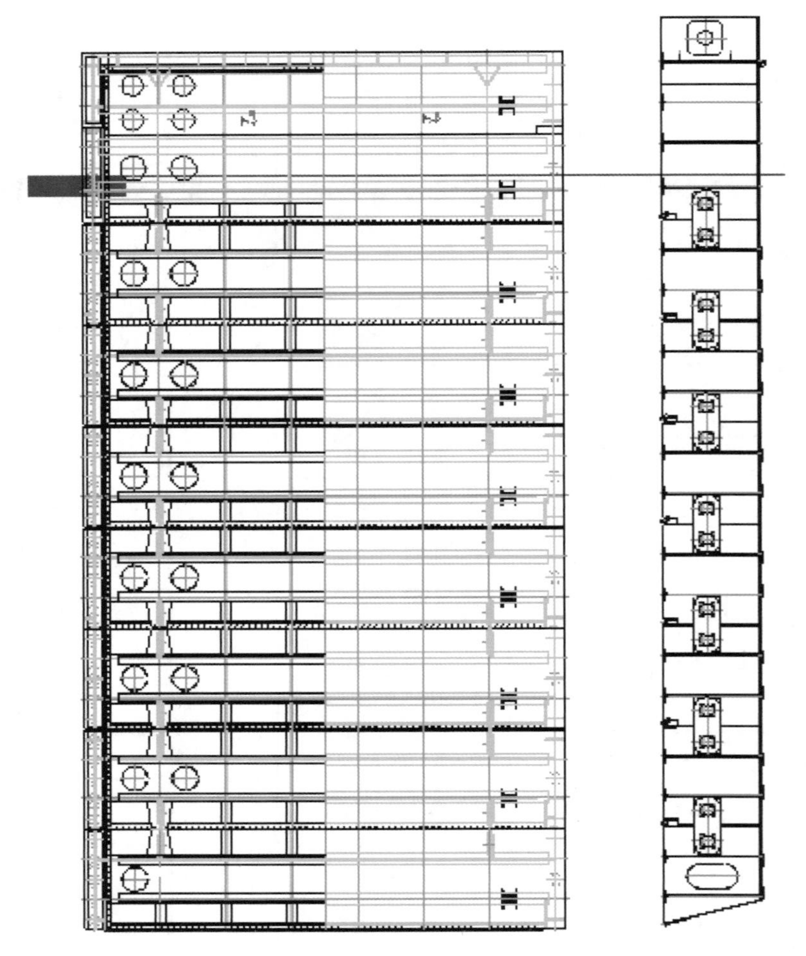

图 5 - 37　脉动压力测点布置

5.9　闸门结构动水压力特征

5.9.1　闸门结构时均动水压力特征

闸门结构时均动水压力试验结果（见图 5 - 49）表明：除底缘 P1、P9 测点因水流流动影响，压力较低外，其余测点基本按入水深度的静压水头分布，闸门出水后，各测点压力相应归零。闸门门槽内门下测点 P9 因水流扰动和下切流动影响，整个开启过程中基本处于小范围负压状态。

门后水面上部测点 P7′由于闸门开启过程中门后未设通气孔，下泄水流带走一部分空气后，另有一部分空气自洞尾通过未充水的洞顶空间向内补充，因洞身较长一时补充不够充分，而形成一定范围的负压带，在闸门开启过程中最大负压约为 - 0. 33kPa，在闸门关闭过程中最大负压约为 - 0. 45kPa，且因起始状态的不同及空腔压力调整位置不同，其负压随开度的变化趋势亦不同。

图 5 －38　测点布置现场 1

图 5 －39　测点布置现场 2

图 5－40　测点布置现场 3

图 5－41　测点布置现场 4

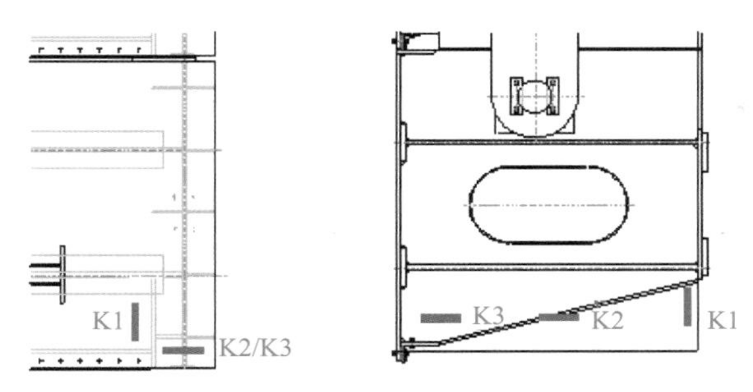

图5-42 空化噪声测点布置1

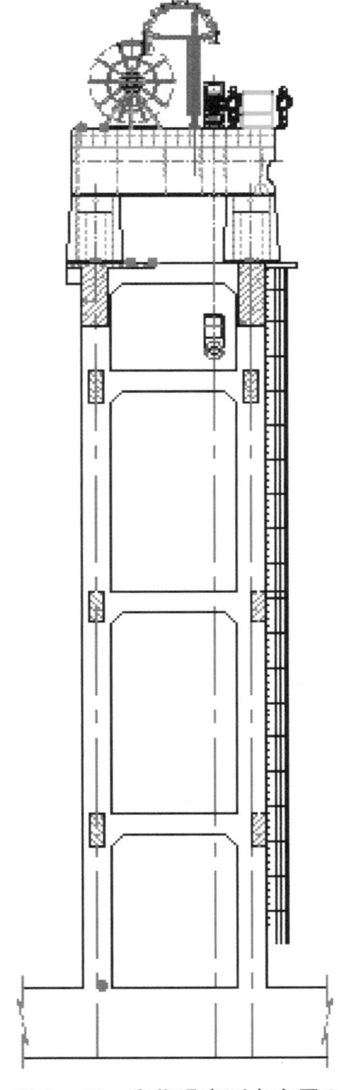

图5-43 空化噪声测点布置2

图5-44 启闭机塔架测点布置

图5-45 钢绞线振动测点

图 5 －46　图像记录摄像头

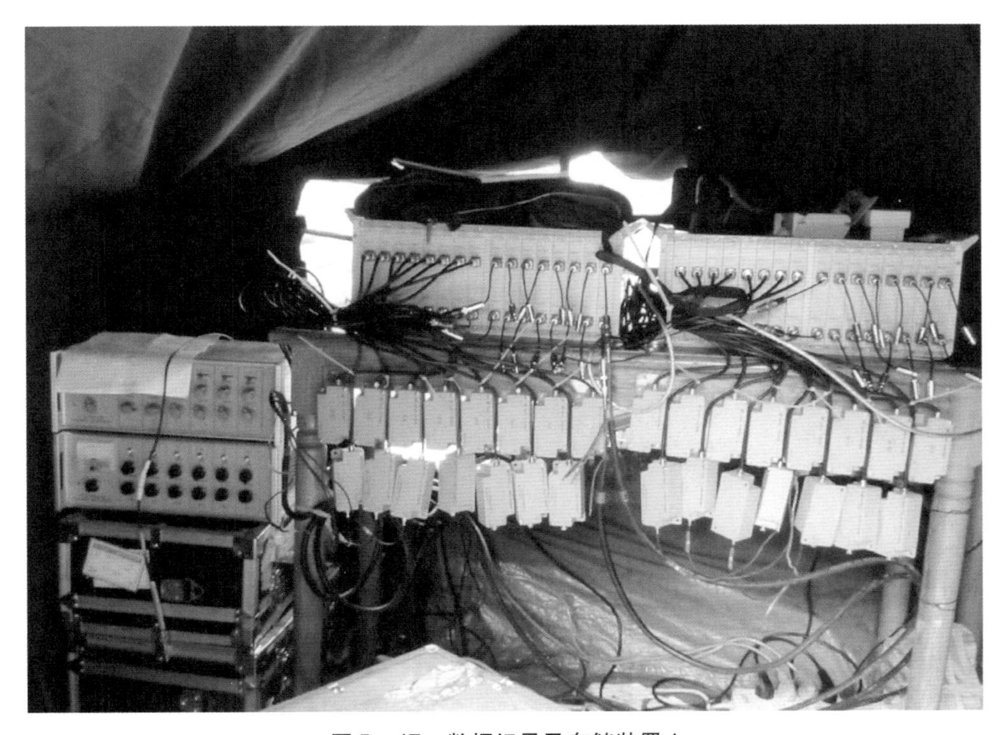

图 5 －47　数据记录及存储装置 1

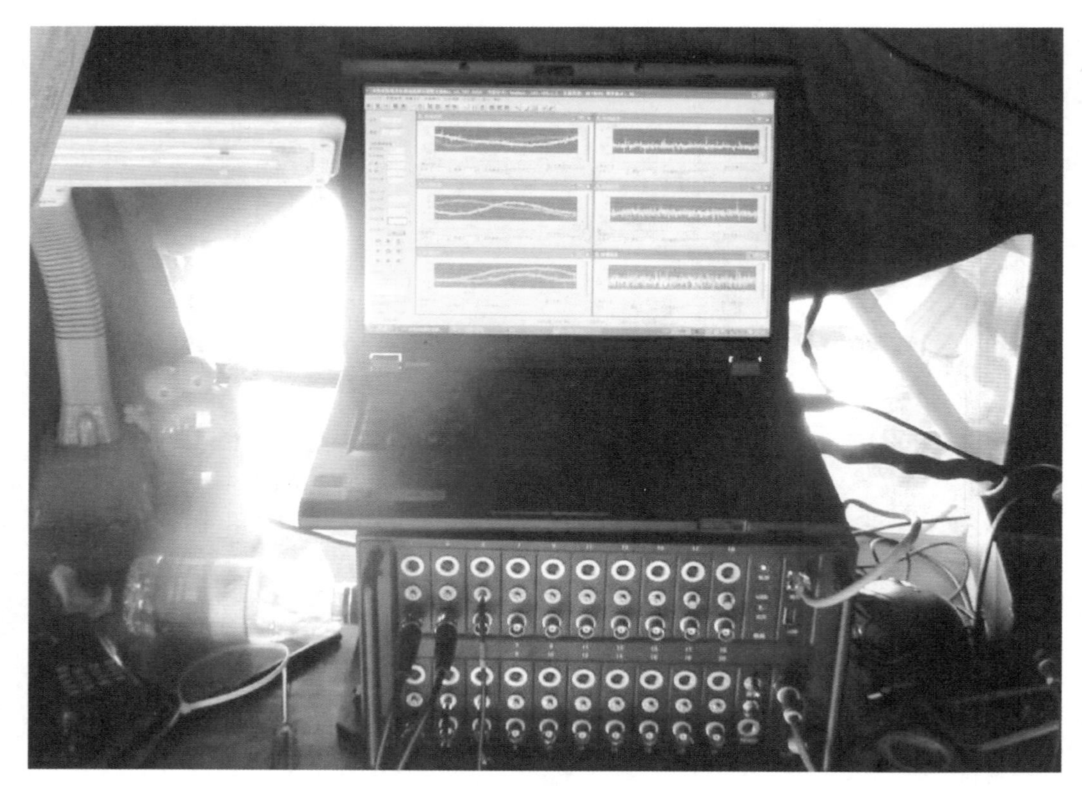

图 5－48　数据记录及存储装置 2

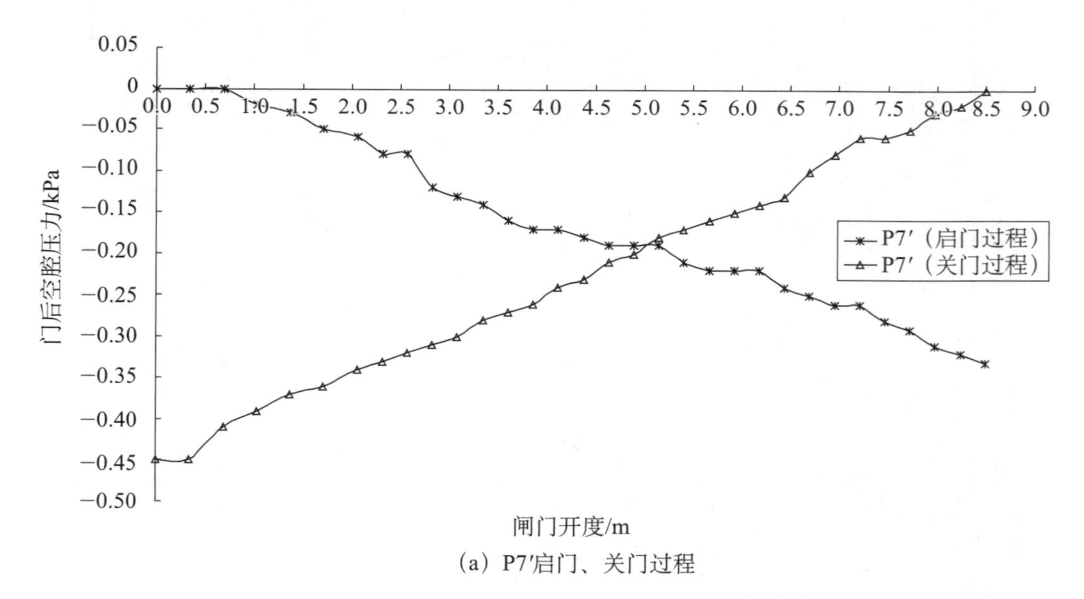

（a）P7′启门、关门过程

图 5－49　闸门结构时均动水压力特征

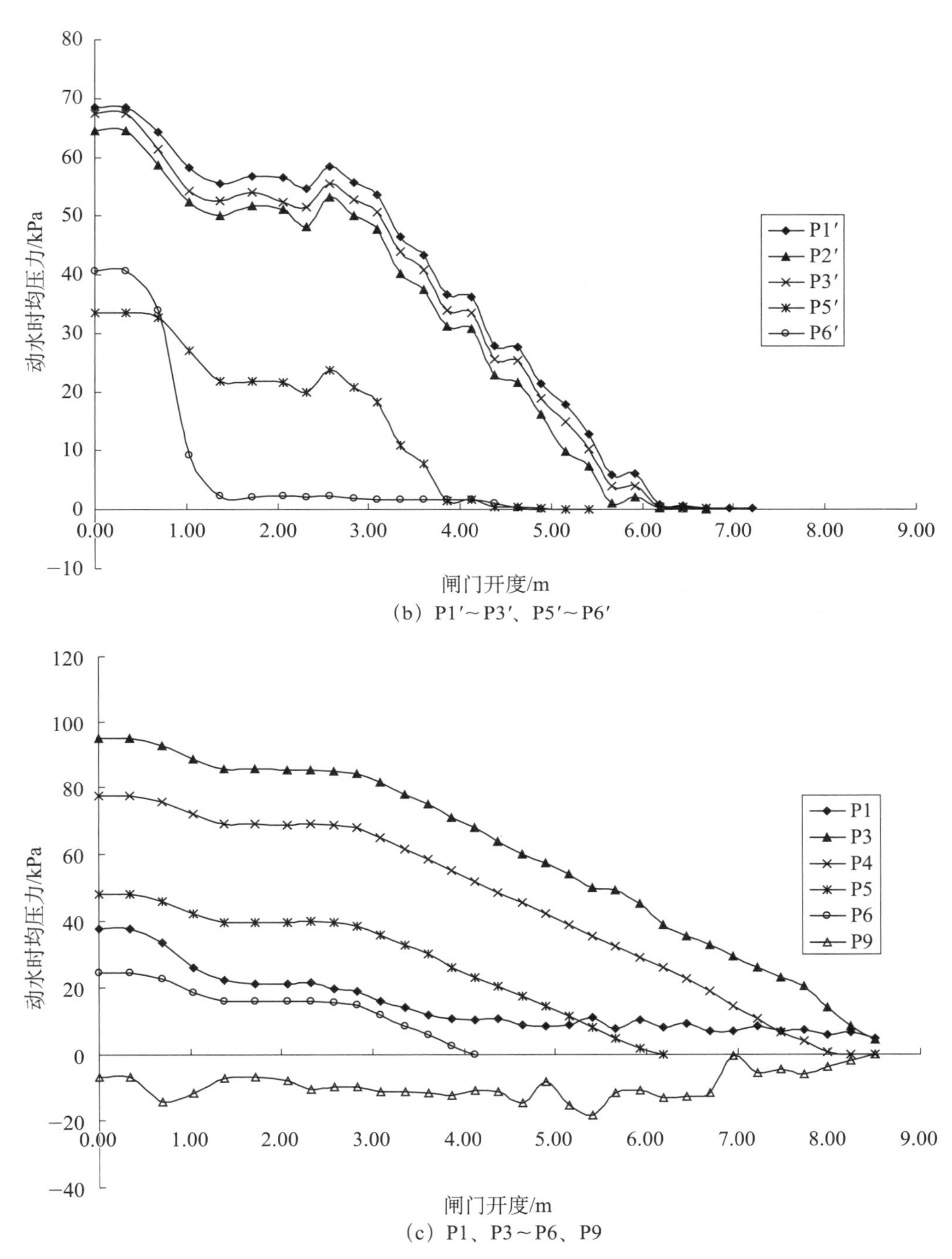

（b）P1′～P3′、P5′～P6′

（c）P1、P3～P6、P9

图 5－49　闸门结构时均动水压力特征（续）

5.9.2　闸门结构水流脉动压力特征

闸门结构水流脉动压力试验结果（见图 5－50～图 5－55）表明：作用于封堵门体上的脉动压力具有随开度的增加而增大的变化规律，最大脉动压力发生在闸门底缘门槽内，试验测得最大脉动压力均方根值为 7.4kPa（P9 测点）；上游底缘最大脉动压力均方根值为 5.565kPa（P1 测点）；下游底缘最大脉动压力均方根值为 6.24kPa（P3′测点）。由于上下游水位差不大，总的能量较小，闸门可以安全运行。

从功率谱密度分析可知，闸门上游面板及闸门下游底缘脉动压力频率主要集中在 10Hz 以内，其中优势频率集中在 1Hz 左右。

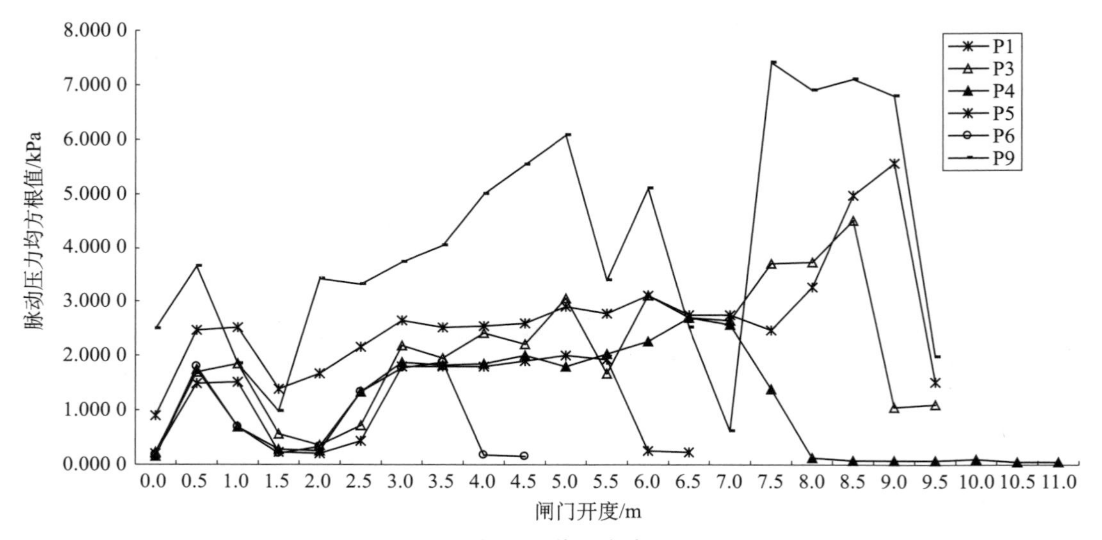

图 5-50　闸门上游面脉动压力特征

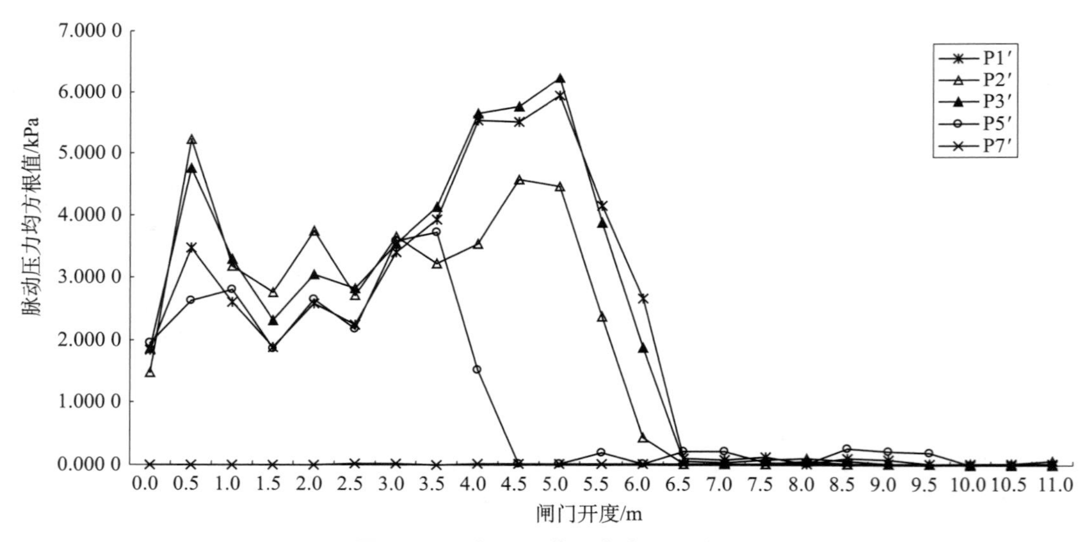

图 5-51　闸门下游面脉动压力特征

5.9.3　振动加速度特征

1. 闸门结构振动加速度特征

闸门结构振动加速度试验结果（见图 5-56～图 5-58）表明，闸门三个方向的振动量

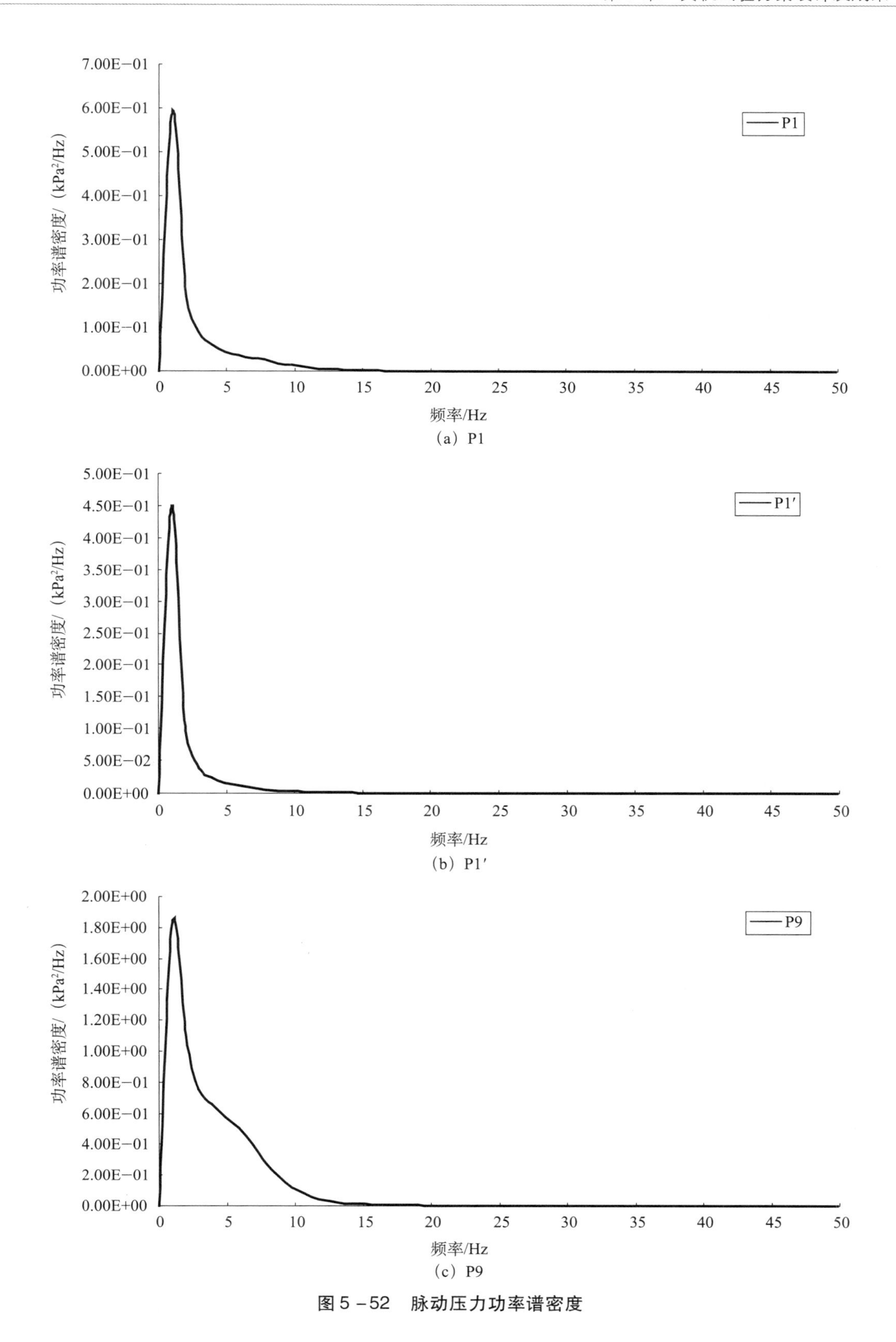

（a）P1

（b）P1′

（c）P9

图 5－52　脉动压力功率谱密度

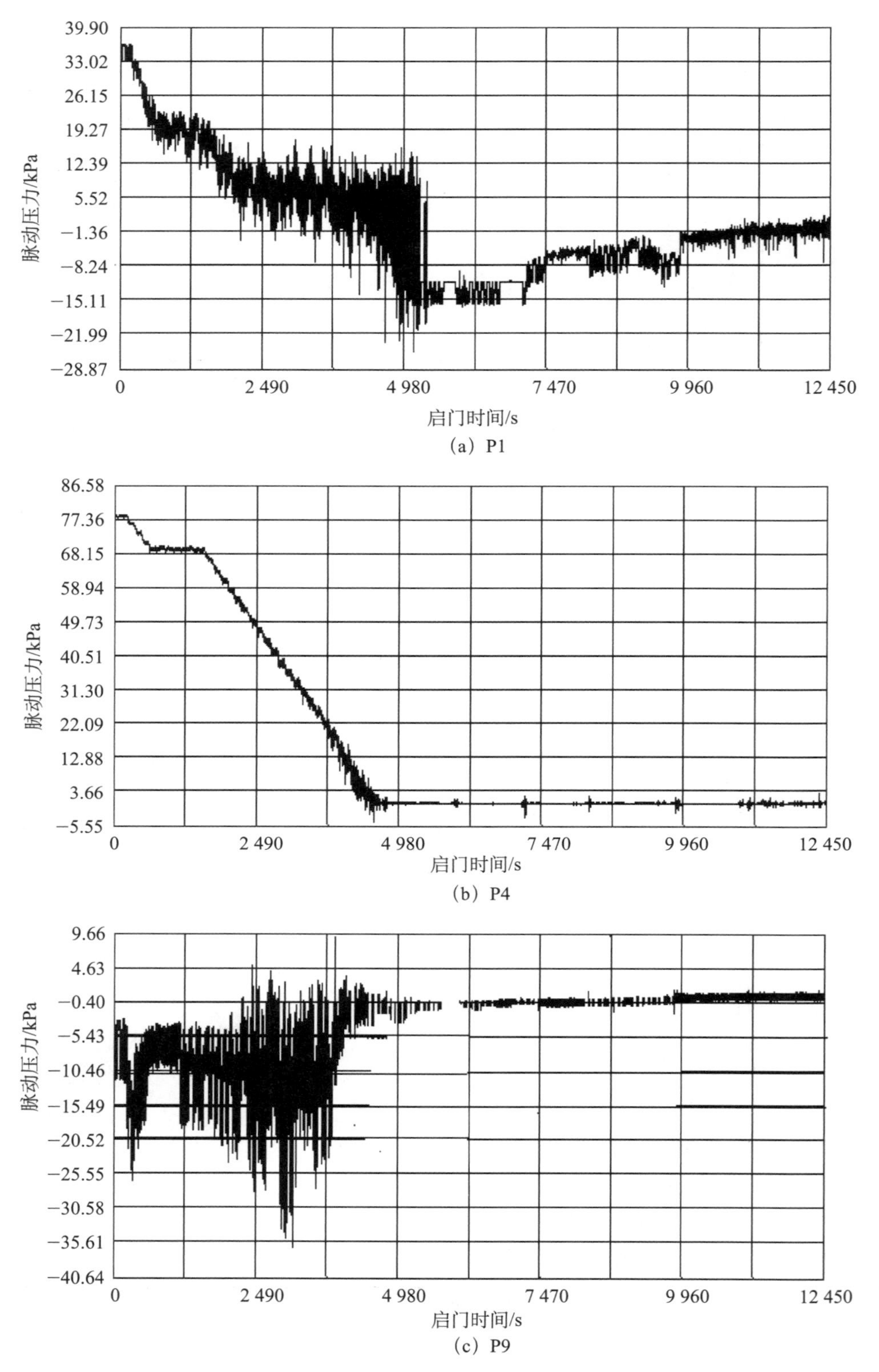

(a) P1

(b) P4

(c) P9

图 5 −53　上游面脉动压力时域过程

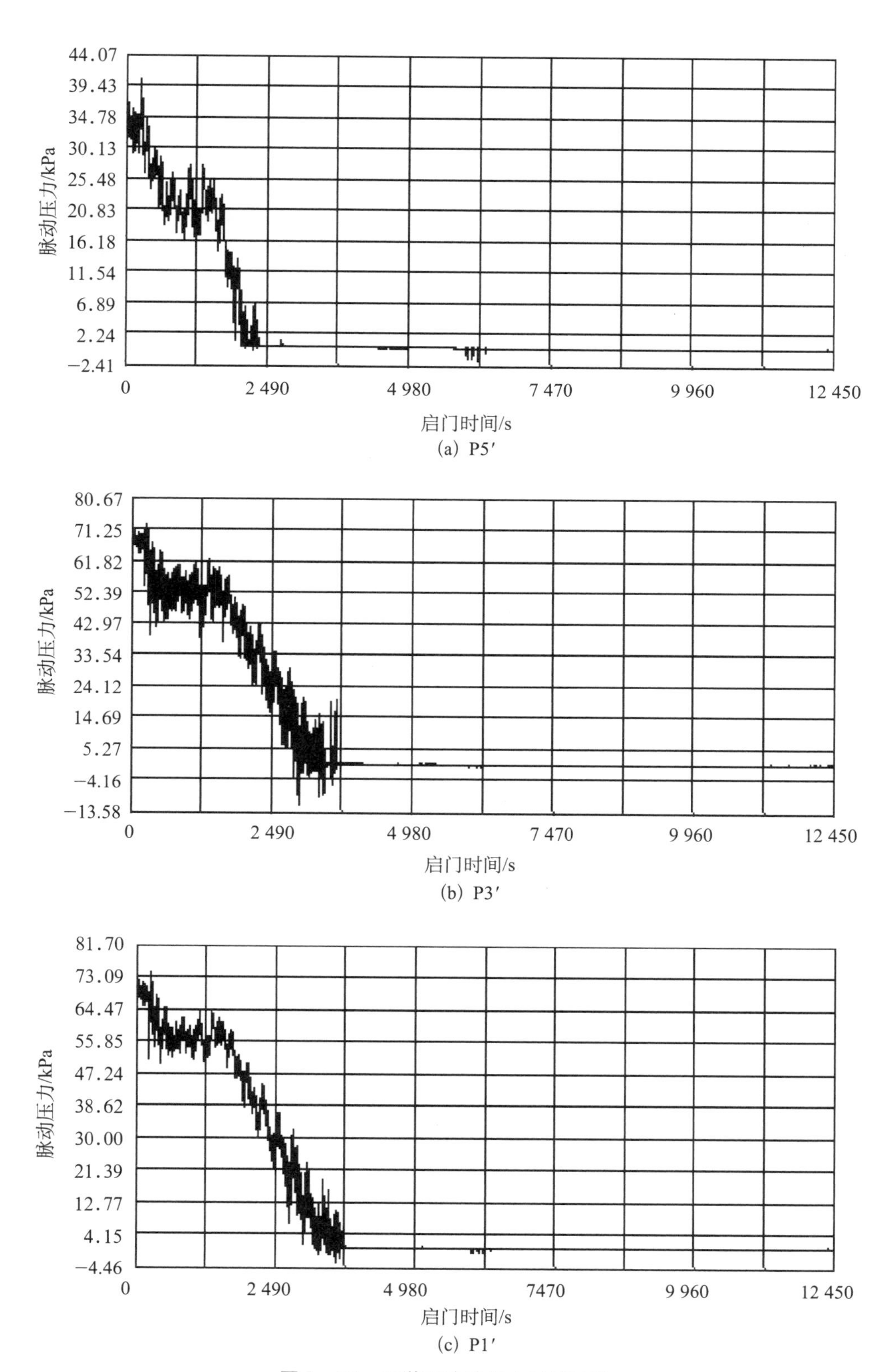

(a) P5′

(b) P3′

(c) P1′

图 5 –54　下游面脉动压力时域过程

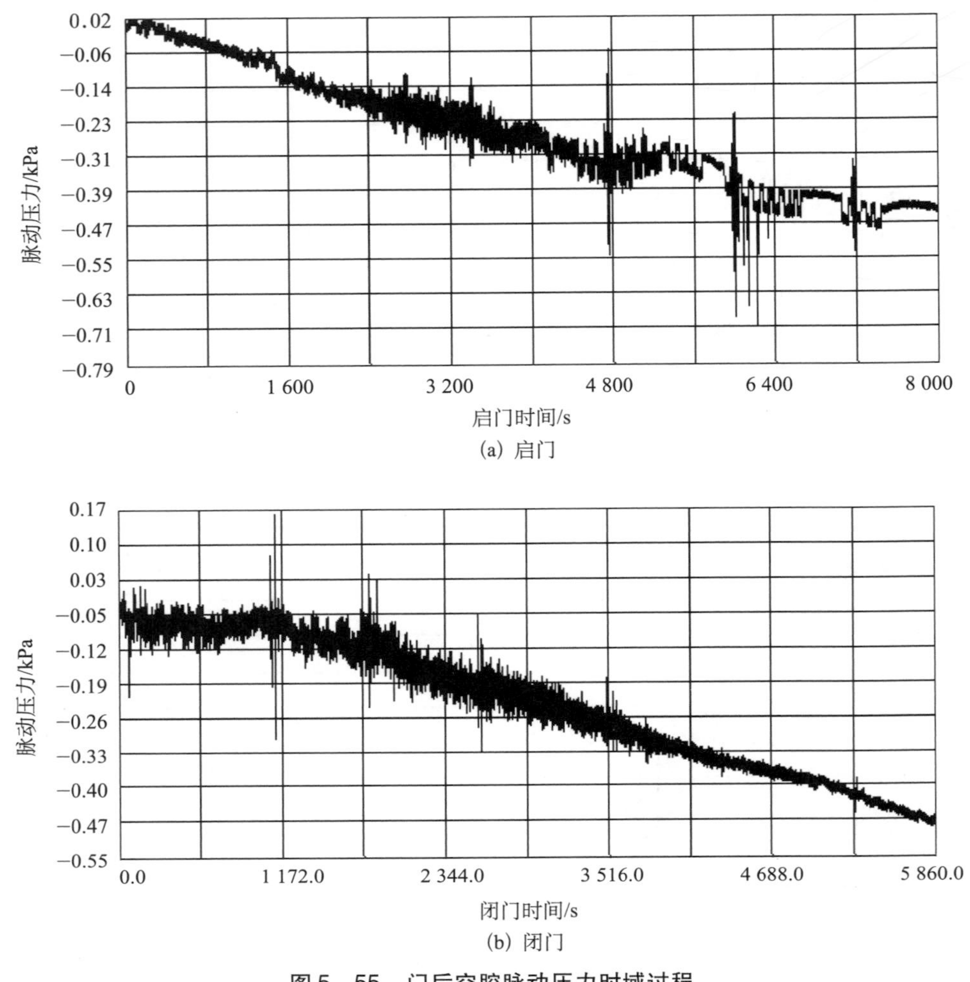

(a) 启门

(b) 闭门

图 5－55　门后空腔脉动压力时域过程

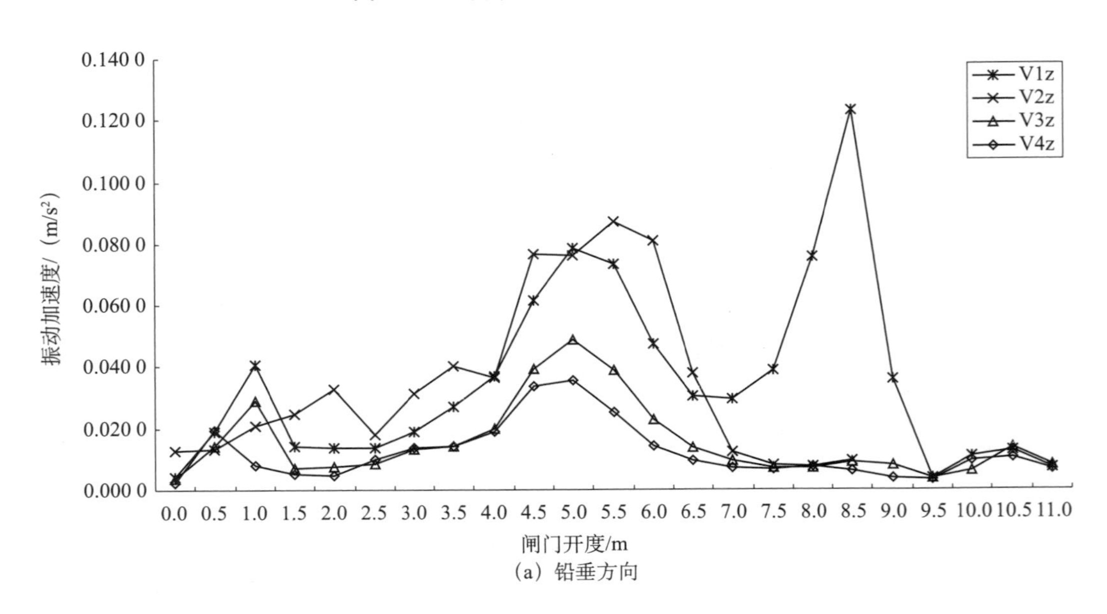

（a）铅垂方向

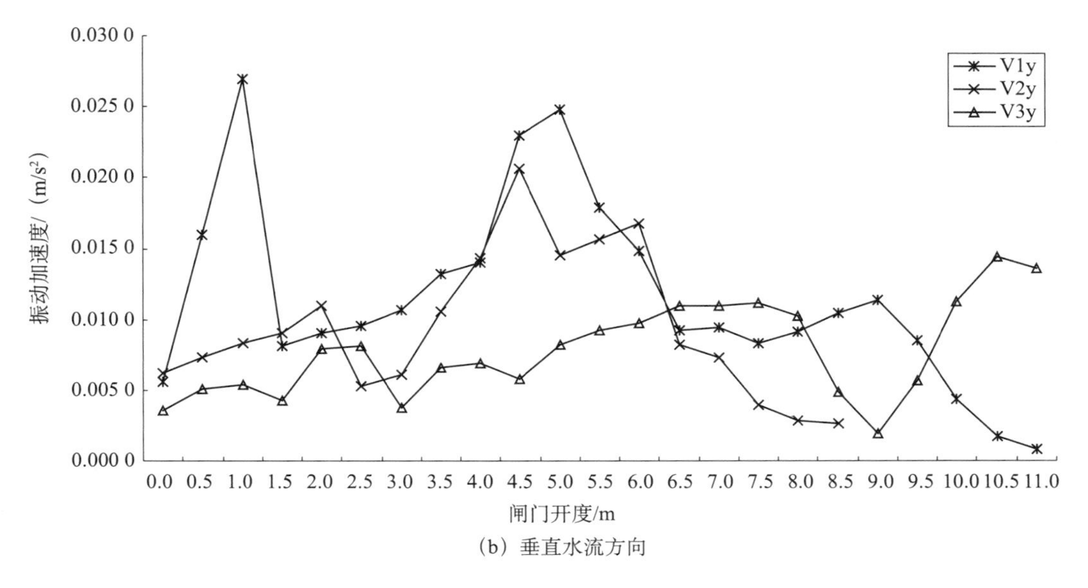

（b）垂直水流方向

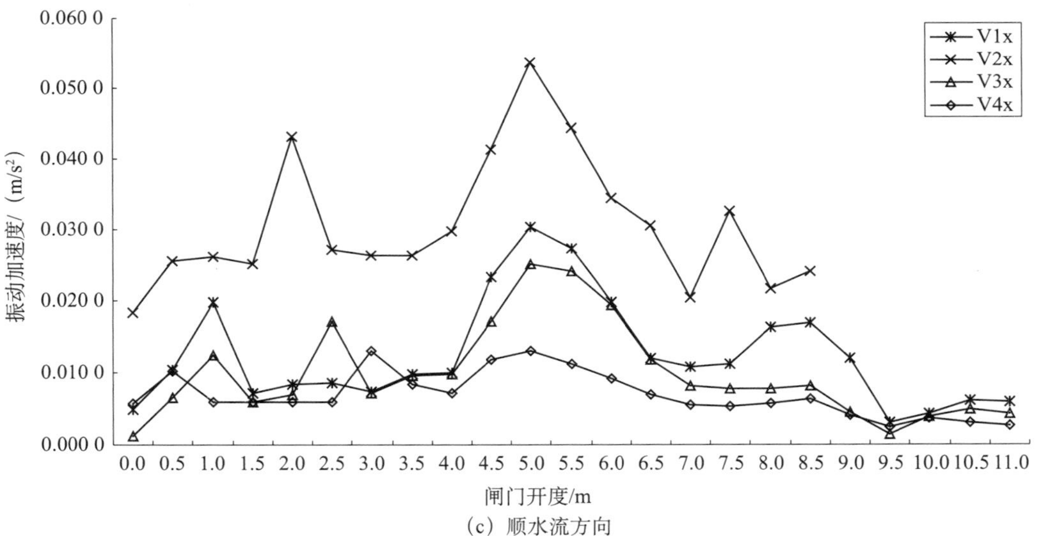

（c）顺水流方向

图 5－56　振动加速度均方根与闸门开度变化关系

存在如下关系：$V_z > V_x > V_y$，而振动量沿闸门纵向则有底部大上部小（即由下至上逐渐减小）的分布规律。各运行开度试验测到的顺水流方向（x 向）最大振动均方根值为 0.054m/s²（5.0m 开度）；横向（y 向）最大振动均方根值为 0.027m/s²（1.0m 开度）、0.025m/s²（5.0m 开度）；铅垂方向（z 向）最大振动均方根值为 0.087m/s²（5.0m 开度）、0.123m/s²（5.0m 开度）。从总的趋势看，闸门振动量随开度的增大而增大，最大振动量发生在 $e=4.5\sim6.0$m 之间，个别测点除外。从频谱分析可以看出各运行工况闸门振动频率主要集中在 40Hz 以内，其中优势频率为 30Hz 左右。

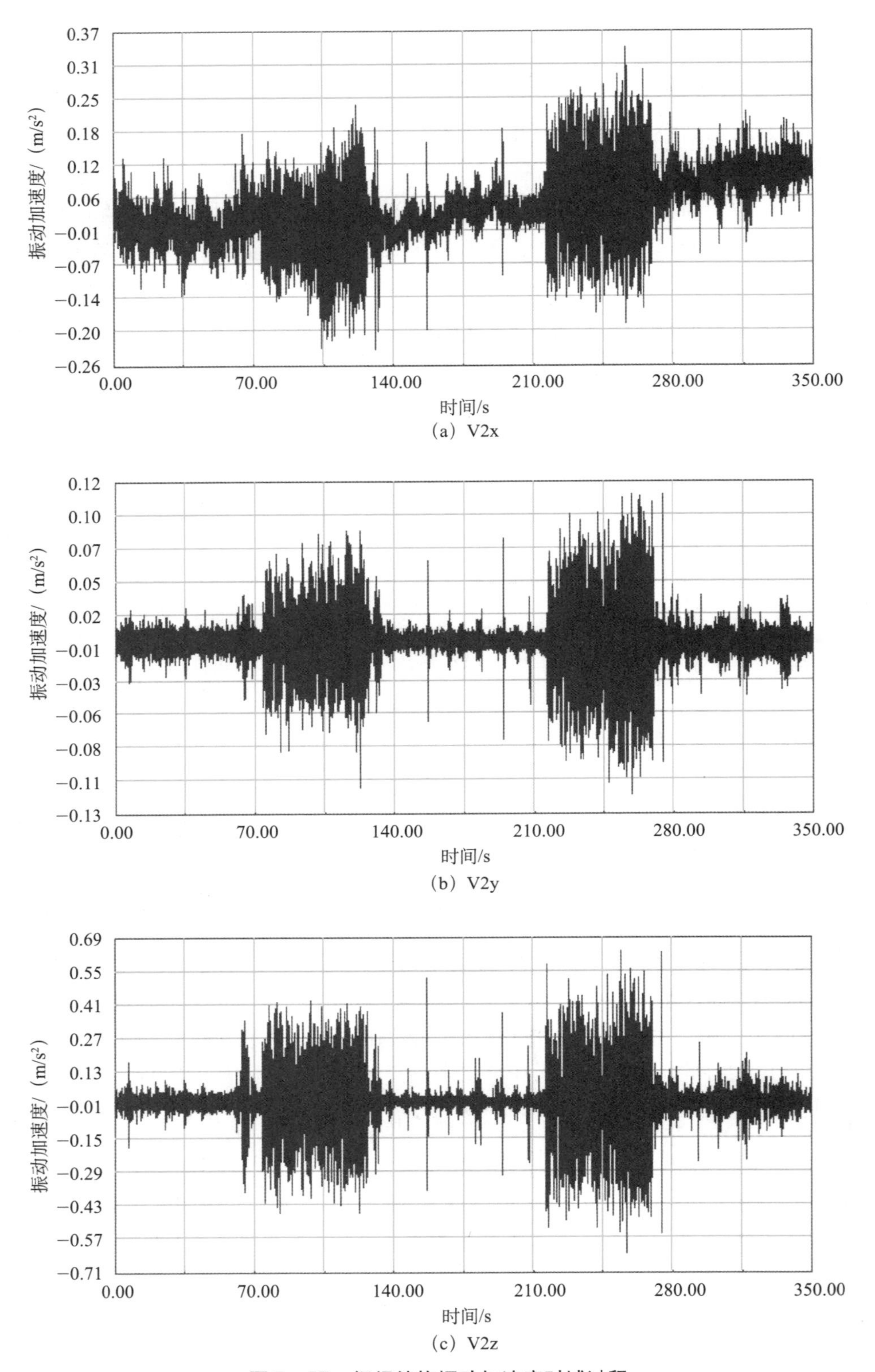

（a）V2x

（b）V2y

（c）V2z

图 5－57　闸门结构振动加速度时域过程

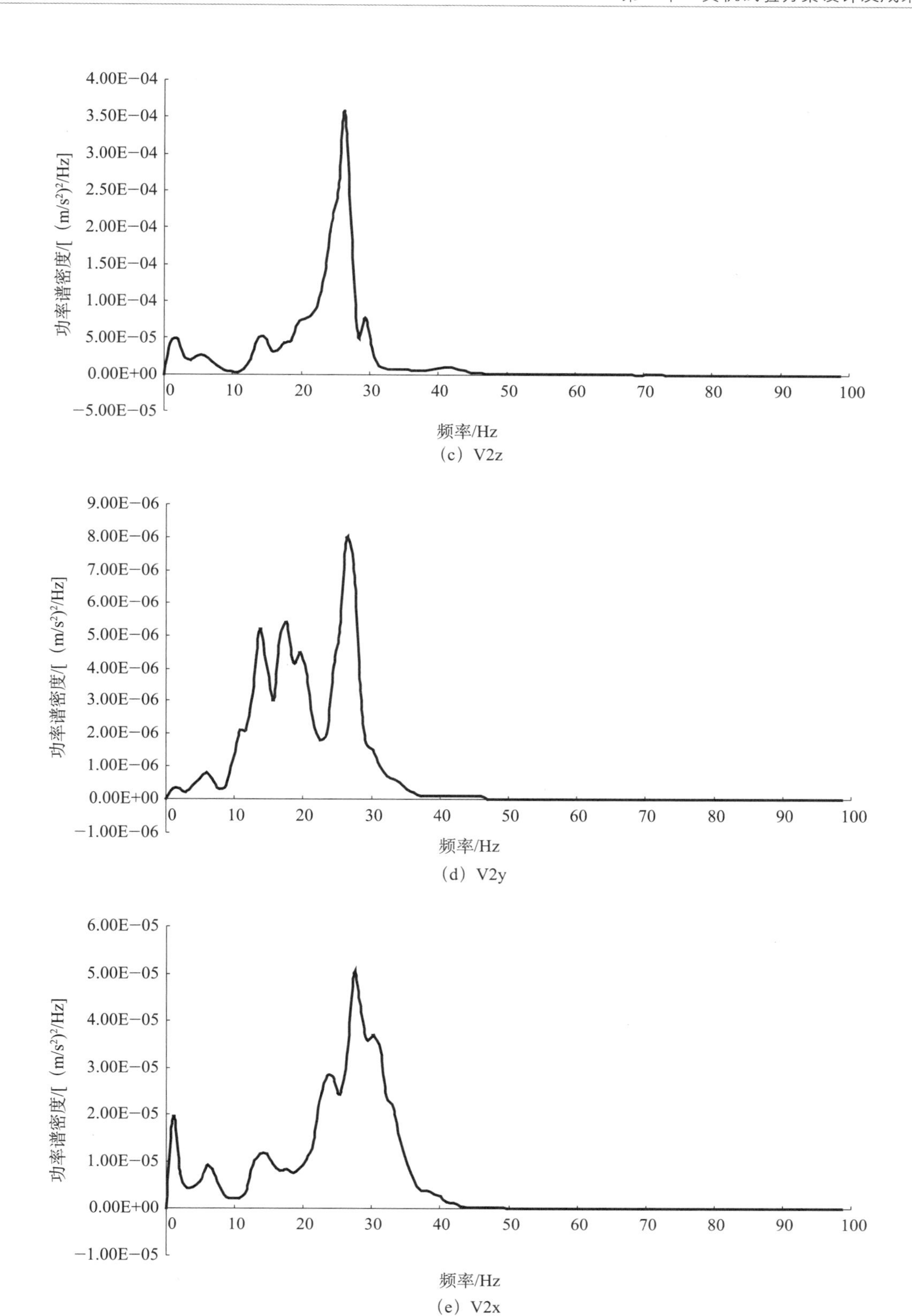

（c）V2z

（d）V2y

（e）V2x

图 5 −58　闸门结构振动加速度功率谱密度

2. 钢绞线结构振动加速度特征

钢绞线振动加速度试验结果（见图5-59～图5-60）表明，钢绞线三个方向的振动量存在如下关系：$V_y > V_x > V_z$，且振动量级较闸门结构明显增大，较大振动量级亦发生在 $e=4.5\sim6.0$m 之间，且不同钢绞线振动量级和最大振动量级发生的开度区间略有差别。各运行开度试验测到的顺水流方向（x 向）最大振动均方根值为0.314m/s²（5.5m开度）；横向（y 向）最大振动均方根值为0.376m/s²（5.5m开度）；铅垂方向（z 向）最大振动均方根值为0.192m/s²（5.5m开度），最大振幅约为-2.0～2.0m/s²。从总的趋势看钢绞线振动量随开度的增大而增大，最大振动量发生在 $e=5.0\sim5.5$m 之间。从频谱分析可以看出各运行工况钢绞线振动频率主要集中在40Hz以内，其中优势频率亦为30Hz左右。

3. 振动加速度时域过程

启闭机塔架振动加速度试验结果（见图5-61～图5-62）表明：启闭机塔架顶部振动量级明显减小，且振动量级为上部大、下部小，这说明塔架的振动不是由闸门振动传递而来，而是由于液压启闭机的运转而产生的。各运行开度试验测到的启闭机横梁顶部最大振动均方根值为0.092m/s²；混凝土塔架顶最大振动均方根值为0.029m/s²。从频谱分析可以看出各运行工况钢绞线振动频率主要集中在30Hz以内，其中优势频率亦为1Hz和25Hz左右。

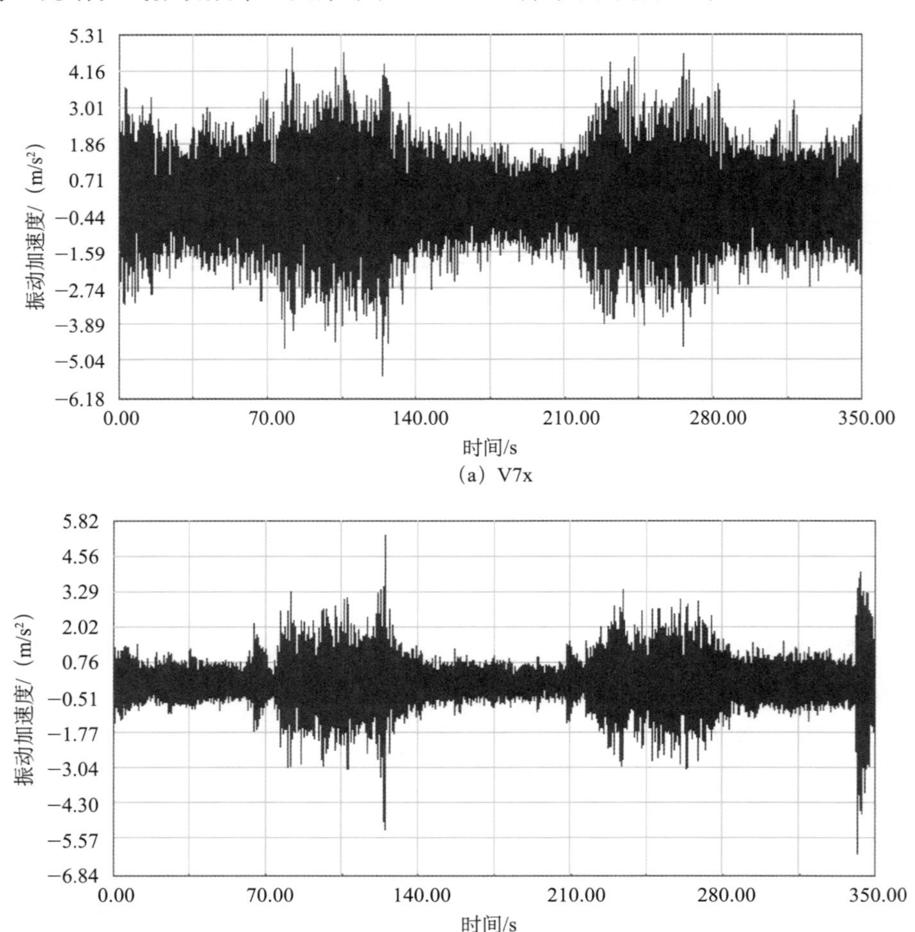

（a）V7x

（b）V7y

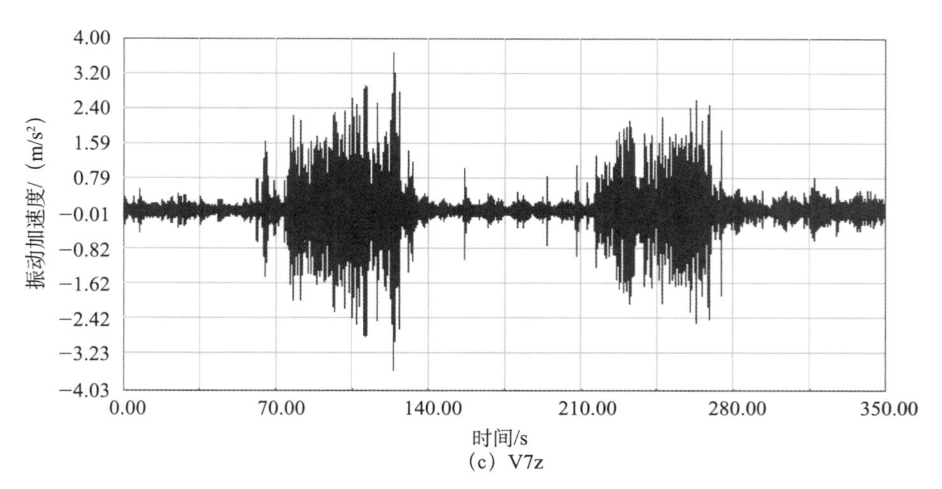

（c）V7z

图5－59　钢绞线振动加速度时域过程

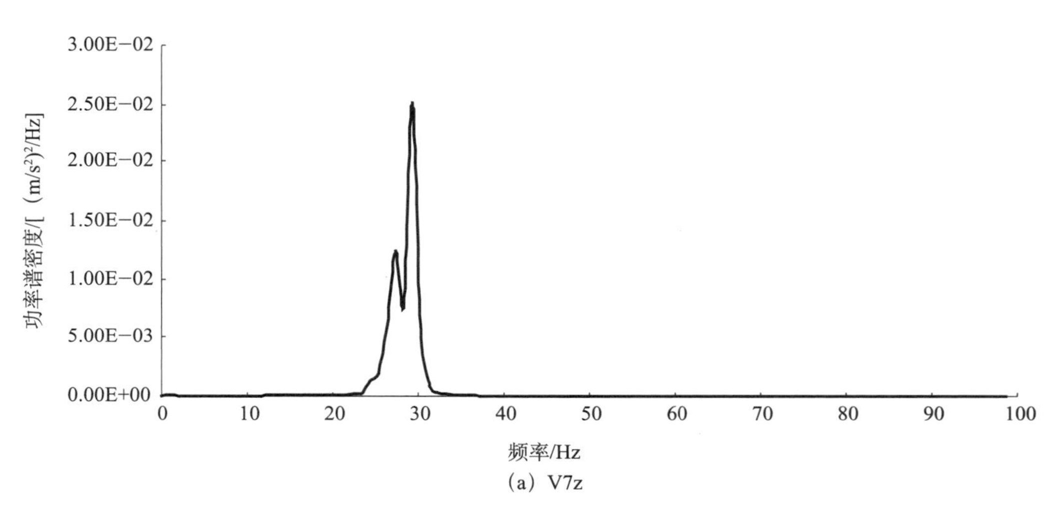

（a）V7z

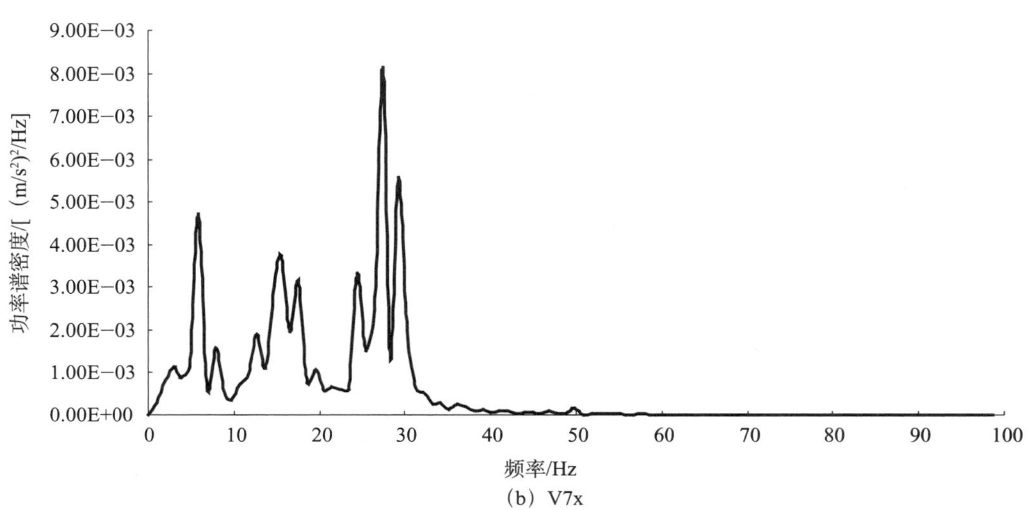

（b）V7x

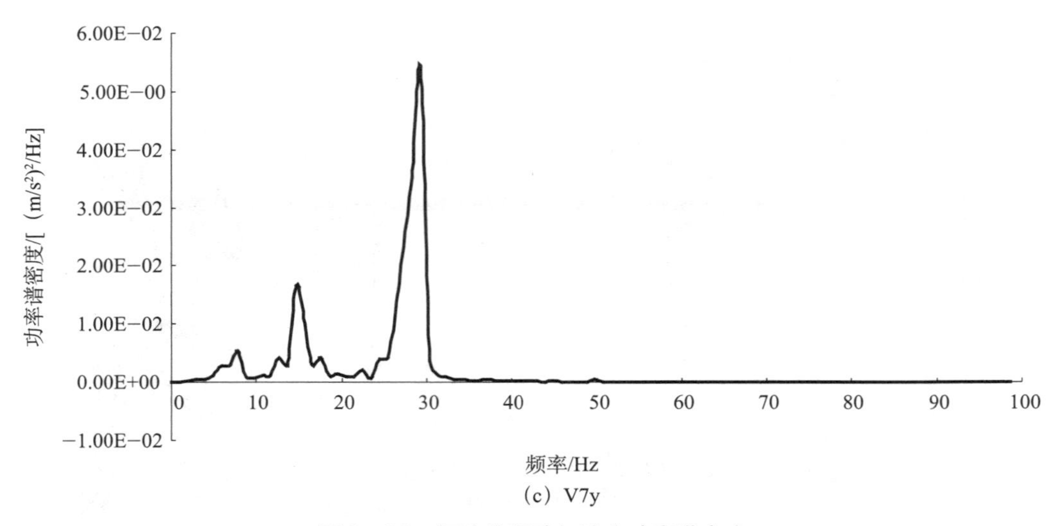

（c）V7y

图 5－60　钢绞线振动加速度功率谱密度

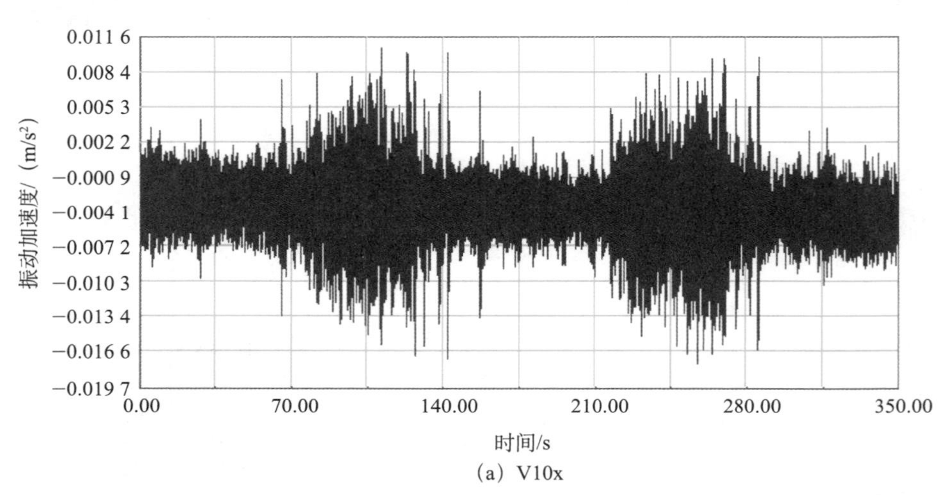

（a）V10x

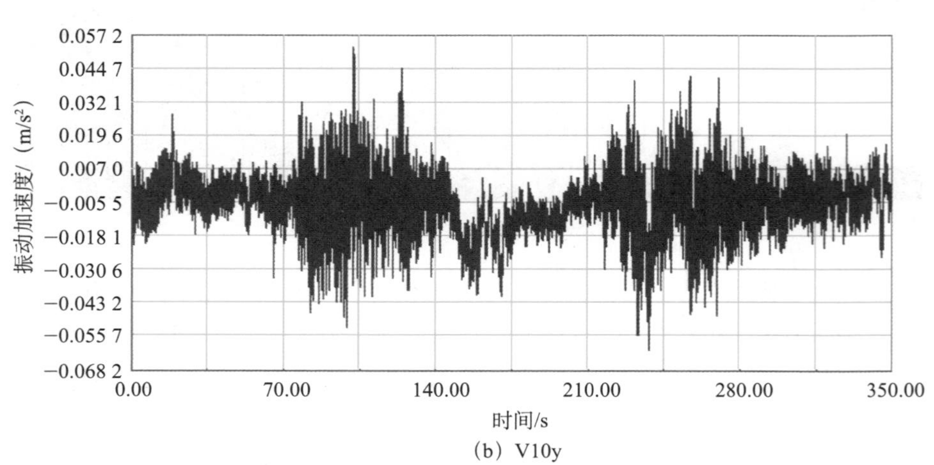

（b）V10y

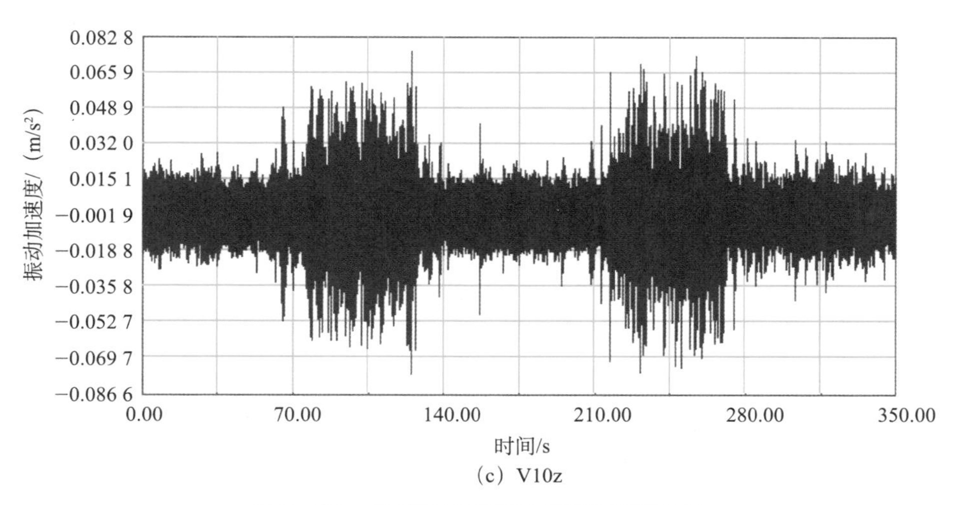

（c）V10z

图 5－61　启闭机塔架振动加速度时域过程

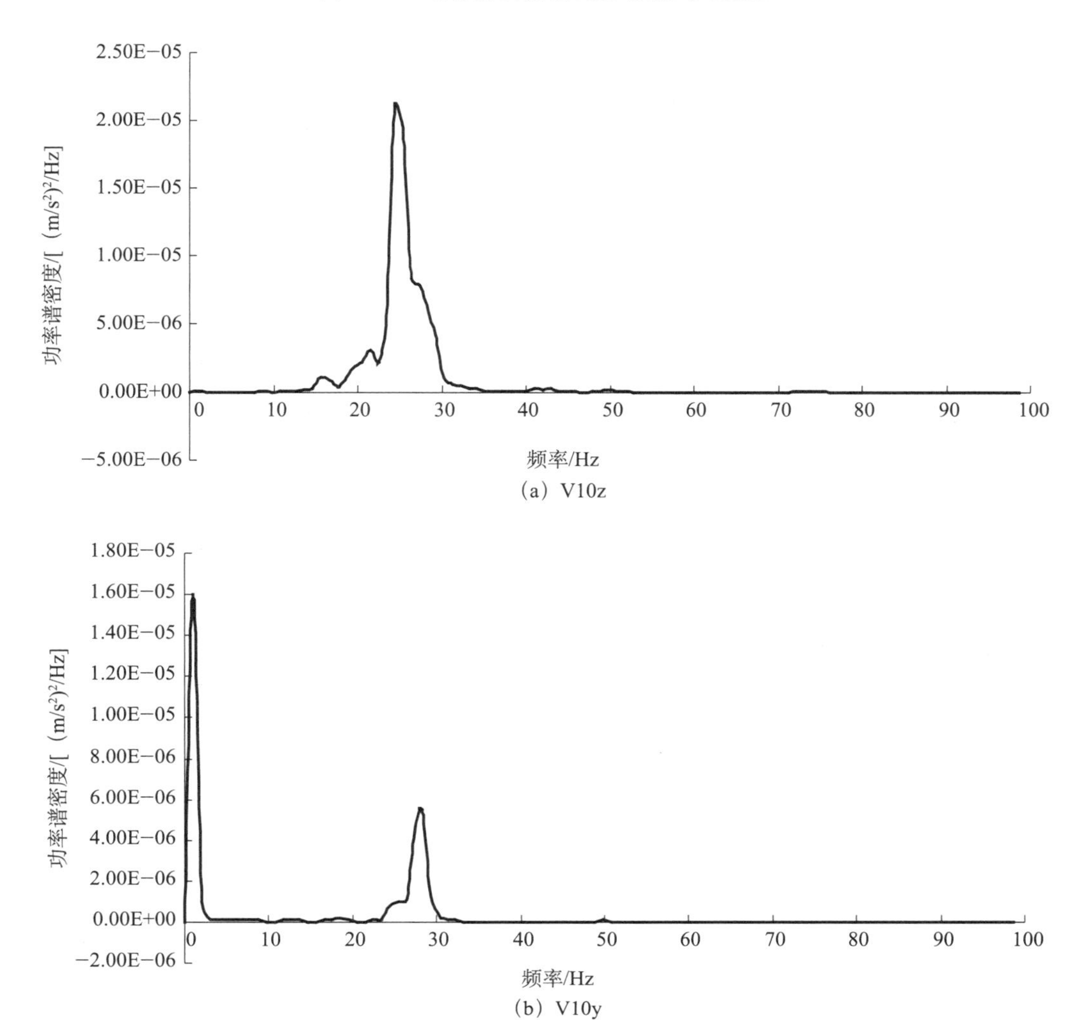

（a）V10z

（b）V10y

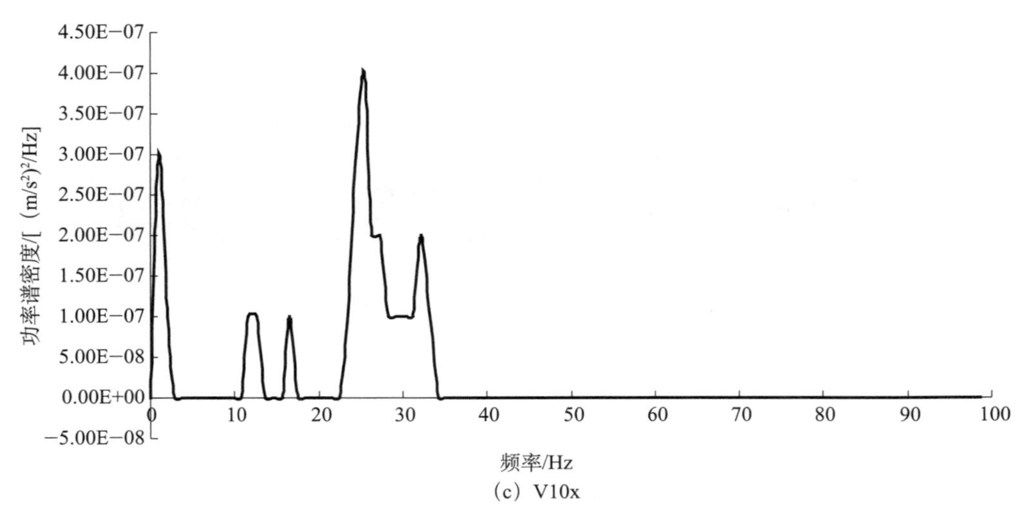

(c) V10x

图 5－62　启闭机塔架振动加速度功率谱密度

4. 振动位移特征

启闭机塔架振动位移试验结果（见图 5－63～图 5－66）表明：启闭机塔架的振动位移和闸门开度之间没有明显随动规律，同时启闭机塔架三个方向的振动位移均不大，试验测得的最大位移均方根值仅为 0. 144mm，处于塔架顶部铅垂方向，其余各点均较小，塔架基础平台 333. 5m 位置振动位移更小，最大均方根值仅为 0. 002 7mm。从频谱分析可以看出各运行工况钢绞线振动位移频率主要集中在 5Hz 以内，其中优势频率为 1. 0～2. 0Hz 左右。

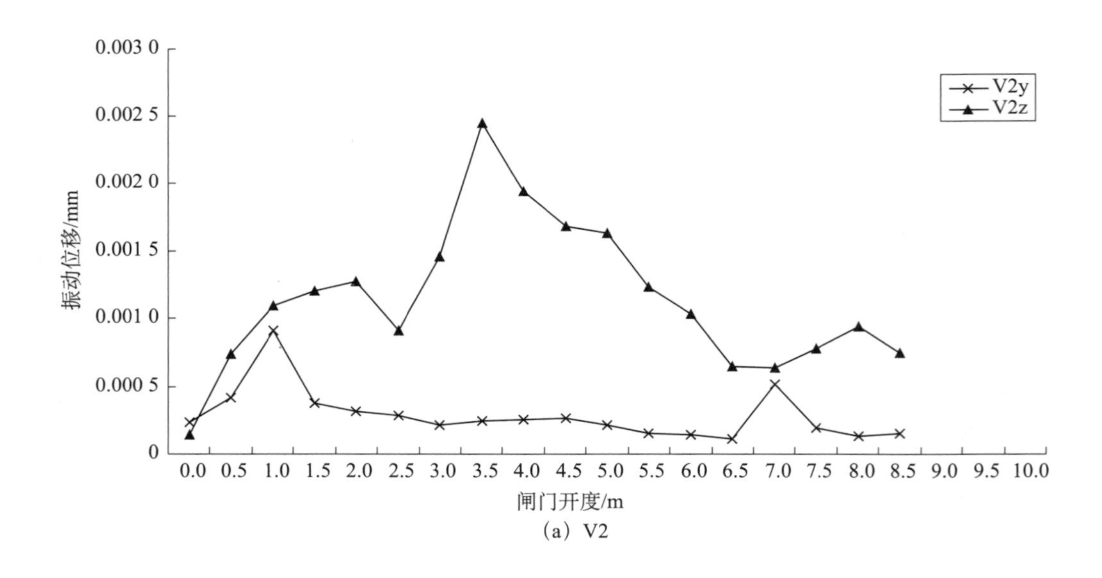

(a) V2

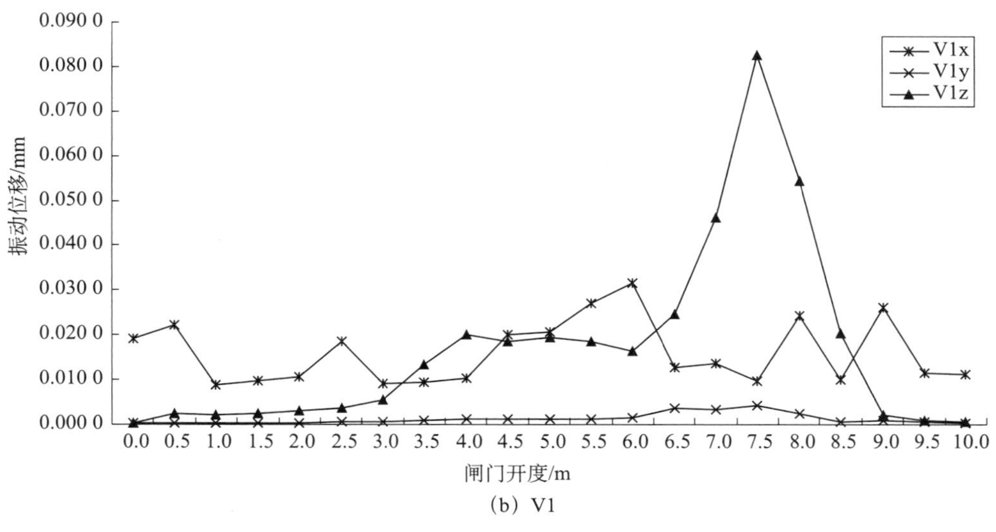

（b）V1

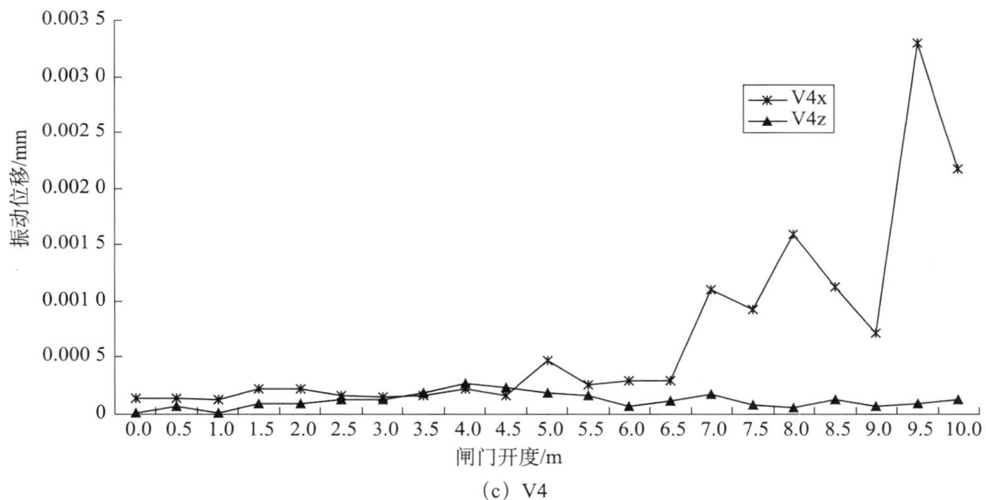

（c）V4

图 5－63　闸门结构位移均方根随闸门开度变化关系

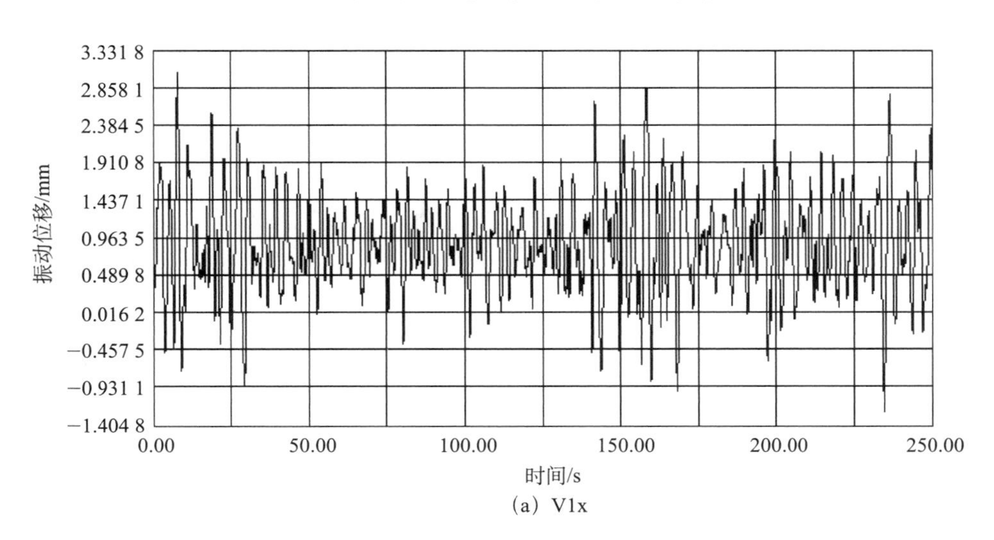

（a）V1x

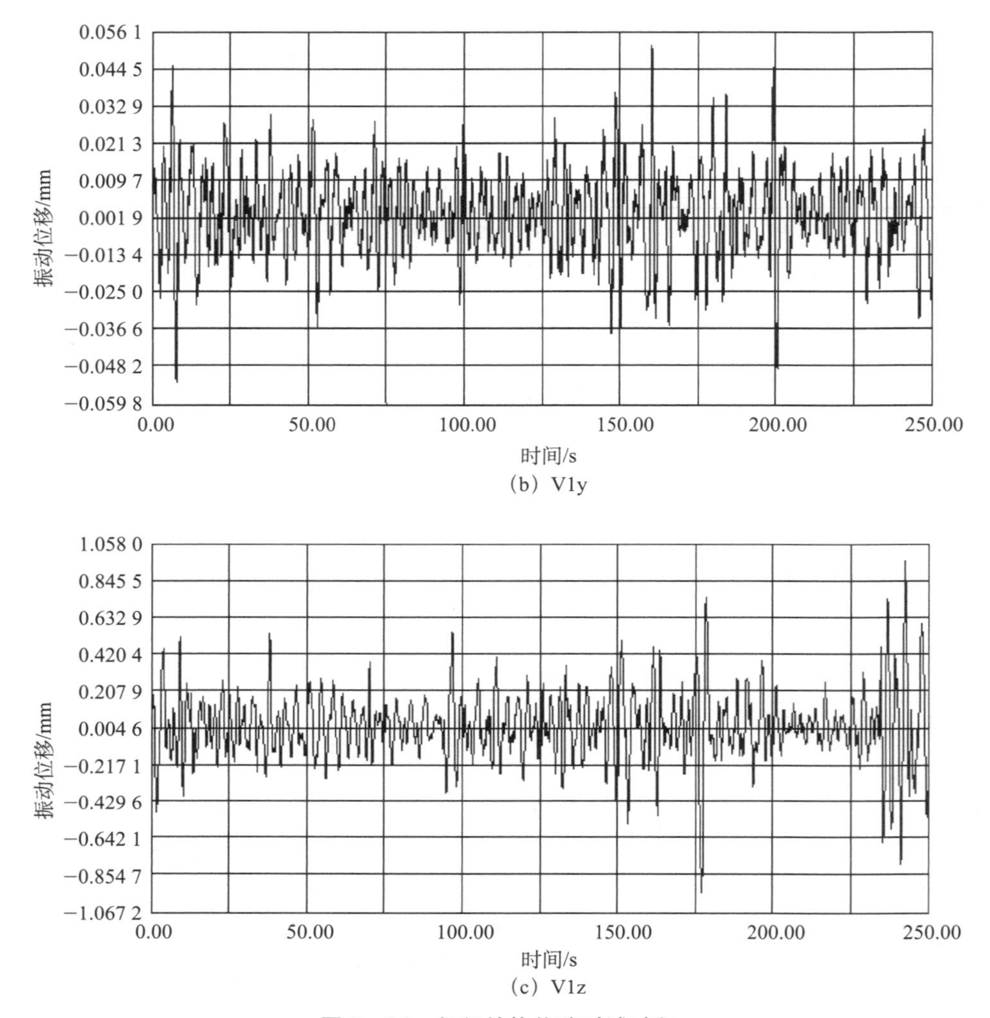

(b) V1y

(c) V1z

图 5－64　闸门结构位移时域过程

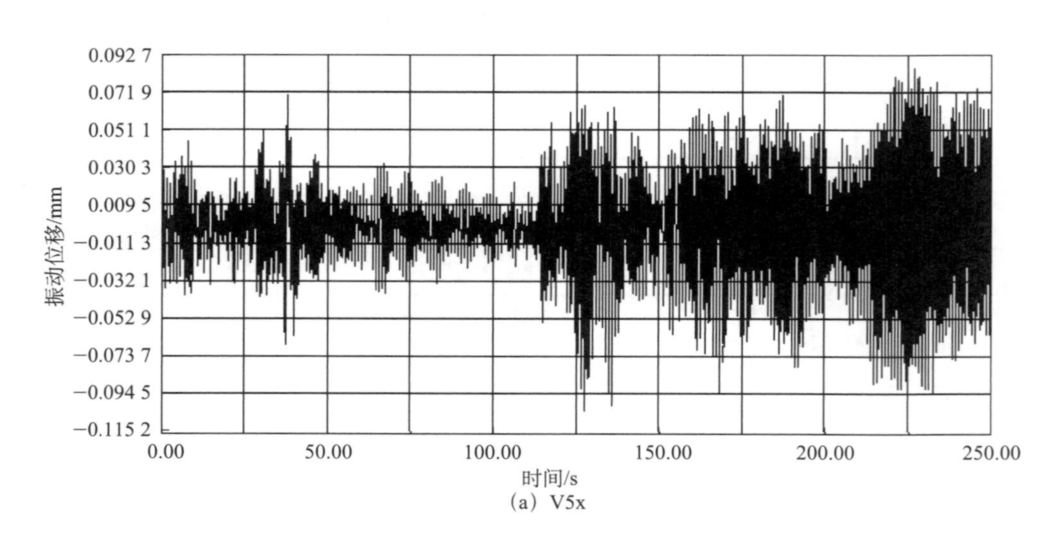

(a) V5x

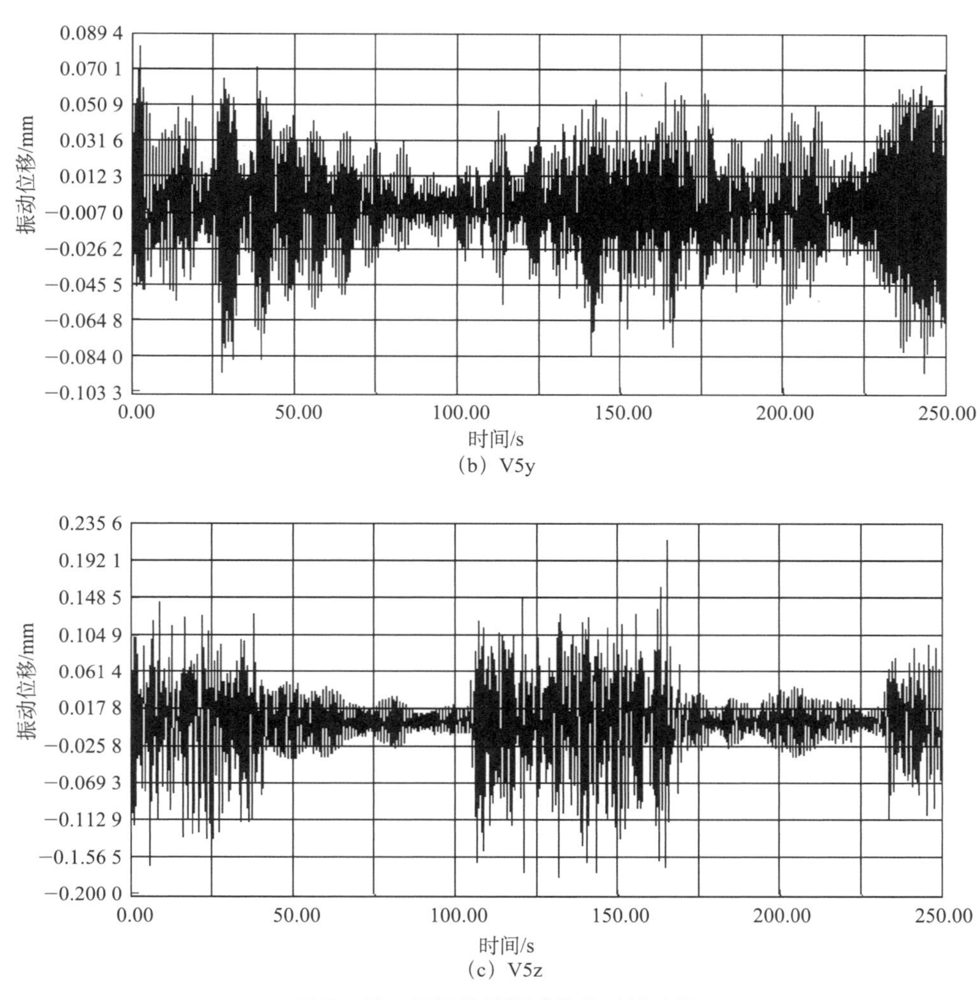

（b）V5y

（c）V5z

图 5－65　闸钢绞线振动位移时域过程

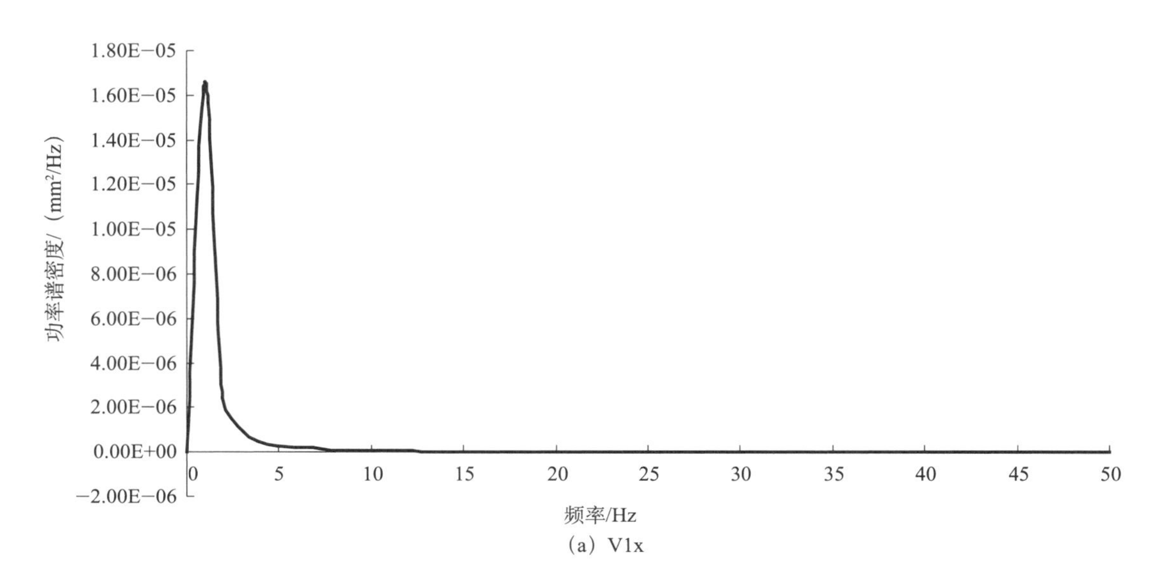

（a）V1x

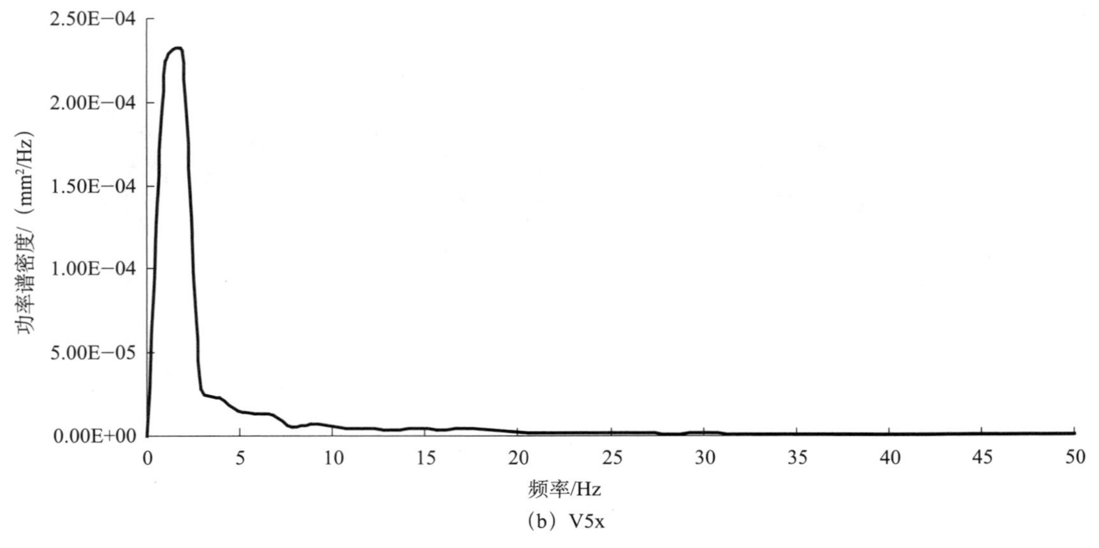

(b) V5x

图 5－66　闸钢绞线振动位移功率谱密度

5.10　封堵门槽空化空蚀特性试验

门槽空化噪声试验结果（见图 5－67 ~ 图 5－69）表明：在目前的库水位运行工况下，闸门底部空化噪声强度随开度变化不大，在高频段功率谱强度基本没有增强能量产生，未见空化发生。

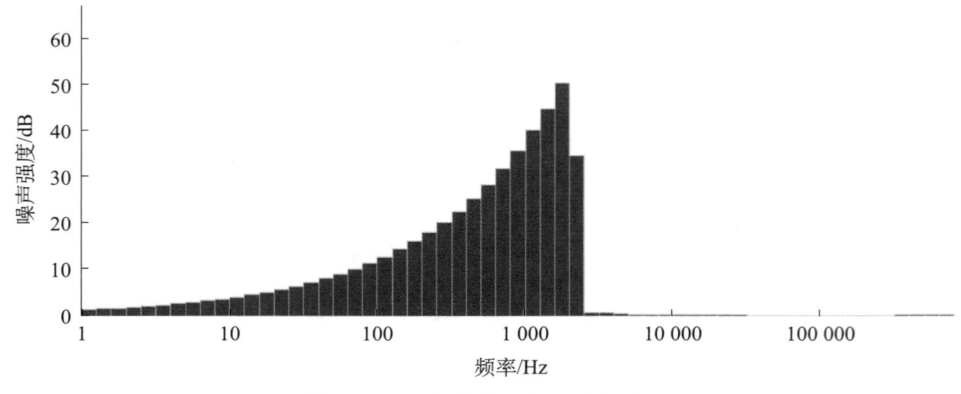

图 5－67　空载噪声谱（测点 K1）

5.11　结论及建议

5.11.1　结论

原型观测结果显示，结构各部位的振动由钢绞线启闭机运行（或门轨杂质影响）产生，呈现间断性冲击振动特征。此外，闸门结构的振动量与门前流态密切相关，闸门下部振动量

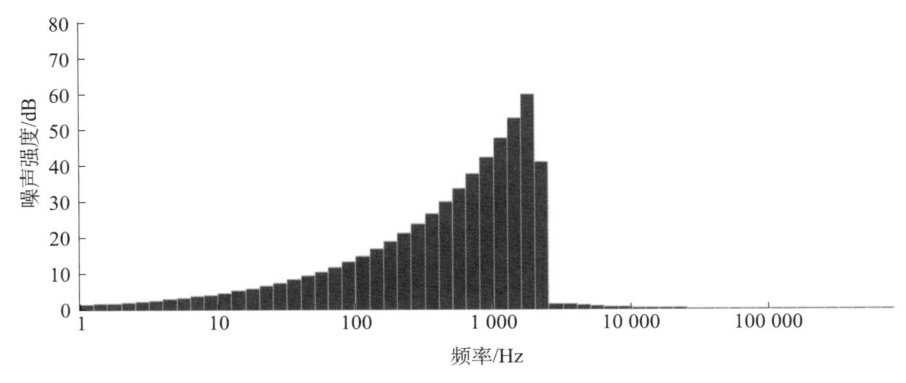

图 5 - 68　闸门开度 5.80m 噪声谱（测点 K1）

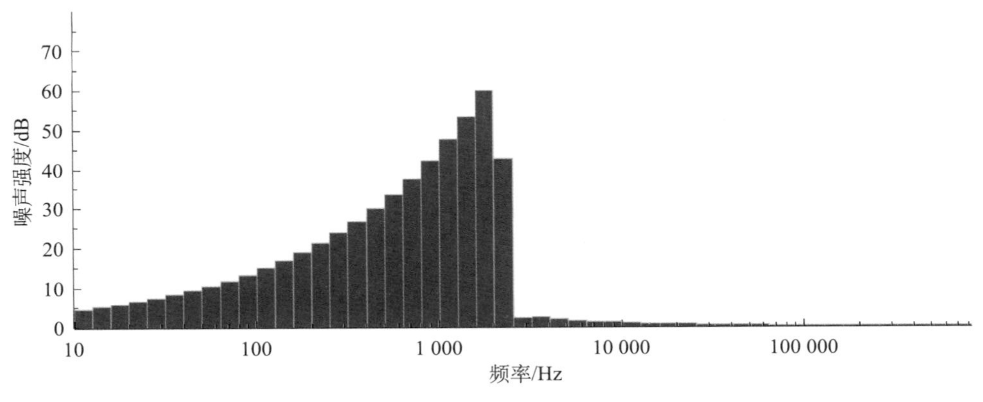

图 5 - 69　闸门全关噪声谱（测点 K1）

大于上部，这是荷载作用状态所决定的。钢绞线的振动量较闸门结构本身有明显增加，其振动性质属于低频抖动现象。在目前的观测条件下，闸门结构的振动量不大，启闭机塔架处于微幅振动状态，闸门的运行过程未对钢绞线和启闭机产生不利影响。

5.11.2　建议

（1）本次原型观测试验在低水头运行情况下，闸门启闭过程中钢绞线水平摆动幅度达 2 ~ 3mm，且各钢绞线摆幅不一，可能是由于各钢绞线张紧度略有差别所致，建议明年 1 ~ 5 号孔封堵门下闸封堵运行前对钢绞线对称性、张紧性进行仔细调整，保证各钢绞线受力基本一致，并加强开度的准确性控制。

（2）考虑到钢绞线液压启闭机在水利水电工程上系首次应用，无运行经验，对五孔封堵闸门同时进行下门封堵，对于个别闸门无法下门的特殊情况（包括卡阻等），需提出应急预案，确保顺利下闸。

（3）考虑到下闸过程中库水位的增加，水流运动对闸门结构的动力作用也将显著增大，诱发的闸门结构振动量也会大幅增加，钢绞线的振动量或晃动量也会受到闸门振动和上游来流扰动的影响而随之增大，因此在可能的条件下，下闸时选择在较低的水位条件下闭门，尽可能减少 1 ~ 5 号孔封堵闸门的工作水头。

（4）1～5号孔封堵闸门下闸过程中，建议将6号孔封堵闸门全开运行，待1～5号孔封堵闸门下门完毕后，再通过6号孔出口工作闸门开启调节供水流量及库区蓄水，从而控制库水位可能的快速增长，确保封堵门的下闸安全。

（5）鉴于6号孔出口工作闸门采用平面闸门，且有局部开启调节泄流量要求，建议在进行3号孔封堵门原型观测的基础上，开展6号孔出口工作闸门的流激振动原型观测，以积累大尺寸高水头平面闸门局部开启的运行经验，评价闸门结构的运行安全性。

第 6 章　导流底孔下放施工及工程评价

6.1　下闸总体方案简述

依据中南勘测设计研究院《金沙江向家坝水电站工程下闸蓄水专题报告》及《金沙江向家坝水电站工程下闸蓄水专题报告审查会议纪要》（三峡集团专题会议纪要 2012 年第 259 期），下闸总体方案为，先 1 ~5 号底孔同时下闸，然后 6 号底孔下闸，最后开启 1 ~10 号中孔并进行泄水调控。经有关各方分析、细化，确定下闸具体实施方案分为如下五个阶段。

6.1.1　第一阶段，1 ~5 号底孔同时下闸，水库蓄水

第一阶段从 1 ~5 号底孔同时下闸开始，至全部关闭为止。1 ~5 号底孔下闸，水库开始蓄水，此时，上游水位与来水流量、闸门开度有关，可实测，也可根据当时来水流量分析。不同来水频率条件下，下闸过程中水位 – 流量关系见表 6 – 1。

表 6 – 1　1 ~5 号底孔下闸历时内水位 – 流量关系

下闸标准	5 个导流底孔闸门开度/m	上游水位/m	下泄流量/(m^3/s)	下游水位/m	下游水位变幅	控流历时/min
10 月上旬 $P=10\%$，$Q=11\ 100m^3/s$	全开	284.97	11 100	277.48	0	0
	8.00	285.50	6 794	273.67	–3.81m/60min	60
	2.00	286.97	3 319	269.84	–3.83m/60min	120
	0.00	287.65	2 008	267.87	–1.98m/20min	140
10 月上旬 $P=50\%$，$Q=7\ 470m^3/s$	全开	278.22	7 470	274.29	0	0
	8.00	278.71	5 266	272.21	–2.07m/60min	60
	2.00	280.19	2 533	268.70	–3.51m/60min	120
	0.00	280.76	1 437	266.87	–1.83m/20min	140
10 月上旬 $P=75\%$，$Q=6\ 260m^3/s$	全开	276.50	6 260	273.18	0	0
	8.00	276.82	4 794	271.70	–1.48m/60min	60
	2.00	278.03	2 216	268.20	–3.50m/60min	120
	0.00	278.70	1 198	266.38	–1.82m/20min	140

续表

下闸标准	5个导流底孔闸门开度/m	上游水位/m	下泄流量/(m^3/s)	下游水位/m	下游水位变幅	控流历时/min
10月上旬 $P=85\%$, $Q=5\ 780m^3/s$	全开	275.70	5 780	272.72	0	0
	8.00	275.95	4 626	271.50	-1.22m/60min	60
	2.00	277.02	2 067	267.96	-3.54m/60min	120
	0.00	277.64	1 075	266.10	1.86m/20min	140

说明：(1) 下游水位变幅中负值表示水位下降值。(2) 本表中导流底孔闭门速率为6m/h。

1～5号底孔同步下闸有如下特点：①下闸1.23h（75min）后，即闸门从孔口（高21.4m）下放至开度14.0m时，闸门开始控制下泄流量，影响底孔泄流能力，直至下闸完成；②当上游水位低于高程278.70m时，6号底孔单独泄水的流量小于1 200m^3/s；③当上游水位高于高程299.14m时，1～5号底孔超过下闸设计水头。

鉴于此，1～5号底孔同步下闸方案可考虑：①提前将闸门停置在开度14.0m处；②当遇到设备故障时，可开启闸门至开度14.0m处，设备检修完成后再下闸；③当来水流量较小（小于6 000m^3/s）时，应考虑适当控制上游水位高于高程278.70m，以满足6号底孔泄水流量不小于1 200m^3/s的要求，可采取先下闸2个底孔，后下闸3个底孔的预案（即“2+3+1”下闸方案）；④为减小下闸风险，下闸过程中上游水位应低于高程299.14m，可按低于高程290.0m控制。

按照10月上旬平均流量7 470m^3/s（$P=50\%$）估算，开始下闸时，上游水位为高程278.22m，下游水位为高程274.29m；下闸75min时，闸门开度14.0m，上游水位仍为高程278.22m；下闸135min时，闸门开度8.0m，上游水位为高程278.71m；下闸195min时，闸门开度2.0m，上游水位为高程280.19m；下闸215min时，闸门开度0m，上游水位为高程280.76m。此时，6号底孔的下泄流量为1 437m^3/s，满足下泄流量不小于1 200m^3/s的要求。但下游水位小时变幅超过1.5m/h，1～5号底孔下闸期应停航一天；水库水位蓄至高程352m之前，大坝上游140km航道应停航。

下闸过程中，根据不同条件，可采取相应的预案，以使下闸蓄水过程更加顺利：①当来水流量小于6 000m^3/s时，可按“2+3+1”下闸方案实施，提前下闸2个底孔，适当控制上游水位高于高程278.70m，以满足6号底孔泄水流量不小于1 200m^3/s的要求；②当来水流量小于7 500m^3/s时，可按“1+4+1”下闸方案实施，提前下闸1个底孔，以减轻下闸风险；③可考虑1～5号底孔初始开度不一致，按30min时间间隔错开闸门下闸到位，避免五孔闸门到位时流量突变；④下闸过程中，如需要控制下游水位变幅，可考虑适当降低下闸速度，但要保证下闸连续；⑤设备故障处理时，可能需要开启所有无故障的闸门，此时必须通报下游，确保安全。

若下闸过程中遇到设备故障，原则上应将剩余底孔闸门全部开启，仅留下故障孔口进行设备修复，但也可根据当时的来水流量、闸门开度、故障处理时间情况，采取不同的下闸策略。

1～5号底孔下闸设备故障处理程序如图6-1所示。

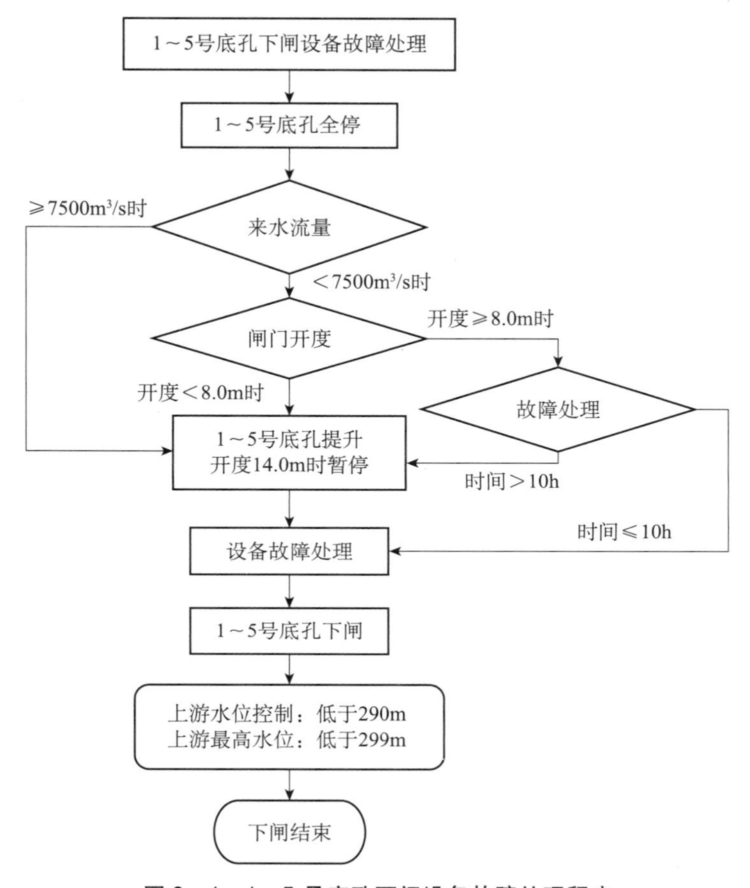

图 6－1　1～5 号底孔下闸设备故障处理程序

6.1.2　第二阶段，6 号底孔下闸泄水

第二阶段，水库开始蓄水，6 号底孔泄水。此阶段有两种泄水方式，第 1 种方式是为减小下闸历时内下游水位变幅，同时加快水库蓄水速度，当水库水位高于高程 280m 后，利用 6 号导流底孔出口工作门局部开启控制泄量在 1 200m^3/s。当上游库水位蓄至高程 311m 时，开启 10 个永久中孔工作门泄水，相应关闭 6 号导流底孔出口工作门。闸门局部开启控制泄量时间不超过 30h。在调控过程中，应避免 6 号底孔工作门的不利工况（闸门开度约 2.0m）。为确保下闸安全、可靠，6 号底孔事故门可提前入水，控制在水面以下 2m 左右位置。水库水位与 6 号导流底孔工作门开度关系见表 6－2。

表 6－2　水库水位与 6 号导流底孔工作门开度关系

水库水位/m	278.72	280	285	290	295	300	305	310
闸门开度/m	全开	8.95	7.77	6.97	6.36	5.91	5.54	5.24

第 2 种方式是：水库蓄水至高程 311m 前，6 号导流底孔敞开泄水，按 50% 的 10 月上旬平均来流量，水库蓄水历时 34.17h，6 号导流底孔下泄流量由 1 437m^3/s 逐渐增加至

3 100m^3/s，此期可以通航。

6.1.3　第三阶段，6号底孔与1～10号中孔泄水转换及联合调度

第三阶段，当水库蓄水至高程311m时，逐步关闭6号底孔工作门，2.5h后开启1～10号中孔，实现泄水闸门6号底孔工作门向1～10号中孔的转换。转换过程的操作时间约为12min。转换过程中，控制下泄流量在1 570～1 740m^3/s范围。下闸过程中闸门开度与操作时间的关系见表6-3。6号底孔工作门关闭操作过程中，应关注不利工况（闸门开度约2.0m），遇到不利工况时，不应停留。

表6-3　6号底孔下闸与1～10号中孔开启联合控制（上游水位311m）

6号底孔出口工作门		1～10号中孔弧门			下泄流量/（m^3/s）
开度/m	时间/min	开启孔口	开度/m	时间/min	
全开			0		3 100
11.82	30		0		2 800
9.14	30		0		2 500
7.36	30		0		2 170
6.34	30		0		1 860
5.42	30		0		1 570
5.42	0	1号、3号、5号、6号、8号、10号	0	0	1 570
3	1		5	6	1 738
3		2号、4号、7号、9号	0	6	1 738
0	1.5		5	12	1 621

注：下泄流量减小幅度按下游水位变幅<0.5m/30min控制。

6.1.4　第四阶段，1～10号中孔调控泄水、水库蓄水

第四阶段，水库水位从311m蓄水至352m过程中，通过调控1～10号中孔的数量与开度，控制下泄流量在1 350m^3/s～1 620m^3/s范围。1～10号中孔控泄过程中，水库水位与闸门开启数量、开度的关系见表6-4。根据设计条件和中孔弧门特性，中孔弧门在水位354m以下具备局部开启功能。中孔闸门开启与控泄过程中，应遵循水库调度规程的有关要求，即：先左消力池，后右消力池；闸门开启先边孔后中间孔，闸门关闭先中间孔后边孔。

表6-4　1～10号中孔蓄水过程控泄表

水库水位/m	开启孔口	控制开度/m	蓄水时间/h	下泄流量/（m^3/s）
311	1～10号	全开		1 621
315	1号、5号、6号、10号	全开	6.508	1 462
320	1号、5号	全开	8.755	1 394
325	1号、5号	8.94	9.411	1 350

续表

水库水位/m	开启孔口	控制开度/m	蓄水时间/h	下泄流量/（m³/s）
330	1号、5号	8.24	10.164	1 350
335	1号、5号	7.70	10.936	1 350
340	1号、5号	7.25	11.758	1 350
345	1号、5号	6.88	12.716	1 350
350	1号、5号	6.56	13.824	1 350
352	1号、5号	6.45	5.958	1 350

注：按来水量7 470m³/s计算分段蓄水时间。

6.1.5　第五阶段，1～10号中孔泄水调控，维持初期蓄水位354m

第五阶段，是初期蓄水结束阶段，当水库蓄水至351.88m时，水库从蓄水逐步转换为泄水调控阶段，下泄流量从1 350m³/s逐步增加到来水流量，水库水位维持在353.52m。为确保下游通航安全问题，通过调控1～10号中孔的数量与开度，使下游水位变幅控制不大于0.5m/30min。中孔闸门开启与控泄过程遵循水库调度规程的有关要求：先左消力池，后右消力池；先边孔，后中间孔。水库水位与闸门开启数量、开度的关系见表6－5。

表6－5　1～10号中孔蓄水到位后控泄表

水库水位/m	开启孔口	开度/m	下泄流量/（m³/s）	控泄时间/h
351.88	1号、5号	6.58	1 380	0.5
352.06	1号、5号	7.67	1 655	0.5
352.23	1号、5号	8.66	1 949	0.5
352.40	1号、5号	9.56	2 263	0.5
352.55	1号、3号、5号	7.93	2 600	0.5
352.69	1号、3号、5号	8.69	2 953	0.5
352.83	1号、3号、5号	9.40	3 319	0.5
352.95	1～5号	9.70	3 496	0.5
353.07	1～5号	7.24	3 889	0.5
353.17	1～5号	7.85	4 309	0.5
353.27	1～5号	8.43	4 737	0.5
353.35	1～5号	9.01	5 221	0.5
353.41	1～5号	9.56	5 723	0.5
353.47	1～5号、6号、10号	8.07	6 266	0.5
353.50	1～5号、6号、10号	8.58	6 817	0.5
353.52	1～5号、6号、10号	9.07	7 396	0.5
353.52	1～5号、6号、10号	9.13	7 470	0.5

6.2 施工过程

2012 年 10 月 10 日，指挥部正式下达施工指令。

下放顺序：1 号闸门→5 号闸门→3 号闸门→4 号闸门→2 号闸门，间隔 7m。

下放速度：≤6m/h。

下放施工顺序如图 6-2 所示，下放施工状态和设备情况如图 6-3 ~ 图 6-7 所示。

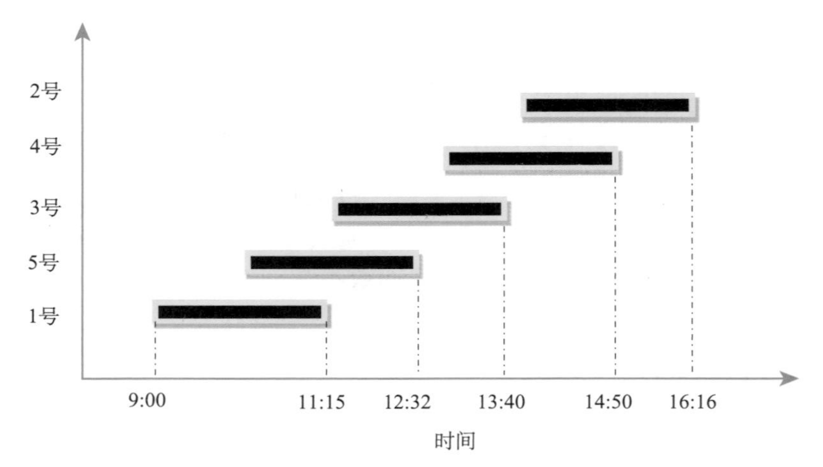

图 6-2 下放施工顺序

图 6-3 下放施工初始状态

图6－4　下放施工结束状态

图6－5　设备运行状况

6.3　设备运行状况

6.3.1　设备运行时间

根据设计要求，须保证下游水位小时变幅在1m范围之内，因此采用上述阶梯下闸方式，

图6－6 主控系统

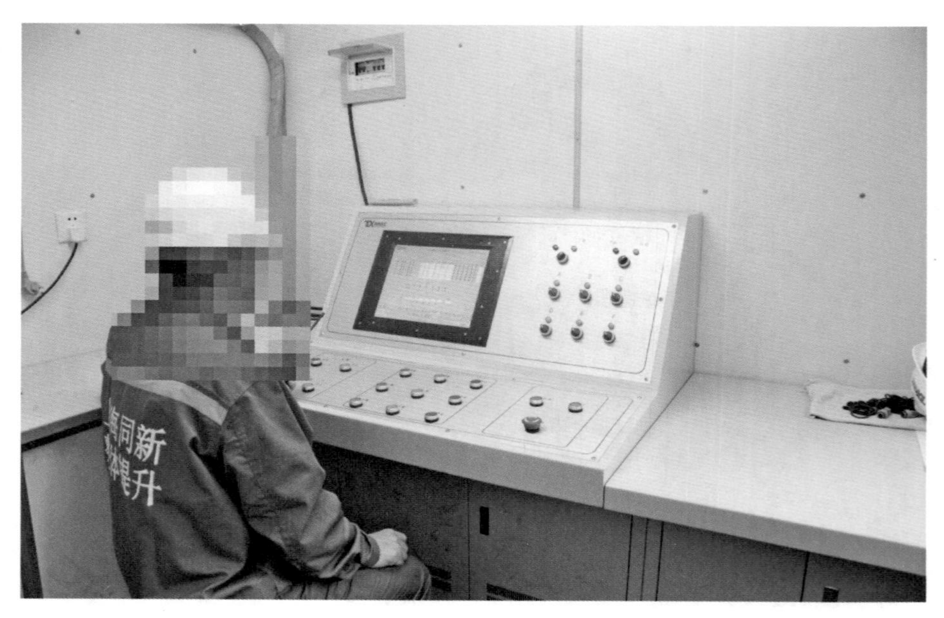

图6－7 分控系统

严格保证下游出库流量大于1 500m³/s，下游水位小时变幅在1m范围内。

整个设备运行时间为9：00—16：16，上游入库流量约为9 200m³/s，上游水位涨幅约为2m/h；下游出库流量大于1 500m³/s，下游水位小时变幅小于或等于1m。顺利完成了任务。

6.3.2 设备运行状况

设备运行状况见表6－6。

表 6－6　设备运行状况

序号	设备名称	运行状况	备注
1	560t 提升油缸	锚夹具工作正常，油缸工作正常，管路之间无漏油	闸门振动对锚夹具正常工作无影响
2	液压泵站	液压泵、阀、电机工作正常，油温最高约 55℃，无漏油现象	
3	油缸传感器	锚具传感器、油缸行程传感器、压力传感器均工作正常	传感器精度达到设计要求
4	闸门开度仪	提升及下放中均工作正常，与标定值相符	传感器精度达到设计要求
5	闸门到位传感器	下放触底后，到位指示正常	
6	控制系统	全程自动控制，同步差值在 10mm 以内	

6.4　下放结果及分析

6.4.1　设备运行速度

下放速度：0～6m/h；提升速度：0～9m/h。

整套系统设计运行速度为：下放 8m/h，提升 10m/h。根据下放要求，需要降低下放速度为 6m/h，整套系统采用电液比例阀无级调速，可实现从零至最大速度的调节。为了降低下放时液压系统的发热，采取了单泵运行的模式，系统速度始终控制在 6m/h，散热效果良好，液压系统温度始终控制在 55℃以下。

6.4.2　启闭载荷

1. 1 号闸门启闭载荷

试验结果见表 6－7 和图 6－8。

表 6－7　1 号孔下闸及复提数据

闸门开度/m	同步差值/mm	载荷差值/t	闭门力/t	启门力/t
0	9	22	353	1 082
2	7	32	362.1	
4	10	31	383.1	
6	2	26	430.4	
8	5	19	476	
10	4	27	510	

续表

闸门开度/m	同步差值/mm	载荷差值/t	闭门力/t	启门力/t
12	6	18	526	
14	9	12	545. 4	
16	2	33	580. 6	
18	3	22	593. 8	
20	7	21	616. 5	

注：闭门时上游水位高程为281m。6组吊点间载荷最大差值为31t。6组吊点间同步最大差值为10mm，在闸门触底时最大差值为12mm。

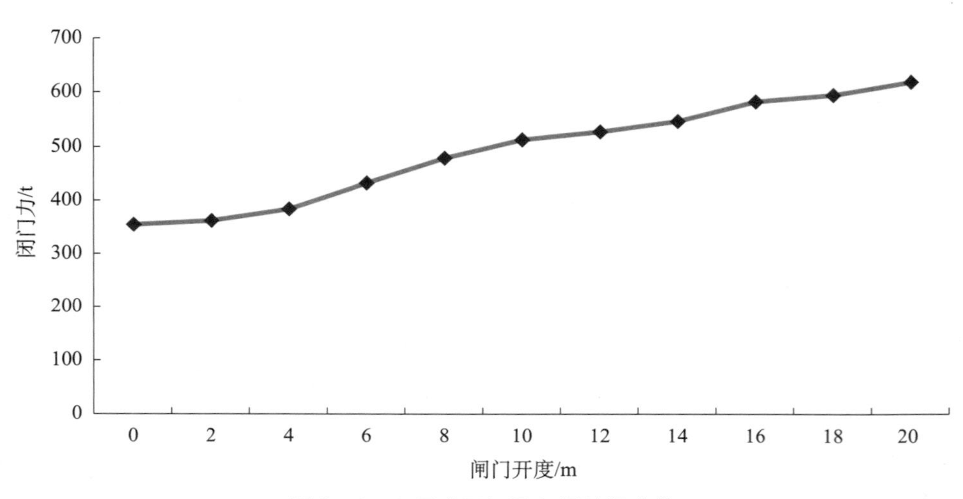

图6－8　1号孔下闸及复提数据变化

2. 5号闸门启闭载荷

试验结果见表6－8和图6－9。

表6－8　2号孔下闸及复提数据

闸门开度/m	同步差值/mm	载荷差值/t	闭门力/t	启门力/t
0	7	41	341. 2	1 150
2	5	33	363	
4	9	39	392. 2	
6	6	26	413	
8	6	22	445. 2	
10	9	33	479. 1	
12	7	34	503. 2	

续表

闸门开度/m	同步差值/mm	载荷差值/t	闭门力/t	启门力/t
14	4	32	533	
16	8	32	569. 2	
18	6	21	599	
20	6	26	620. 4	

注：（1）闭门时上游水位高程为 284m。（2）6 组吊点间载荷最大差值为 39t。（3）6 组吊点间同步最大差值为 9mm，在闸门触底时最大差值为 6mm。

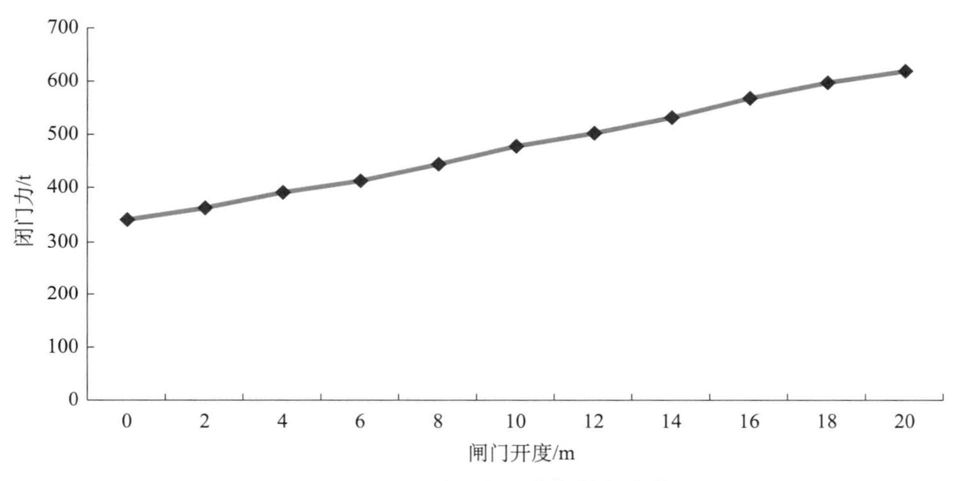

图 6－9　2 号孔下闸及复提数据变化

3. 3 号闸门启闭载荷

试验结果见表 6－9 和图 6－10。

表 6－9　3 号孔下闸及复提数据

闸门开度/m	同步差值/mm	载荷差值/t	闭门力/t	启门力/t
0	5	16	413	1 250
2	3	33	434	
4	4	35	452. 6	
6	8	29	496. 8	
8	7	33	533	
10	4	12	568. 5	
12	5	36	585. 4	
14	4	12	596	
16	6	36	601. 4	

续表

闸门开度/m	同步差值/mm	载荷差值/t	闭门力/t	启门力/t
18	7	36	616	
20	5	23	624.5	

注：(1) 闭门时上游水位高程为288m。(2) 6组吊点间载荷最大差值为36t。(3) 6组吊点间同步最大差值为8mm，在闸门触底时最大差值为5mm。

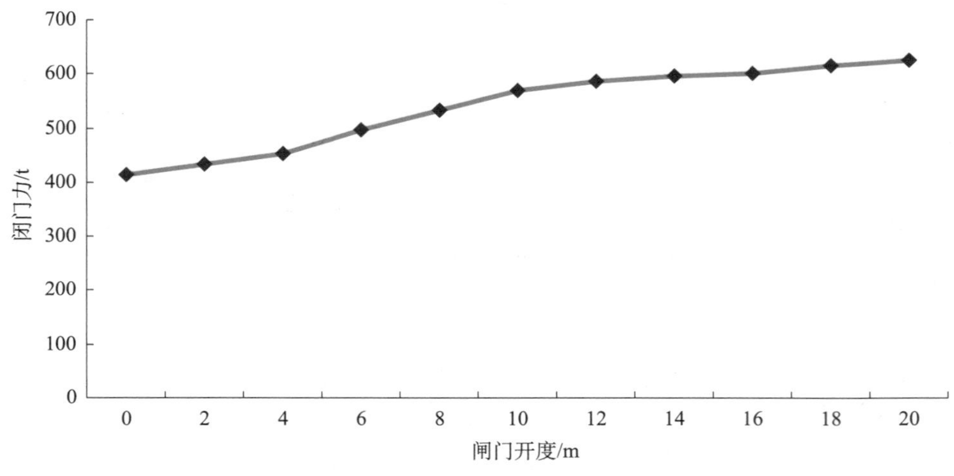

图6－10　3号孔下闸及复提数据变化

4. 4号闸门启闭载荷

试验结果见表6－10和图6－11。

表6－10　4号孔下闸及复提数据

闸门开度/m	同步差值/mm	载荷差值/t	闭门力/t	启门力/t
0	4	33	364.1	1 356
2	3	34	489	
4	5	42	514.2	
6	6	37	542.2	
8	8	29	567	
10	3	33	585.3	
12	2	25	610.2	
14	7	31	612	
16	3	42	614.9	
18	4	32	613	
20	4	37	615	

注：(1) 闭门时上游水位高程为291m。(2) 闭门时6组吊点间载荷最大差值为42t。(3) 6组吊点间同步最大差值为8mm，在闸门触底时最大差值为4mm。

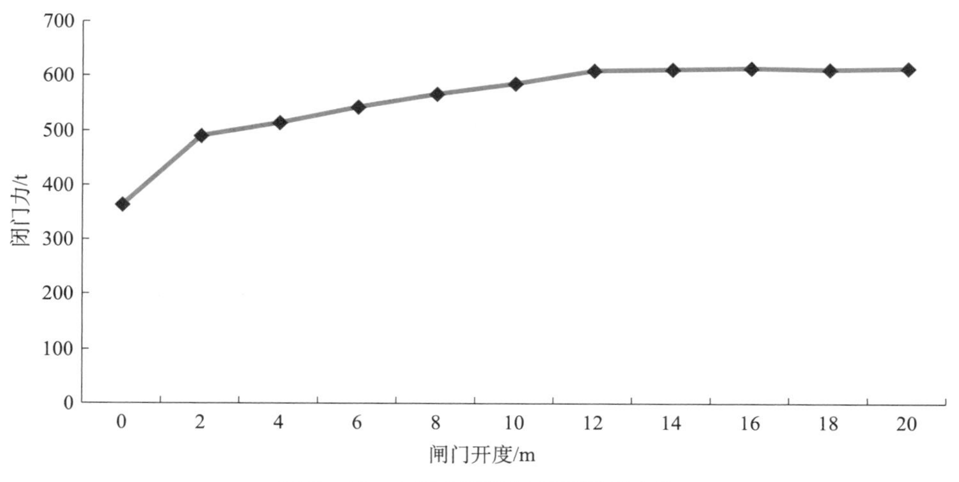

图 6－11　4 号孔下闸及复提数据变化

5. 2 号闸门启闭载荷

试验结果见表 6－11 和图 6－12。

表 6－11　5 号孔下闸及复提数据

闸门开度/m	同步差值/mm	载荷差值/t	闭门力/t	启门力/t
0	6	22	345.6	1 515
2	7	32	379	
4	5	33	421	
6	4	34	467	
8	7	32	512.5	
10	6	21	544	
12	5	34	565.5	
14	3	29	577	
16	3	32	591.4	
18	5	32	611	
20	2	21	617.6	

注：（1）闭门时上游水位高程为 293m。（2）闭门时 6 组吊点间载荷最大差值为 47t。（3）6 组吊点间载荷最大差值为 34t。（4）6 组吊点间同步最大差值为 7mm，在闸门触底时最大差值为 2mm。

6.4.3　振动与噪声

闸门在 1～3m 开度时，塔架出现轻微振动，闸门振动通过钢绞线传递到提升油缸及梁系塔架上面。

闸门在 3～9m 开度时，有明显噪声，其中在开度约为 8m 时噪声最为明显，同时伴随着

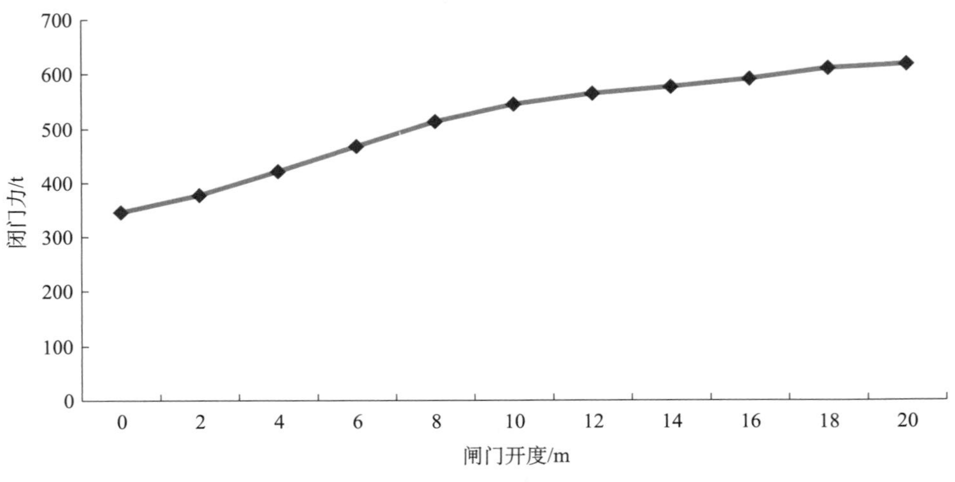

图6－12　5号孔下闸及复提数据变化

较轻微的振动。

在启门的瞬间，塔架振动较为明显，为了确保安全，在每次下放到底时启门开度0.6m，然后迅速闭门到位，确保闸门闭门到位。

6.5　结　论

根据对五孔闸门独立下闸及复提的施工过程进行的分析可以看出，钢绞线液压提升装置自身各种功能以及相应的可靠性和安全性均得到了充分验证。具体表现在如下几个方面：

（1）在有明显流激振动的情况下，钢绞线－锚夹具系统工作正常。闸门的振动通过钢绞线传递到锚夹具系统上面，但是较为轻微，没有危害性振动产生。提升设备与塔架工作良好。

（2）液压系统、提升油缸运行平稳，无泄漏、阀芯卡滞等故障，通过散热器的散热作用，在连续下放试验中，油液温度始终处于55℃范围之内（环境温度约为30℃）。

（3）在多次重复性施工中，钢绞线工作正常，虽有轻微压痕，但是无散股或损伤。

（4）传感器、控制器运行正常，同步调节性能较好，各种保护功能均正常有效。全程自动控制，未出现超差现象。

（5）根据启门力数据分析，在33m操作水头的情况下，最大启门力约为1 515t。提升塔架的额定设计载荷为2 400t，提升设备的提升容量为3 360t，满足下闸设备启闭容量的设计要求。

（6）根据闭门力数据分析，在24m操作水头的情况下，闭门力最小为345.6t，满足下闸时的闭门力要求。

（7）6个吊点之间最大载荷差值为42t，其中左右两组之间差值在10t以内，最大差值出现在同组的3个油缸之间，载荷差值在闸门及吊耳设计允许范围内。

因此，钢绞线液压提升装置完全满足动水操作闸门的施工要求，可以在后续类似施工中推广应用。

第 7 章　研究成果及应用

针对向家坝水电站导流底孔封堵施工进行的深入研究，为水电站导流底孔、导流洞建设提供了一种区别于传统卷扬方式的新型施工技术和装备，形成了一套科学规范、可操作性强、实用价值高的设计路线、施工技术和管理方法，具有较好的借鉴作用和推广价值。

（1）基于全水弹性模型试验与有限元计算相结合的流激振动试验，实现了施工对象流激振动特性的预报技术。针对动载涉水施工工况，必须建立流激振动特性预报技术，提高施工过程的可控性和操作性。建立在动水操作过程中安装对象门后通气与不通气工况下提升对象受到的水流时均压力、脉动压力的幅值变化特性及其能谱特征，建立了动荷载高能区频域能量分布情况。建立了在有水、无水状态下安装对象的振动特性，分析其自振频率与激振频率的关系，分析共振可能性，并提出优化措施。测定安装对象在启闭机动水操作过程中门后通气与不通气工况下的动力响应，包括应力、位移、加速度，给出振动参数的数字特征及其功率谱密度，明确振动类型、性质及其量级等，分析振动危害性。

（2）建立动载涉水施工技术及分析方法。在涉水作业时，水上下放为恒载下放，与陆上施工无异；水中下放，载荷变化缓慢，缓变载荷应用已有很多成功先例；而闭门下放与调整，因其载荷变化剧烈，对施工装备的适应性能提出了很高的要求，必须建立水流载荷与安装对象的振动及钢绞线的变形关系，实现有效的吊点载荷分配控制方法。建立了一套钢绞线液压提升装置的抗振性能和安全性能分析试验的技术方法和试验手段。

（3）研制了动载涉水施工的全套装备，该系统由执行器、动力源和计算机控制系统三部分组成。主控计算机通过智能节点（模块）采集现场信息，并通过智能节点（模块）控制执行器的动作（动作协调）和速度（位置同步）。在下降时，控制系统要根据不同的施工对象和应用场合，实现各种同步控制要求（位置和载荷），同时还对多种执行器的组合实现动作同步的控制要求。

（4）在控制系统设计上，对控制算法进行了改进，把动载作用作为控制系统的扰动，通过自适应模糊算法增强控制系统的鲁棒性，每个吊点的载荷波动均控制在10%以内。

（5）提供了一种水电站建设中导流底孔（导流洞）封堵施工中生态流量调整技术。

本项目面向重大涉水施工工程的激流、动压、重载等复杂作业环境，开发了一套现场适应能力强、可快速集成的柔性施工装备，包括执行器单元、动力源单元、控制单元、状态监测与故障诊断单元等，单个执行单元的额定提升载荷达到560t，且同步控制精度达到毫米量级，技术难度大。本项目在重大工程动载涉水施工关键技术和系统集成上获得重要突破，提出模块化柔性配置、流激振动特性预报、基于物联网的远程控制以及施工对象的线形状态传递控制等新技术，可以满足涉水施工中大型结构装配式安装要求，能够精确调整封堵蓄水过程中下游出库流量，满足生态流量控制要求。

向家坝水电站导流底孔在封堵施工过程中，施工难度大，技术问题复杂，在充分汲取其他工程经验教训的基础上，建设各方团结协作，认真研究，提前规划，精心组织，严格控制，积极探索先进施工技术，圆满完成了提前一年蓄水发电的计划，同时保证了在封堵蓄水过程中对下游生态流量的合理调配。

目前向家坝水电站首台机组已投产发电，该技术陆续应用到溪洛渡水电站 7 ~ 10 号导流底孔封堵施工、木里河水电站导流洞封堵施工中，施工过程顺利，工程质量、安全、进度全面受控，充分体现出在复杂边界条件下设计、施工方案的合理性和先进性。类似工程在建设过程中可以向家坝工程导流底孔下闸封堵方案和试验设计方案为参考，结合工程实际开展试验研究和实践应用。该关键技术研究主要成果已经得到实际应用，社会效益和经济效益显著。